H. J. Fahr
Die Illusion von der Weltformel

Hans Jörg Fahr

Die Illusion von der Weltformel

Was weiß die Wissenschaft wirklich?

Sachbuch im Haag + Herchen Verlag

Die Deutsche Bibliothek – CIP-Einheitsaufnahme

Fahr, Hans Jörg:
Die Illusion von der Weltformel : was weiß die Wissenschaft wirklich / Hans Jörg Fahr. – Frankfurt am Main : Haag und Herchen, 2000
  ISBN 3-86137-985-6

ISBN 3-86137-985-6
© 2000 by HAAG + HERCHEN Verlag GmbH,
Fichardstraße 30, 60322 Frankfurt am Main
Alle Rechte vorbehalten
Umschlagillustration: Hans Jörg Fahr
Produktion: Herchen KG, Frankfurt am Main
Gesamtherstellung: W. Niederland, Königstein
Printed in Germany

Verlagsnummer 2985

INHALTSVERZEICHNIS:

1. Warum kümmert uns der Kosmos? Kümmert der Kosmos sich um uns?
   - Ein wichtiges Vorwort zu diesem Buch

2. Die schwerste Frage zuerst: Wieviel Schein steckt im Sein?

3. Sitzen in der Weltenhöhle? Platon und die Ideen aus der neuen Welt

4. Standort der Erde im Kosmos: Auszeichnung oder Bürde?
   - Die Astrologie des Kosmos

5. Die geheime Botschaft des leeren Himmels: Das Echo des Urknalls

6. Was ist, wenn nichts ist? Der Kosmos war nie wüst und leer!

7. Der Bauplan der Welt als kosmische Energiesymphonie.
   Woher kommt die Ordnung der Welt?

8. Die "blaue Periode" der Erde: Wann wurden die Weichen des Lebens gestellt?

9. Wieviel Chaos oder Willkür herrscht im Kosmos?
   Wieviel Wahrheit ist überhaupt erfahrbar?

10. Wem die kosmische Stunde schlägt:
    Ist uns das Ende nahe?

1.

Warum kümmert uns der Kosmos? Kümmert der Kosmos sich um uns? Ein wichtiges Vorwort zu diesem Buch

Dieses Buch benötigt vielleicht ein Vorwort in einem anderem Sinne als andere Bücher. Bei vielen Büchern hat ein Vorwort eher nur die Funktion schmückenden Beiwerks und einer dekorativen Umrankung. Im vorliegenden Fall jedoch soll das Vorwort den Ausgangspunkt dieses Buches zu erklären helfen und eine Motivation für die Kernthese des Autors erkennen lassen. Es soll hierin nämlich begründet werden, wie es zu dem eigentlichen, thetischen Ansatz dieses Buches kommt, dem Ansatz nämlich, der Mensch sei von seinen Uranfängen her zunächst mit sich und seinesgleichen allein und er sei auf sich selbst gestellt, sowohl ohne Gott und ohne klar umrissene Weltgüter als auch ohne jede Wissenschaft, die Welt und ihre Güter zu begreifen. Alles habe seinen Anfang damit, daß sich nur der Mensch in einer von ihm selbst zu eröffnenden Welt vorfindet. Er kann dies tun, indem er die Welt naiv so annimmt, wie er sie vor sich sieht; er kann dies aber auch tun, indem er die gesehene Welt der Frage unterwirft: Was sieht man denn da eigentlich? Und diese Frage kann teuer zu stehen kommen, wenn sie denn riesenteure Wissenschaftsinstrumente wie Beschleuniger, um dem Kosmos die Erzeugung hochenergetischer Teilchen nachzumachen, Untertagedetektoren zum Nachweis von Neutrinos oder Gravitationswellen, Plasma-Fusionskammern, in denen Mikrosonnen nachgeahmt werden sollen, Teleskope oder Raumobservatorien fordert, in denen die Welt als manipulierte, also kontrastgesteigerte oder farbgefilterte oder sensitivitätsmodulierte aufscheint - statt in ihrem Jedermannsbild.

Dieser fragende Mensch mit seinem Jedermannsbild von der Welt aber ist in erster Linie mit sich selbst allein, und erst in zweiter Linie dann ist er Mensch unter seinesgleichen. Es gibt für ihn zunächst kein anderes Maß der Wahrheit als die Geistigkeit seiner Binnenwelt. Da jedoch letztere ein Allgemeingut des Menschseins darstellt, so macht sich der Mensch den Mitmenschen zum Maß aller Dinge. Als richtig gilt ihm in erster Linie, was im Konsens oder mit Zustimmung durch andere erfahren werden kann. Der richtige Gedanke muß eben zustimmungsfähig sein. Wer sonst soll uns schon sagen können, was richtig ist und was nicht, wenn nicht allein unseresgleichen! - Menschen also, die so denken können wie wir auch.

Damit seien nun weder Gott noch die Schöpfung geleugnet, es sei nur festgestellt, daß die Urerfahrung des Menschen vor seinem eigenen Bewußtsein die des Alleinseins mit sich ist. Im Umgang mit dieser Erfahrung treten erst hernach Gott und die sogenannte Außenwelt mit ihrer schillernden Pracht als Auslagerungen aus der menschlichen Binnenwelt und als Ertastung der Außenwelt hinzu. Für den Menschen des Anfangs ist es, als ob er allmählich aus einem dumpfen und konturlosen Nebel hervorträte vor den Glanz und das Gesicht herrlichen Seins, nur daß sich diese Herrlichkeiten nicht immer schon im Nebel verborgen hielten und nur ihrer Entbergung durch das Auge des menschlichen Geistes harren müßten. Nein! Dieses geistige Auge des Menschen läßt vielmehr alles Kraft eigener Imagination und Konzeption aus dem Nebel hervortreten. So ist das Sehen zum Beispiel nicht nur ein selbstverständlicher und mechanischer Umgang mit optischen Reizen aus der Umwelt, es ist viel fundamentaler eigentlich ein Ordnen von solchen Reizen in vorgefertigte Bildschablonen. Wir sehen ja eben nicht die Reize und Sinnesaffektionen selbst, wir sehen vielmehr die von solchen Reizen induzierten Bilder, die weder mit den Reizen noch mit der sie auslösenden Außenwelt identisch sind. Auf den Kosmos bezogen, mag das heißen: Was uns am Nachthimmel affiziert, sind die Lichtpunkte in bestimmter Konstellation vor dem restlichen Dunkel; was wir aber damit sehen, ist das phantastische Naturgebilde aus verteilten Sternen und Sternenwelten, die aus einer konzertierten Geschehnisdynamik hervorgegangen sind und eine Koexistenzform unterhalten.

Warum schicken Menschen unserer Zeit provokant teure Raumsonden von der Erde fort in den Weltraum wie etwa den Röntgensatelliten ROSAT, das Hubble-Space-Teleskop oder den COBE-Satelliten? Was wollen sie mit solchen Sonden an Stellen der Welt entdecken, an denen zuvor noch niemand gewesen ist? Suchen sie da eigentlich nach den verborgenen Realitäten der Welt, oder suchen sie vielmehr nach Bestätigungen für ihre Ideen über solche fernen Welten? Die Frage, die uns da erstlinig zu solchem Tun bewegt, ist: Wie müssen Welten beschaffen sein, wenn sie denn existieren wollen? Nur diese Frage bringt uns weiter in der Forschung. Nicht aber die Frage: Da ist die Welt nun schon einmal! Wie ist sie denn wohl beschaffen? Wir suchen im Grunde bei unserem wissenschaftlichen Umgang mit der Welt nach einem Bauplan. Nach einer Bauanleitung, wonach man so etwas erbauen könnte wie unsere wahre Welt, ein Gebilde also, das genau solche Zeichen geben kann wie unsere tatsächliche Welt. Ohne eine konkrete Idee, was denn gefunden werden könnte und wie man dieses denn finden könnte, wird niemand eine Suche eröffnen. Es gibt keine blinde Suche in den Wissenschaften! Ohne ein Wissen, was denn gefunden werden könnte, wird niemals etwas gesucht und auch niemals etwas gefunden werden. In allen Naturwissenschaften muß das Gefundene eben immer eine Frage beantworten können, die man zuvor gestellt hatte. Antworten ohne eine Frage, die dazu paßt, sind eben nichts wert.

So würde der COBE-Satellit niemals zur Registrierung von kosmischen Mikrowellenintensitäten in den Weltraum entsandt worden sein, wenn man nicht zuvor die Frage nach den Eigenschaften einer Strahlung präzisiert hätte, die man als kosmische Hintergrundstrahlung bezeichnet, als elektromagnetisches Echo des Urknalles, und die, wie wir in Kapitel 5 zeigen, heute als einer der wichtigsten Schlüssel zur Beantwortung der Frage nach der Weltentstehung gilt. Auch das Hubble-Space-Teleskop sucht nicht blind am Himmel umher nach jungen Sternen oder Sterngeburtsstätten. Man kennt vielmehr klare Leitphänomene der Sternentstehung und kann sich auf eine gezielte Suche nach Sterninfanten begeben, wie wir in Kapitel 7 dieses Buches ausführen werden. So treten ganz allmählich die Antworten aus den gestellten Fragen hervor: Die Welt entfaltet sich je nach den Fragen, die wir zu stellen in der Lage sind. Und erst wenn wir denn einmal wissen, daß es Objekte gibt, die Röntgenstrahlen emittieren können, so lohnt es sich schließlich auch, mit dem Röntgensatelliten ROSAT nach solchen Quellen im Kosmos forschen zu lassen. Die Realität dieser Welt steht in strenger Korrespondenz zu unserem Verstand; für den Verstand des primitiven Urmenschen ist die Realität der Welt einfach, menschennah und mythologisch fundiert; für den über die zurückliegenden Jahrtausende im Denken evolutionierten Menschen dagegen wird diese Realität zunehmend menschenferner, komplizierter und von anonymem Müssen durchseelt. Wie weit wir aber auch immer den Kosmos verstehen wollen, wir müssen uns stets selbst darin zuallererst verstehen können.

Die höchste Form der Zuversicht, die Welt als ganze, und zwar vom kleinsten bis zum größten Detail hin verstehen zu können, manifestiert sich unter Physikern heute in dem Glauben an die "Weltformel". Mit ihr soll alles erklärbar werden und in einen geschlossenen, rein rationalen Zusammenhang gestellt werden können. Alle Erscheinungsformen der Realität sollen miteinander auf rein rationale Weise zusammenhängen. - Seit einigen Jahren hat sich unter den größten der heutigen Physiker ein kleiner, erlauchter Klub herausgebildet, der sich alljährlich aufs neue trifft, zuletzt im Juli 1999 in Potsdam, und sich über die Weltwahrheit berät. Sie, die Mitglieder dieses Klubs, des "club of everything", verstehen die Welt zwar noch nicht gänzlich, aber sie sind geeint unter der Zuversicht, daß sie in Kürze die Welt und das, was diese "im Innersten zusammenhält", vollends verstehen werden, und zwar mit dem Instrument einer allmächtigen " *Weltformel*", die sie derzeit zusammenzustricken versuchen. Doch wenn es sie denn gäbe, was sollte man mit einer solchen Formel gewinnen?

Die Weltformel wird von denjenigen, die sie finden wollen, als so etwas wie die genetische Matrix des gesamten Universums visioniert, ein kleines, kompaktes, in diesem Falle seiner Form nach mathematisches Gebilde, in dem die gesamte Information enkodiert ist, die das Verhalten des kleinen und großen Universums vollkommen bestimmt. So, wie die genetische Matrix jedes Lebewesens, auch die des Menschen, die Morphogenese und das Verhalten dieser Wesen festlegt, so würde die Weltformel die Inkarnation aller maßgebenden Faktoren zum Anstoß aller Welterscheinungen und Weltverläufe darstellen. Aus dieser Formel ließe sich wunschgemäß ablesen, wie die Eigenschaften der kleinen sowie der großen Strukturen in der Welt beschaffen sind und was sich aufgrund solch vorgegebener Eigenschaften an Entwicklungen unter diesen Strukturen absehen läßt.

Formeln auf dem Wege zur Weltformel kennt man viele wie etwa das Newtonsche Gravitationsgesetz, die Maxwellschen Gleichungen der Elektrodynamik, die Schrödingersche Wellengleichung der Quantenmechanik, oder die Einsteinschen Feldgleichungen der allgemeinen Relativitätstheorie. Was man jeweils aus ihnen gewinnt, ist jedoch nicht die Einsicht in das Warum der Geschehnisse, sondern lediglich eine Vorhersage über das Wie der Geschehnisse, soweit es sich in einfachen Verhältnissen der bei solchem Geschehen für maßgebend gehaltenen Observablen niederschlägt. Sie ist, in einem gewissen Sinne gesprochen, nicht der *spiritus rector* des Geschehens, sondern nur das Rezeptbuch, nach dem sich bewährte Realitätsqualitäten wie Atome, Moleküle, Biomoleküle, kleine oder große Weltkörper und großkosmische Weltstrukturen erschaffen ließen. Das hinreißende Farbenspiel eines Sonnenunterganges am Meer oder die Vermittlung einer Beethovensymphonie durch einen Radiosender über den Äther haben gewißlich etwas zu tun mit Lösungen der Maxwellschen Gleichungen, aber das eigentliche Phänomen des menschlichen Ergriffenwerdens durch diese Erscheinungen findet darin überhaupt keine Erklärung oder Berücksichtigung.

Eine der substanzmäßig tiefsten und faszinierendsten Betrachtungen zu der uns immer wieder angehenden Wesensfrage, woher diese hervortretende Einflußwelt des Menschen eigentlich kommt, wird in den altindischen Büchern der Weisheiten, dem gewaltigen Schriftwerk der Veden, angestellt. Die ältesten Textteile dieser Bücher menschlicher Weisheit gehen zurück auf die Zeiten lange vor Homers Ilias-Epos und erst recht lange vor der Textlegung des Alten Testamentes. In dem in diesem Text zentral zu findenden Welteneinheitslied wird die für unseren Ansatz in diesem Buch so wichtige Ur-Kosmogonie des "Weder-seiend-noch-nichtseiend" in lyrischer Textform wegweisend dargeboten. So heißt es dort:

Nicht Nichtseiendes war damals, nicht Seiendes.
Nicht war der Luftraum, nicht der Himmel
  darüber.
Was strich also hin und her? Wo, und unter

wessen Schutz?
Was war das Wasser, das so undurchdringlich tiefe?

Alles umlagert schon immer des Menschen Geist in einer unabgegrenzten Präsenz, und wiewohl es sich solchermaßen als Seinsgut meldet, bleibt es doch zunächst ganz und gar konturlos. Doch der Wunsch entwickelt sich im Menschen über diese Anfänge hinaus, aus dem sich anmeldenden Sein Sinn entstehen zu lassen, und so wird ein solcher Wunsch letztendlich zum Samen des Denkens, was im vedischen Welteinheitslied wie folgt klingt:

Das Band des Seienden zum Nichtseienden aber fanden die Denker, die weisen, die in ihrem Herzen suchten!

Wo suchen heutzutage diejenigen, die die Weltformel suchen? Suchen sie nicht auch in erster Linie in sich selbst und ganz und gar in ihrem Verstand nach dieser Formel? Sie wird nicht in Form einer Gesetzestafel gefunden werden können, so, wie sie etwa Moses als in Stein gemeißelte "Zehn Gebote" vom Berge Sinai herunterbrachte. Diese Suche nach dem Band des Seienden zum Nichtseienden ist nach dem Vedeninterpreten Radhakrishnan Ausdruck der metaphysischen Grundnot des Menschen, herrührend aus dem als schmerzhaft empfundenen Nichtwissen vor der Frage nach dem Grund des Seienden und nach dessen Schöpfung. Die Ur-Kosmogonie der Veden stellt also, ebenso wie auch wir hier in diesem Buche -, das Denken an den Anfang der Weltwerdung - und nicht etwa ein denkendes Allmachtswesen, einen Gott, der alles schafft, oder als Gegenteil dazu ein materialistisch eigenrechtliches Soseinssubstrat wie die Materie, die nach materialistischer Weltsicht alles macht, ohne daß man etwas ändern kann. Beides werde deswegen keineswegs geleugnet, nur sei als primär hier hervorgehoben, daß das Denken, so, wie es sich stufenweise verwirklicht, letzlich alles, wenn auch in Stufen des Erkennens gestaffelt, hervorgebracht hat, indem es das Wollen von Weltkonzepten entwickelte, das aus sich heraus die Rede von der Welt und die Begriffe schuf.

"Aus der Rede aber entsteht Atem, aus diesem das Sehen, das wiederum Hören hervorbringt", wie die Brahmanen aus den Veda-Texten herauslesen. Die Welt ist nach dieser Erfahrung in höchstem Maße und in erster Linie eine Welt des Geistes, in der der Gedanke einer stofflichen Schöpfung zunächst nicht auftaucht. Die Erfahrung der Schöpfung spielt sich ganz ureigentlich im Geiste ab.

Schon in den frühen Mythologien taucht ein Schöpfungsmythos verbunden mit entsprechenden Schöpfergottheiten auf, die in den einzelnen Kulturbereichen und Kulturepochen unterschiedliche Namen führen, wie etwa Schiwa im Hinduismus oder Apsu und Tiamat im babylonischen Kulturbereich, Zeus in der griechischen Götterwelt, oder die germanischen Gottheiten, in dem altgermanischen Sagenepos Edda beschrieben, die gemeinsam um die Weltgeburt ringen. Mit diesen Namensgebungen ist die Einführung von Gottpersonen verbunden, auf die jeweils menschliche und allzu menschliche Eigenschaften übertragen werden. Bestimmte Erscheinungskomplexe in der Welt werden mit Göttern identifiziert, und erst aus dem Kampf, der Vernichtung oder der Vereinigung solcher Götter geht letztendlich die Schöpfung der Welt für das geistige Auge des Menschen hervor. Für die erfundene Natur dieser Götter zeichnet niemand sonst außer eben der Mensch selber verantwortlich, denn er projiziert sich nur immer selbst in die Gottgestalten hinein. Man kann also feststellen: Ecce homo; ecce hominis deus et mundus! Sieh da: Es erscheint der Mensch, und er erschafft sich selbst seinen Gott und seine Welt. Und ebenso erschafft sich in der Weltformel der moderne Mensch heute seine moderne Welt! Wie soll sich nun aber tatsächlich die heutige Welt in der gesuchten Weltformel niederschlagen? In welcher Form soll sie darin enthalten sein? Als die Bauanleitung für die Schaffung einer Welt etwa? Macht uns die Weltformel also zum Schöpfer selbst?

Nun soll aber dieses Buch zentral ja gewiß keine Auseinandersetzung mit der Mythologie oder Theologie beinhalten, vielmehr soll es ein Buch über die naturwissenschaftlichen und philosophischen Erkenntnisse unserer heutigen Welt sein, und so soll auch unser Blick vorwiegend auf die neuesten Errungenschaften der Wissenschaften gerichtet bleiben. Jedoch letztere werden wir, anders als im sonstigen Denken üblich, mehr als Erschließungen kraft der menschlichen Geistigkeit denn als Erkundungen des außermenschlichen Soseins aspektieren. Diesen Aspekt enthalten interessanterweise schon die frühesten Ansätze des Forschens bei den Griechen; auch sie galten nicht so sehr der anonymen, unbegrenzten, begriffslosen Realität der Umwelt als vielmehr der

Natur des Menschen selbst und damit der Beschaffenheit und Funktionsweise seiner Seele und seiner Geistigkeit.
Wenn Thales von Milet (650 bis 560 v.Chr.) behauptet, der Urstoff aller Dinge sei das Wasser, so ist ihm dies mit den Mitteln der heutigen Naturwissenschaft nicht dadurch zu widerlegen, daß eine chemische Analyse des Weltsubstrates auch andere Stoffe außer dem Wasser nachweisen kann. Thales meinte natürlich nicht das Wasser des Chemikers, auch als Wasserstoffoxyd mit der Formel H_2O bezeichnet, sondern er meinte einen Stoff mit lebenstragenden und formungsoffenen Qualitäten wie denen des Wassers, einen Stoff, von dem alle Objekte und Subjekte dieser Welt durchdrungen sind und aus dessen Qualitäten sich die ganze Eigenschaftlichkeit der Welt ableiten läßt. Dieses Thalessche Urwasser trägt mythologisch-geistige Züge an sich und drückt für ihn so etwas wie die Seele der Dinge selbst aus.

Daß Thales tatsächlich nicht das schiere Wasser der Meere oder Flüsse im chemischen Sinne seiner Bestimmtheit meinte, sondern ein stoffliches Substrat mit erdachten und abstrahierten Eigenschaften, wird auch aus den Lehren seiner Zeitgenossen und Nachfolger aus der Mileter Schule klar, so besonders aus der Lehre des Naturphilosophen Anaximander (610 bis 546 v.Chr.). Anaximanders Weltbegriff gipfelt im Begriff des "Apeiron", des Unbegrenzten, alles Durchdringenden, des Gemeinsamen in Sein und Nichtsein. Auch hier ist wie bei Thales mit dem Apeiron ein Stoff gemeint, aus dem alles in seiner jeweiligen Form, Gestalt und Eigenart hervorgeht, sowohl, wenn es sich bildet, als auch, wenn es sich wieder auflöst in anderes. Das Apeiron ist der unerschöpfliche Quell alles Seienden, aus ihm treten die Dinge hervor und vergehen wieder in der Zeit. Die Grundlage allen Seinsgeschehens ist für ihn demnach unendlich und unerschöpflich.

Solche oder ähnliche Stofflichkeitskonzepte wie bei den Miletern sind in der nachgriechischen Zeit von den Naturphilosophen und Naturkundlern sowie selbst den Physikern der heutigen Zeit immer wieder aufgegriffen worden. Interessanterweise hatten so die frühen Thermodynamiker in der Zeit vor der kinetischen Theorie der Wärme durch Konzepte von Brown, Maxwell und Boltzmann diesen Gedanken des Anaximander im Ausgang des Mittelalters noch einmal aufgegriffen, um das Überfließen von Wärmemenge von einem heißeren auf einen ihn berührenden kühleren Körper zu erklären. Sie führten zu diesem Behufe einen unfaßlichen und unsichtbaren, also rein konzeptionell erfundenen Stoff, das sogenannte "Phlogiston", ein. Man war der Meinung, dieser Stoff fülle alle Körper an, heißere mehr und kühlere weniger. Wenn beide jedoch in Kontakt miteinander kämen, so glichen sich die Phlogistonniveaus beider Körper wie bei einem System kommunizierender Wasserröhren durch Überfließen vom einen auf den anderen aus bis zum Erreichen von Temperaturgleichheit zwischen beiden. So gut diese Vorstellung die physikalische Phänomenalität des Wärmeflusses deuten kann, so künstlich erscheint andererseits natürlich auch dieses dahintergestellte Stofflichkeitskonzept.

Auch geben alle die Äthertheorien, die es in der vorrelativistischen Zeit zur Erklärung der Lichtausbreitung im leeren Raum gegeben hat, genügend Hinweise auf die sich immer wieder regende Neigung unseres Verstandes, sich einen nicht dingfesten, unfaßbaren Stoff mit Eigenschaften auszudenken, durch die dann die Erscheinungen der Dinggeschehnisse selbst zu erklären sind. Ob nun aber dieser Stoff Urwasser, Apeiron, Phlogiston oder Äther genannt wird, bleibt dabei letztlich unerheblich, wichtig ist nur, weil bezeichnend für den aus sich herausblickenden Menschen, daß es sich allemal um Ad-hoc-Konzepte zum Verständnis der Natur, jedoch niemals um die Erfahrung der Natur selbst handelt. So soll also das Thema dieses Buches darauf angelegt sein herauszubekommen, was der Mensch über sich selbst erfährt, indem er die Welt außerhalb seiner selbst erklärt. Welche Welt zeigt sich dem Hubble-Space-Teleskop? Was sagt uns die Entdeckung von Röntgenquasaren über die Schöpfung der Welt, was sagt sie uns über die Natur des Menschen? Was können Neutrinodetektoren vom Inneren der Sonne und der Sterne sehen, das der Mensch nicht zuvor schon mit seinem geistigen Auge erschaut hätte? Entdecken wir nicht immer zuerst und zuletzt doch nur den Menschen und damit ja uns selbst, bevor wir noch irgendetwas anderes zu sehen bekommen?

Wenn die im Werden begriffene Weltformel des "Potsdamer Klubs" der Weisen, um zu einer umfassenden Welterklärung zu gelangen, auf elf-dimensionale fadenartige Strukturen der Raumzeit, sogenannte "Superstrings", zurückgreifen muß, so mutet dies einen Außenstehenden schon sehr seltsam an. Denn von alldem ist schließlich nichts zu sehen! Kann auch nicht, weil sieben dieser Dimensionen mit gegenwärtig verfügbaren Mitteln der Physik nicht erschließbar sind, wie es heißt. Wenn aber dann auch noch die Unzugänglichkeit dieser geforderten Realitätsfelder als Erklärung unserer zugänglichen Welt herangezogen werden muß, dann regt sich doch ein echter Widerstand der also zu Belehrenden. Als Phänomen des Verlustes von sieben dieser geforderten Dimensionen tritt das große Kräfteschisma auf, das wir seit Jahrzehnten von den Physikern vor Augen geführt bekommen. Mit den elf Dimensionen und deren Kompaktierungen zu nur vier zugänglichen Dimensionen bei den mäßigen Energien der heutigen Welt soll dem Verstande verständlich gemacht werden, warum man in der heutigen Welt auf größten Skalen nur die Gravitationskräfte und auf kleinsten Skalen nur die elektroschwachen und starken Naturkräfte walten sieht, Kräfte also, die nach der Offensichtlichkeit des heutigen Weltwaltens nichts miteinander zu tun haben. Die zugängliche Welt versteht sich also als eine Projektion einer ihr zugrunde liegenden, aber unzugänglichen Überwelt auf wenige Dimensionen. Unsere Realität wäre demnach nur als ein Realitätsverlust bei der Erfahrung der eigentlichen Überwelt zu verstehen. Das heißt vergleichsweise so viel, als erfänden wir uns hinter dem Ziffernblatt einer Uhr ein nichterfahrbares Uhrwerk, das jedoch gemäß unserer Erfindung so funktioniert, daß die Zeigerbewegungen auf dem Ziffernblatt, die wir sehen, damit erklärt erscheinen. Besteht die Realität nun aber nur in dem Gang der Zeiger vor dem Ziffernblatt oder auch in dem Uhrwerk dahinter, das gemäß der Art, wie wir es erfunden haben, funktioniert?

2.
Die schwerste Frage zuerst:
Wieviel Schein steckt im Sein?

Was sehen wir da eigentlich, wenn wir uns der heutigen Beobachtungsmöglichkeiten bedienen und in die Tiefen des Universums schauen? Wenn uns das Hubble-Space-Teleskop faszinierende Galaxienstrukturen in allen Farben des Regenbogens vorzeigt, wenn es kollidierende Galaxien in einem Stadium nachweist, in dem von diesen riesige Schockwellen wie die Feuerräder bei künstlichen Himmelsfeuerwerken ausgeschleudert werden, oder wenn wir die dunklen und verschlungen angelegten Wolkennester vor hellen Sternen zu sehen bekommen, in denen reihenweise junge Sterne geboren werden, die als dunkle Finger aus diesen kosmischen Nestern hervortreten?

Wir sehen etwas, was alle Menschheitsgenerationen vor uns nicht sehen konnten: Wir nehmen eine unglaublich wundersame Welt in den Tiefen des Kosmos wahr, die so ungeheuer geschehnisreich ist, wie wir uns dies niemals hätten träumen lassen. Wir stellen plötzlich fest: Die Welt dort draußen in den Weiten des Raumes und in den Fernen der Zeit ist ja unglaublich faszinierend lebendig and angefüllt von unendlicher Formenvielfalt! Überall dort draußen geschieht ganz offensichtlich etwas von großer Wichtigkeit. Die kosmische Welt reflektiert nicht einfach eine statisch gewordene und erstarrte Vergangenheit, sie ist vielmehr geschehnisgeladen und wirkungspotent in ihrem manifesten Formungswillen, indem sie Strukturen herausbildet und immer neue Tatsachen herbeischafft, die wir alle im einzelnen aus dem

Diffusen hervortreten sehen können, wenn wir nur lange genug zuschauen. Wie unter dem geheimnisvollen Sog der Zukunft treten neue Erscheinungen aus den Tiefen des Weltraums hervor. Der Himmel im Blick der heutigen Astronomie gibt kein Bild äonischer Ewigkeiten mehr, er stellt vielmehr ein Eldorado des Lebens vor, eine Welt von unbändiger Schaffenskraft und Ereignisdynamik. Und all dies Leben spielt sich in unserer Wahrnehmung gemeinsam mit dem unsrigen hier auf der Erde ab. Die Frage erhebt sich da, ob uns hierbei nur die Erkenntnis dieser atemberaubenden Umstände im fernen Kosmos affiziert oder ob vielleicht sogar echte physikalische Wirkungen uns in einen Synergiekreislauf mit dem kosmischen Geschehen hineinzwingen.

So treffen uns heute die Röntgenpulse verschiedener Pulsare aus unserer kosmischen Nachbarschaft, uns erreichen höchstenergetische Gammastrahlungsblinks von zerstrahlenden schwarzen Minilöchern im fernsten Kosmos oder aus den auf uns gerichteten Sendekeulen aktiver galaktischer Kerne. Die für Permutationen des biologischen Erbgutes auf der Erde verantwortlichen höchstenergetischen kosmischen Strahlungspartikel sind höchstwahrscheinlich nicht in unserer Galaxie, sondern in weiter entfernten aktiven Galaxien mit voll entwickelten, relativistischen Teilchenjets, kosmische Geschoßmaschinen allerersten Ranges, entstanden. Was kümmert uns, daß sie dort vor langer Zeit erzeugt wurden, wenn sie uns heute über kosmische Umwege erreichen und in unserer Entwicklung auf der Erde beeinflussen? Wann und wo Pulsare, Quasare oder aktive Galaxien entstanden sind, ist dabei völlig zweitrangig, wenn uns nur ihre Wirkungen heute erreichen und so spürbar in ein groß angelegtes, kosmisches Wirkgeflecht einbeziehen. Ferne Welten in ihrer virulenten Lebendigkeit zu sehen heißt demnach wahrnehmen, daß wir auf Erden mit dem Kosmos als Ganzem koexistieren. Zumindest in diesem physikalisch-synergetischen Sinne sind wir nicht allein im Universum. Wir müssen uns um den Kosmos kümmern, denn er kümmert sich sichtlich um uns. Wollen wir uns als Menschen richtig verstehen, so müssen wir trachten, auch den Kosmos richtig zu verstehen, in den wir eingebettet sind.

In den heutigen Zeiten einer aufgeklärten Naturwissenschaftlichkeit und einer entmythologisierten Rationalität im Denken lassen sich die Gemüter der Menschen interessanterweise immer wieder von den typischen Fragen der modernen Naturwissenschaften einnehmen, so, als wären nur diese Fragen eigentlich fragenswert. Im Jargon der Naturwissenschaftler lauten solche Fragen etwa: Wie ergeben sich die Kräfte und Substanzen dieser Welt? Wie entstehen Sterne aus Kräften und Materie? Wie entstehen Planeten, insbesondere etwa solche wie unsere Erde? Wie entstehen Galaxien, und wie verteilen diese sich im Universum? Dabei wird interessanterweise immer ein viel grundsätzlicheres Fragen hintangestellt, von dem wir eigentlich viel eher und unmittelbarer bedrängt sein müßten; die Frage nämlich nach dem Dasein und Sosein überhaupt.

Immer wieder sollte doch vor allem wissenschaftlichen Fragen die viel ursprünglichere Frage aufgeworfen werden, womit es wohl zusammenhängen mag, daß diese Welt um uns her außerhalb unseres Bewußtseins und davon unabhängig überhaupt existiert. Warum sind wir nicht einfach mit unserem Bewußtsein und dem, was dieses beschäftigt, alleine? Wer oder Was bewirkt denn eigentlich, daß in dieser Welt überhaupt etwas Reales existiert? Warum ist nicht vielmehr einfach nichts, wie sich schon der Philosoph Leibniz dereinst gefragt hatte? Ist es doch eigentlich schwer zu verstehen, wie denn wohl das unbändige Drängen nach Sein über die Welt hereinbricht und die Dinge des Kosmos wie aus dem Nichts hervortreten läßt. Ist das alles nur eine Manifestation des Willens zur Macht, wie es von Nietzsche bezeichnet worden ist? Und wenn schon, dann aber der Wille wessen? Hat dieser Wille vielleicht auch Alternativen? Oder war das alles, was da immer wieder vor unsere Augen tritt, schon immer da - in irgendeiner oder sogar gerade in der nämlichen Form -, oder was ruft eigentlich den Willen zum Eintritt des Gegebenen ins Dasein hervor?

Man hilft sich dann immer bei der Suche nach Antworten mit der Hypothese, im Anfang sei nichts gewesen, und beginnt sodann zu überlegen, wie aus dem einstmaligen Nichts das heutige Sein und alle Dinge dieser Welt hervorgetreten sein könnten. Hier muß sich offensichtlich ein Schöpfungsakt vollzogen haben. Aber dieser muß eine Schöpfung des Seins aus dem Nichts bewerkstelligt haben! Diese *creatio ex nihilo* ist jedoch für alle Denkenden bis heute ein Mysterium geblieben. Wie kann das Nichts, wenn außer ihm nichts ist, das Sein schaffen?

Hier räumen alle Theologien immer ein, daß natürlich schon im Anfang neben dem Nichts Gott bestand und daß Gott sich entschloß, dem Nichts das Sein einzuverleiben. Die Möglichkeit, einen solchen Entschluß in die Tat umzusetzen, ist uns schwer begreiflich zu machen.

Selbst Theologen schaffen es kaum, sich Gott so zu denken, daß er dem Nichts etwas einfüllen kann, es sei denn, er selbst wäre diese Einfüllung. Dann aber wäre die Realität der Welt ja nichts anderes als Gott selber! Und wo blieben dann wir, die Menschen? Wären wir etwa die Verlängerung Gottes ins Nichts?

An dieser Stelle würde man vielleicht heute naturwissenschaftlicher argumentierend lieber sagen, daß das Nichts ein instabiler Zustand der Weltrealität sein muß, der einfach nicht fortexistieren oder sich perpetuieren kann, sondern der nach und nach spontan in die realen Dinge der Welt zerfallen muß , wie etwa weißes Licht in Farben zerfällt, wenn man es durch ein Glasprisma schickt, oder wie ein gleichförmiger Wasserstrom plötzlich Wirbel entwickelt, wenn man einen Finger in ihn hineinhält. Wo kommt aber dann dieses Prisma, wo kommt der Finger her? Enthält vielleicht das Nichts bereits die Realitäten des Seins so wie die zwei antiphasigen Wellen, die bei ihrer Interferenz völlig ausgelöscht werden? Das Nichts als die Erscheinung der Auslöschung gegenphasiger Wellen! Kommt vielleicht das Nichts wie ein konturloser Strom aus der Zukunft auf uns zu und wird erst an der Schwelle des Jetzt zur Vergangenheit in die Einzelheiten des Seins zerlegt, in all das Seiende, das wir zeitlich hinter und räumlich vor uns zu sehen bekommen? Hier und dort im weiten und nahen Kosmos?

Bei so schwierigen Fragen können wir in diesem Buch natürlich nicht stehenbleiben, denn wir werden keine gültigen Antworten darauf geben können. Wir **wollen** aber mit diesem Buch gültige Antworten geben. Und deswegen können wir uns vielleicht einfacher, pragmatischer und konkreter einmal fragen, was wir denn in der Tat als die schiere Realität der Welt vorliegen haben. Wir werden sicher nicht einfach aus dem Stegreif sagen können, wie die Welt, die uns beschäftigt, entstanden ist. Was wir jedoch sagen können, besitzt so etwas wie den Rang jener Descartesschen Gewißheit "Cogito ergo sum", nämlich, daß die Welt, die uns beschäftigt, ja gerade diejenige ist, die wir in unseren Köpfen haben. Die Weiten und Zeiten des Kosmos sind stets ganz nahe bei uns, denn mit unserem Bewußtsein greifen wir in alle Dimensionen der Welt hinaus und machen alles zu einer Simultaneität des Gegebenen. Unendliche Weiten werden so zu unglaublicher Nähe! Ob wir dabei nun lieber die Welt als das Spiegelbild unseres menschlichen Geistes oder unseren Geist als das Spiegelbild der Welt verstehen, bleibt unerheblich; wir werden nicht umhinkommen, das eine als den Widerschein des anderen zu erkennen. Und in genau diesem Sinne eines Angewiesenseins auf den Widerschein könnte man sagen, daß alles mit dem Bewußtsein des Menschen seinen Anfang nimmt. Mensch und Welt so wie Mensch und Gott sind nicht unabhängig voneinander. Gott kann aus seiner Geschlossenheit her sich selbst keinen Widerschein bieten, und also hat die Welt wohl ihren Anfang im Menschen und in seinen Ideen.

Mit der Frage nach dem Anfang scheint man sich offensichtlich in allen Lebensbereichen das Leben grundsätzlich schwierig zu gestalten, ob das nun die Frage nach dem Anfang der Welt, nach dem Anfang der Menschheit oder dem des menschlichen Denkens ist. - Jeder von uns kennt zum Beispiel die konsternierende Frage, was denn wohl eher war, das Ei oder das Huhn. Das Ei kann nicht ohne Huhn existieren, so, wie das Huhn nicht ohne ein Ei entstanden sein kann. Von noch höherer, viel grundsätzlicherer Bedeutung ist jedoch eine andere Frage: Was war wohl eher, die Welt oder die Atome, aus denen sie aufgebaut ist? Eine unsinnige Frage eigentlich, wie man sich schnell klarmachen wird! Denn wenn die Welt doch aus Atomen aufgebaut ist, so sollte sie ja dann schließlich schon immer daraus aufgebaut gewesen sein.

Nun waren aber die Atome eines Demokrit oder Leukipp freilich ganz andere als die eines Niels Bohr oder Erwin Schrödinger. Aus welchen aber bestand und besteht denn nun dann die Welt? Der Unterschied zwischen den Atomen der griechischen Atomisten und denjenigen der modernen Atomtheoretiker und Quantenphysiker liegt vor allen Dingen darin, daß die Atome der alten Atomisten reine Gedankengebilde mit gedanklich konzipierten Eigenschaften waren, also Eigenschaften, die sich aus der Realität nicht erfragen ließen, sondern die ideell, konzeptionell festgelegt wurden. Wenn die Welt aber schon etwas unserem Geiste gegenüber Eigenständiges darstellt, dann kann sie wohl von vornherein nicht aus solchen Gedankenatomen der Atomisten bestehen. Die Atome der Quantenphysiker waren dagegen immerhin so ausgedacht, daß die ihnen zugelassene Palette von Eigenschaften durch geeignet konzipierte Experimente von der Natur erfragt werden konnte. Fragt man sich nun also wieder, ob denn die Welt vielleicht aus solchen "modernen" Atomen bestehen könnte, so wird man sich eingestehen müssen, daß auch dem eigentlich nicht so sein kann. Lediglich verhält sich die Welt auf spezielles

Befragen hin so, als ob sie aus Bohrschen Atomen aufgebaut wäre. Sie ist eben offensichtlich so angelegt, daß sie auf physikalische Experimente solche Antworten geben kann, als wäre sie aus Atomen dieser Art aufgebaut. Dennoch bleibt eigentlich nur der Mensch, der sich die Welt so ausdenkt, daß ihre Erscheinungs- und Bekenntnisformen als Antworten auf die von ihm selbst an die Welt gestellten Fragen verstanden werden können. Die Welt bleibt ganz erstlinig unsere Deutung.

Dieser Einsicht läßt sich bereits die Aussage des berühmtesten der griechischen Sophisten, dem philosophischen Lehrmeister Protagoras von Abdera, zugrunde legen, die da lautet: "Der Mensch steht im Zentrum des Menschen; er allein ist das Maß aller Dinge!" Wahr und unwahr sind nicht vom Grundsatz her geschiedene Dinge. Wahre Behauptungen sind viel eher solche, die sich kraft der sie verfechtenden Köpfe und auch kraft deren Kunst der Rede und Überzeugung durchzusetzen verstehen. Gemäß der Protagoreischen Einsichten sind der Mensch, der Lauf seines Lebens und die Geschicke seines Denkens nicht von einem über ihm waltenden Schicksal abhängig. Der Mensch ist auf sich selbst gestellt. Von seiner Charakterlichkeit, seinen Kräften, seinem Wollen und seiner Redlichkeit im Denken allein hängt sein Glück und sein Erfolg ab. In dem Maße, wie in unserem Denken das tragödienhafte Wirken der Götter und der Natur zurücktreten, wird auch der Mensch mehr und mehr seine eigene Geschichte gewinnen und diese auch meistern können. Wichtiger noch für den Menschen als die Einbettung in die Natur ist sein Verhältnis zu seinesgleichen und zu seinem arteigenen Denken. Deshalb werden wir uns in diesem Buch über die Ideen zu dieser Welt unterhalten müssen, über das, was die Welt im Kleinsten und im Größten zusammenhält, über unsere Konzepte für jene Weltenbühne, auf der alles Reale seinen Platz einnimmt und nach unserem Drehbuch seine Rolle spielt, was zwischen Himmel und Erde in Erscheinung tritt; wohlgemerkt aber als Erscheinung für uns - in unserem Denken und für unser Sein als Menschen.

Für uns als Menschen kann die Natur in ihren zugrundeliegenden Bezüglichkeiten nur so angelegt sein, wie es die mathematischen Wissenschaften zulassen. Die Mathematik wird gemeinhin zwar als Geisteswissenschaft, wie etwa die Philosophie auch, angesehen, denn ihre Inhalte sind primär geistiger Natur, jedoch mit erstaunlich tiefer Relevanz für das real Gegebene. Das der mathematischen Wissenschaft inhärente Kreativitätsgeschehen steht jedoch dem Geschehen in der Kunst, das sich über Inspiration, Intuition, Imagination, Phantasie und synthetische Komposition vollzieht, derart nahe, daß man die Mathematik selbst als Kunst oder wenigstens als eine künstlerische Wissenschaft, *eine Wissenschaft von der Denkbarkeit des Realen* nämlich, ansehen könnte. Kunst, Mathematik und Wissenschaft zusammen sind dabei jedoch nur die Medien einer Natur, so, wie wir sie vom Verstand her wollen, als Zusammenstellung von Zusammenstellbarem, und nicht als "Contradictiones in adiecto". Die eigentliche Frage lautet also nicht: Was ist die Realität der Welt?, sondern: Wie ist die Realität der Welt überhaupt denkbar?

Schon die Sokratiker und Vorsokratiker des alten Griechenland stimmten darin überein, daß das dem Menschen erreichbare Wissen und die uns mögliche Erkenntnis nichts anderes als reine Selbsterkenntnis oder, anders gesagt, die Erkenntnis unserer Bewußtseinszustände darstellt. Sowohl Sokrates als auch Platon sehen den Weg zu dieser Selbsterkenntnis als einen Weg zur Erkenntnis des letzten Sinnes unseres menschlichen Daseins, der über den Umweg der kosmischen Erkenntnis beschritten werden muß, denn im Menschen spiegelt sich der Kosmos, und im Kosmos spiegelt sich die menschliche Seele. Nichts sonst! Die Frage bleibt dann also nur, ob das Bild, das wir derzeit von Erde und Kosmos unter der Anleitung durch die Wissenschaften für unser Bewußtsein ausgeprägt haben, auch den Menschen in einer in sich stimmigen Weise widerspiegelt. Die kommenden Kapitel dieses Buches sollen dies im Detail überprüfen.

So werden wir uns oft in diesem Buch fragen, wie denn das alles vor unseren Augen, nämlich die Vielfalt der Erscheinungen nah und fern im Kosmos, wohl zu dem geworden ist, was es zu sein scheint. Geht hier eine Entwicklung aus dem geordneten, hochwertigen hin zu dem zerstreuten, minderwertigen Weltgut vor sich, oder bilden sich gerade im Gegenteil die Qualitäten der Welt erst allmählich aus dem Einfachen heraus? Das letztere Konzept, nämlich als Selbstverständlichkeit anzunehmen, daß die Anfänge ganz einfach und formlos waren, ist dabei meist der Ansatz unseres Erklärungsversuches. Es soll also verstanden werden, wie aus dem zunächst Uniformen und Homogenen das selbstorganisierte Komplexe mit hoher Ordnungsqualität und Funktionalität hervorgegangen ist.

Hier könnten wir jedoch einem selbstgemachten Problem zum Opfer fallen: Warum sollte denn das, was ist, nicht schon immer komplex gewesen sein? Vielleicht gibt es ja das sogenannte Einfache, Homogene, Ungeordnete, Unfunktionale, von dem wir in unserer Erklärung gerne ausgehen wollen, gar nicht. Vielmehr gibt es nur das Geordnete und Organisierte, denn nur dieses kann existieren! Die Erscheinung des Homogenen könnte sich vielleicht als instabil gegen jegliche Störungen erweisen, wie sie doch jedem physikalischen System immer innewohnen. Als stabil und langlebig und gerade deswegen "erscheinungsfähig" könnte sich demnach eventuell nur das Organisierte herausstellen. Die Realität ist überhaupt nur als strukturierte möglich! Eine homogene Realität dagegen gibt es gar nicht! Gleichförmigkeit und Ungeformtheit existieren gar nicht.

Um dies zu beweisen, werden wir uns die gegebenen Voraussetzungen im Kosmos eingehend anschauen und werden zeigen, daß hier in den Weiten des Kosmos - der sakralen Erkenntnis der klassischen Gleichgewichtsthermodynamik zum Trotz, daß die Natur in ihrem Geschehensfluß eigentlich immer unweigerlich zur Unordnung führen sollte, dennoch allenthalben sich selbst organisierende Ordnungssysteme, fernab vom thermodynamischen Gleichgewicht operierend, funktionierend, existierend, entstehen, die den eigentlichen Seinsstatus des Universums ausmachen. Der Kosmos scheint eher wohl ein auf Perpetuierung seiner Beschaffenheitsstruktur sich anlegendes inhomogenes Nichtgleichgewichtssystem darzustellen. Die Bedingungen für eine solche kosmische Erscheinungsbühne organisierter Realität werden in diesem Buch hinterfragt und identifiziert werden.

3.
Sitzen in der Weltenhöhle:
Platon und die Ideen aus der neuen Welt

Als seinerzeit (1789) der Bremer Arzt und Naturforscher Wilhelm Olbers über den Aufbau der Welt nachdachte, lagen ihm keine Messungen über Sternspektren oder Rotverschiebungen von stellaren Spektrallinien vor. Auch verfügte er nicht über Farbindizes der stellaren Emissionen oder über absolute und scheinbare Helligkeiten der Sterne. In seinem Nachdenken ging er vielmehr allein von einer Welt aus, wie sie zu sein hätte, wenn sie so wäre, wie man sie sich als denkender Verstand gerne denken wollte, nämlich unendlich ausgedehnt und mit einer ewigen Wiederholung von Sternen und Sternfeldern bis in die größten Fernen, wie es einst schon die Philosophen des Mittelalters wie Augustinus, Nikolaus Cusanus oder Giordano Bruno proklamiert hatten. Für eine solche Welt sind dann Konsequenzen bezüglich ihrer Erscheinungsform logisch unabdingbar auszudenken, die man an den gegebenen Tatsachen überprüfen kann. Wenn die logisch erdachte Erscheinungsform mit der gegebenen übereinstimmt, so darf man soweit überzeugt sein, daß die Welt so ist, wie man sie sich denkt. - Wenn aber nicht, dann denkt man etwas Falsches von der Welt. Wenn man aber gar nichts denkt von der Welt, dann kann diese so sein, wie sie will, ihre wie immer gegebene Erscheinung hat dann überhaupt keine verwertbare Aussage zu machen.

Im Falle von Wilhelm Olbers ergab sich nun bereits 1789, daß eine unendlich ausgedehnte und überall mit

Sternen erfüllte Welt einen taghellen Nachthimmel aufweisen sollte, wie wir in einem späteren Kapitel noch näher begründen werden. Da die wahre Erscheinung des Nachthimmels jedoch ersichtlich dieser Erwartung eklatant widersprach, konnte die Welt also nicht so sein, wie man sie sich damals dachte, also **nicht** unendlich ausgedehnt, jedenfalls nicht im Bild der damaligen Vorstellungen. - Welterkenntnis ist also stets verbunden mit einer Erkenntnis des logisch Gebotenen und einer daraus gehegten Erwartung an das Erscheinende. Ein dunkler Nachthimmel alleine sagt uns nichts über die Welt, wenn wir diesen Befund nicht mit unserer logischen Erwartung von der Welt kontrastieren lassen können oder gegenteiligenfalls ihn damit im Einklang sehen können. Um die Welt erkennen zu können, müssen wir demnach von Weltideen ausgehen; am besten von solchen, in denen sich die Welt bestätigen kann.

Bevor man beim Versuch, den Kosmos zu verstehen, mit gutem Gefühl vom *kosmologischen Prinzip* ausgehen kann, nämlich von der Forderung, das Weltall sei überall gleich beschaffen, sollte man auch die Alternativen dazu überlegt haben. Schon Nikolaus Cusanus und Giordano Bruno waren zwar von der Gültigkeit und Unverzichtbarkeit dieses kosmologischen Prinzips überzeugt und meinten, Welten wie die unsere wiederholten sich überall im Kosmos immer wieder und das Zentrum der Welt sei folglich überall. Dennoch muß man, bevor man diesen Urvätern des kosmologischen Prinzips blindlings im Glauben folgt, sich gefragt haben, ob es keine anderen Vorstellungen zum Verständnis des Kosmos geben kann. Tatsächlich bringt das moderne

Verständnis von der Art und Weise, wie sich das Licht entfernter kosmischer Lichtquellen zu uns über gravitativ gekrümmte Wege des Weltalls ausbreitet, hier eine erstaunliche Alternative zum Vorschein, die insbesondere neuerdings von dem französischen Astrophysiker Jean Pierre Luminet vom Observatoire de Paris verfolgt wird: Es könnte sein, daß wir von einem kompliziert gekrümmten Weltraum umgeben sind, der die Lichtstrahlen in unserer Umgebung zwingt, komplex gewundene Wege über gekrümmte Flächen des Weltraums von den um uns verteilten Lichtquellen bis zu uns hin zu nehmen. Wenn wir uns vorstellen, daß Lichtstrahlen in unserer kosmischen Umgebung sich etwa nur über die Außenhaut eines riesigen Torus oder Doppeltorus von uns weg und zu uns hin ausbreiten könnten, so wird klar, daß wir das Licht einer fernen Galaxie nicht nur auf einem sondern im Prinzip auf vielen verschiedenen Wegen zugeleitet bekommen könnten. In den unterschiedlichsten Himmelsrichtungen sähen wir folglich Galaxien, die jedoch immer die gleiche Lichtquelle im Kosmos darstellen, wenn auch unterschiedlich hell und zu unterschiedlichen Lebensaltern, weil der jeweilige Lichtweg unterschiedlich lang wäre. Die Welt um uns her könnte sich somit als ein reines Spiegelungsphänomen erweisen; wir sähen nur endlich weit in die Welt hinaus und könnten demnach nur wenig von der ganzen Welt entdecken, aber das, was wir sehen, sähen wir beliebig oft in verschiedenen Richtungen und in zueinander verschieden verzerrten Konstellationen. In einer solchen, durch gekrümmte Lichtwege auf endliches Volumen beschränkten Welt können wir natürlich nicht erwarten, das kosmologische Prinzip erfüllt zu finden. Es verbleibt uns vielmehr eine von kosmischer Lokalität geprägte, endliche Welt, die sich jedoch durch ihre Spiegelungen für uns beliebig oft wiederholt und somit wie unendlich erscheint. Sehen wir also eher immer neue, individuale Realitäten im Kosmos oder sehen wir vielleicht nur immer neue Spiegelungen einer sehr lokalen Realität?

Einer der berühmtesten Philosophen des griechischen Altertums war Platon. In seinen Büchern Menon, Phaidon, Symposion oder Phaidros hat er einst seine Platonische Metaphysik entwickelt, die uns noch heute ein Leitbild für die Einordnung unseres modernen Weltwissens sein kann. Und auch mit Platons Aussage wollen wir dieses Buch über die Welt im großen und ganzen hier eröffnen. Nach der Überzeugung dieses berühmten Philosophen ergibt sich nämlich alle Welterkenntnis als eine Form der Wiedererkenntnis des Allgemeingültigen. Niemals werden neue logische Gültigkeiten entdeckt, immer nur Fakten, die der nach logischen Gültigkeiten erdachten Welt entsprechen oder widersprechen. Wenn wir als Menschen aus unserem Verstande her die Weltzusammenhänge erkennen, so erkennen oder "schauen" wir nach Platon dabei nur eigentlich, was immer schon in uns versteckt war. Dieses Erkennen vollzieht sich in Begriffen, und alle diese Begriffe stellen ein raumloses und zeitloses, immer gültiges Netz von Bezüglichkeiten her. Wir können den einen Begriff gar nicht ohne all die anderen denken, die mit ihm über dieses logische Netzwerk eng und unzertrennlich verbunden sind.

Hätten wir folglich nach genügend langer Versenkung in unsere innere Gedankenwelt bei der Bemühung um den Entwurf eines logisch konsistenten Bildes der Außenwelt nicht das Weltall und die Weltentstehung schon immer so ausdenken können, wie wir dies heute mit unserem modernen Weltbild tun? Was ist somit eigentlich Neues an unserer modernen Weltsicht? Was hat dieses Weltbild durch die Entdeckung der kosmischen Hintergrundstrahlung, der Galaxienflucht oder der Quasare für eine Befruchtung erfahren? Hat diese heutige Welttheorie überhaupt etwas mit dem Hubble-Space-Teleskop, mit dem ROSAT-Satelliten oder mit dem COBE-Satelliten zu tun? Oder hätten wir eigentlich auch so auf die Aussagen kommen können, die uns diese Raumsonden mit ihren Beobachtungen machen? Das erhebt die Frage, ob der Mensch überhaupt mehr verstehen kann, als sein Verstand versteht. Sein Korrektiv findet der Verstand in seinen Binnenaspekten allein in der Logik. Ein äußeres Korrektiv findet der Verstand aber nur dann in der Naturwahrnehmung, wenn die von ihm nach durchweg logischen Kriterien erstellten Weltsichten Konsequenzen erwarten lassen, die in der Außenwelt nicht feststellbar sind. Die reine Begrifflichkeit, mit der die Welt vom Verstand gesehen wird, muß in sich konsistent sein und stimmen. Unser Verstand kann sich, auch ohne irgendeine Welterfahrung zu Hilfe nehmen zu müssen, einfach keine runde Welt denken, die Ecken hat, so wenig wie eine dunkle Welt, die leuchtet, oder eine tote Welt, die lebt. Wohl jedoch aber eine strukturierte Welt, die homogen ist, oder umgekehrt, wie wir noch zeigen werden. Der Urknall als unterstellter Anfang des kosmischen Geschehens ist niemals selbst gesehen oder gehört worden. Aber es gibt vielleicht Dinge zu beobachten, die man sich mit dem Modell "*Urknall*" gut reimen kann, weil sie sich als indirekte Zeichen desselben verstehen lassen.

Alle diese Begriffe bauen nämlich in unserem Verstande eine geordnete Welt oder einen stimmigen Kosmos auf. Unser Erkennen stellt demnach ein schauendes Erfassen der begrifflichen Allgemeingültigkeiten dieses inneren Kosmos angesichts von Erscheinungsprägungen des äußeren Kosmos dar. Dreiecke, Pyramiden, Kreise oder Kugeln finden wir angedeutet oder in approximierter Form in der gegenständlichen Welt vor, ihre inneren genuinen Geometrieeigenschaften entnehmen wir jedoch nicht dieser Gegenständlichkeit selber, indem wir diese nach Höhe, Breite und Tiefe mit Maßstäben vermessen, sondern wir entnehmen sie der Anschauung ebenbildlicher Ideengebilde in unserem Bewußtsein. An ihnen allein lassen sich Beziehungen mit Allgemeingültigkeit beweisen, die die Geometrie uns lehrt.

Daß die Winkelsumme in einem ebenen Dreieck 180 Grad - und zwar genau 180 Grad, nicht mehr und nicht weniger beträgt, brauchen wir an keinem gegenständlichen Dreieck nachzumessen; es gilt a priori. Daß der Umfang eines Fasses gleich dem $2\text{-}\pi$-fachen des Radius ist, brauchen wir ebensowenig zu bestätigen: Die unserem Geiste immanenten Ideen liefern einzig und allein den apriorischen und zudem auch noch einzig möglichen Beweis dafür. Das Lehren der geometrischen Axiome besteht daher auch nur in einem Wiedererwecken schlummernder Ideen und Begrifflichkeiten in unserem Verstande. Die Sinne können uns keine allgemeingültigen Erkenntnisse vermitteln; unser Hören und Sehen bliebe leeres Starren und lästiges Lauschen, wenn nicht unser Verstand sein Wissen um die Begriffe und um die Ideen dazubrächte, um so das Wahrgenommene zum Verstandenen werden zu lassen.

Die Frage bleibt dann jedoch, woher dieses Wissen um die Ideen eigentlich stammt; ist es angeboren, sozusagen immer schon da, und uns stets voll zur Verfügung? Platon sagt: Ja und Nein! Es ist uns zuinne, jedoch es muß wiederentdeckt, wiedererweckt und dem Unbewußten entborgen, also ins Bewußtsein gehoben werden. Die ganze Welterkenntnis vollzieht sich demnach als eine lediglich Offenlegung des Unbewußten. Vernunft und logische Stringenz beherrschen das Gefüge dieser Welt. Für uns gilt es demnach einzusehen, wie Werden und Sein jedes vor uns erscheinenden Dinges durch seine Teilhabe an den ewigen Ideen des inneren Kosmos bestimmt werden. Ob also diese ewigen, sich gegenseitig stützenden Ideen des inneren Kosmos in unserem Bilde des äußeren Kosmos ihre Entsprechung finden.

Ist die Welt der Erscheinungen für uns vielleicht tatsächlich so etwas wie dasjenige, das Platons Höhlenmenschen, die an eine Wand einer Höhle gefesselt mit dem Rücken zur Realität des Weltgeschehens stehen und sich mit ihren Augen ihr Weltbild nur aus den Schattenwürfen des Realen auf die vor ihnen liegende Höhlenwand entwerfen können? Wir würden doch eher sagen, daß solche um die volle Realität der Welt betrogenen Höhlenmenschen auch nur ein in seiner Gültigkeit extrem stark reduziertes Weltbild gewinnen können. Wäre es nicht eine um die wahren Dimensionen des Seins reduzierte Weltwahrnehmung, die diesen Menschen zuteil würde? Solche Menschen wären gezwungen, Schatten von Dingen für das Wahre und Wirkliche der Dinge selbst zu nehmen. Wie weit müßte doch ihr Weltbild von dem unseren verschieden sein! Oder - aus einem jähen Entsetzen vermutet - geht es uns als vermeintlich freien, nicht an eine Höhlenwand gefesselten Menschen einer wie auch immer angelegten, "wahren Realität" gegenüber vielleicht doch letzten Endes ganz genauso?

Nach modernsten physikalischen Ansichten läßt ja eine elf-dimensionale Welt alle vier Naturkräfte zu nur einer vereint erscheinen. Unsere erlebte, vierdimensionale Welt dagegen weist klar die Unterschiedlichkeit dieser Kräfte aus. Was also ist nun aber das Realere? Die elfdimensionale Welt mit einer einheitlichen Kraft oder die vierdimensionale Welt mit ihren vier verschiedenen Naturkräften? Kann denn etwas einander gleich sein, wenn es doch voneinander so verschieden ist? Was sollte denn das Gleiche verschieden machen? In allem Verschiedenen verbirgt sich das allem Gleiche, aber gerade letzteres macht die Dinge eben nicht aus, die ja gerade in ihrer Verschiedenheit aufgehen, es erlaubt ihnen lediglich die Teilhabe an diesem Gleichen!

Ganz so abwegig ist dieser oben gehegte, beirrende Verdacht von der Fesselung an eine Wand vielleicht gar nicht! Wenn wir unseren Blick immer zum Erdboden gewendet halten müßten, zum Beispiel, weil wir die grelle Lichthelle des Tageshimmels nicht ertragen könnten, so würden wir die Wolken und alles Körperliche über uns auch nur durch den Schattenwurf des Sonnenlichtes auf dem Erdboden wahrnehmen können. Nicht viel anders ist es genaugenommen trotz unseres freien Blickes und ungeblendeter Augen, wenn man sich nächtens den Kosmos ansieht, so, wie er vor unseren Augen am nächtlichen Firmament erscheint. Zeigt sich das Universum nicht darin auch nur über den Licht- und Schattenwurf seiner Realität? Den lebendigen Kontakt zu seiner vollen physikalischen Wirklichkeit bleibt dieses Universum uns dagegen doch schuldig. Was also die Erkenntnis der Wahrhaftigkeiten und Geschehnisse des Universums anbelangt, so geht es uns deshalb als Beobachter des Himmels eigentlich auch nicht viel anders als den Platonschen Höhlenmenschen. Dazu kommt noch, daß unsere Sinne ohnehin ja nur auf ein sehr stark reduziertes Angebot der Realität ansprechen; wir hören keine Ultraschallwellen, wir sehen keine Radiowellen, keine Röntgenwellen oder Gammastrahlenblitze des Universums, wir nehmen keine hochenergetischen Strahlungspartikel wahr - es sei denn indirekt dadurch, daß wir durch sie zelluläre Schäden oder Mutationen an unserem Organismus davontragen -, und wir registrieren keine Neutrinos und keine Gravitationswellen, die aus dem nahen und fernen Kosmos zu uns kommen. Wenn sich in alledem aber die eigentliche Botschaft der kosmischen Realität verbirgt, so nehmen wir diese eben gerade nicht wahr, wir verpassen sie vielmehr. Auch die elf Dimensionen der Realität sind uns nicht erfahrbar. Was kann es uns also helfen, wenn wir uns eine Welt so entwerfen, von der wir nur den Schattenwurf erfahren? Ist die Welt nun erstlinig dieser Schatten? Oder eher der Schattenspender, den wir nicht erfahren können?

Im übrigen läßt sich weiter feststellen, daß, selbst wenn wir mit unserer weltreduzierenden Sinneswahrnehmung noch ausreichend viel Weltrealität perzipieren würden, uns dennoch damit nur immer eine projektive Welt vernehmbar würde, eine Welt, die aus einer Abbildung der Realität hervorgeht - nicht besser und nicht schlechter also als die Welt der Platonschen Höhlenmenschen auch. Wenn wir, zum Beispiel als Menschen ohne Eintrittskarten für die Zirkusvorstellung, bei Nacht nur von außen auf das Zirkuszelt schauen dürfen, so sehen wir zwar, was sich von innen her an Licht- und Schattenspielen auf die Zeltwand projiziert, nicht sehen wir jedoch das eigentliche Geschehen in der Manege, von dem diese Spiele ausgelöst werden. Wir könnten zwar das Gesehene für das eigentliche Geschehen halten, doch die eigentlichen Zirkusbesucher, die eines ganz anderen Geschehens ansichtig wurden, würden uns später eines Besseren belehren.

Gibt es nun eventuell für uns geplagte *Höhlenmenschen* wenigstens eine kleine Chance, die vehementen Einbußen in unserer Realitätswahrnehmung der Welt durch ein geschicktes Dazutun zum fehlenden Wahrnehmungsgut zumindest teilweise zu kompensieren? Was könnte uns, anders gefragt, eine größere Nähe zu den Dingen selbst geben, die wir ansonsten ja nur über ihre Projektionen wahrnehmen? Es müßte also schon etwas sein, das einerseits an den Dingen ist und also am wahren Sein teilhat, das andererseits aber auch in uns selbst ist, so daß wir es den Projektionen hinzugeben können, über die uns die Dinge zugänglich werden, auch wenn es in diesen Projektionen selbst nicht aufscheint. Dies aber, das Hinzugebbare, das sind eben die Ideen in uns, die für Platons Lehre eine so zentrale Bedeutung haben, die

Ideen nämlich, die uns sagen können, was an den Dingen denn dran sein muß , damit sie überhaupt Dinge sein können, und was diese Dinge in ihrer eigentlichen Konsistenz erst ausmacht. Die Realität mag sein können, wie sie will; die realen Dinge dagegen können dies nicht, sie dürfen einfach in sich nicht logisch widersprüchlich sein. Die Dinge können einfach nicht einem runden Viereck oder einem eckigen Kreis gleich sein, sie können nicht wie eine ausgedehnte Singularität oder wie ein Körper ohne Ausdehnung sein, und wenn sie schon wie eine Pyramide sind, dann nur so, daß deren charakteristische Abmaße in mathematischen Beziehungen zueinander stehen. Nach der Vorgabe dieser verstandesimmanenten Ideen muß demnach auch die ganze Dinglichkeit des Kosmos in Gänze angelegt sein.

Fragen wir uns deswegen hier einmal nach denjenigen großen Weltideen, die sich im Laufe der Menschheitsgenerationen, aus den Offenlegungen des Unbewußten herkommend, herausgebildet haben und in denen sich unser ganzes Weltverständnis heute niederschlägt. Beginnend mit Hubbles Entdeckung im Jahre 1929, will uns zum Beispiel die Astronomie immer wieder sagen, das Weltall expandiere, und zwar homolog und isotrop, das heißt, nach allen Himmelsrichtungen hin gleich schnell mit proportional zur Entfernung wachsender Geschwindigkeit, und zwar dies an allen Weltpunkten gleichermaßen. Kein Mensch sieht dem nächtlichen Sternenhimmel die Expansion des Kosmos an, nur die astronomische Wissenschaft sieht diese Expansion in den Rotverschiebungen der Sterne. - Und also sind die Astronomen seitdem verlockt zu fragen, wie diese Expansion denn genau aussieht: Wie schnell denn genau und mit welchem Geschichtsverlauf findet diese Allausdehnung wohl statt? Die Antwort auf diese Frage sollte natürlich das von Edmund Hubble erstmals formulierte Hubblesche Expansionsgesetz geben. Hierin spielt die Hubblesche Konstante H als die maßgebende Proportionalitätskonstante zwischen Fluchtgeschwindigkeit und Objektentfernung eine zentrale Rolle, weil sie uns sagen können muß, wie schnell sich die Weltexpansion jetzt gerade vollzieht oder, verbunden mit theoretischer Extrapolation, auch später immerdar vollziehen wird!

Aber diese Hubblesche Konstante H erweist sich nun gerade als eine "schlechte" Konstante, deren Wert sich mit der Dauer der astronomischen Forschung zu ändern scheint. Zu Hubbles Zeiten war sie etwa zehnmal so groß wie heute, ohne daß wir glauben möchten, daß die Weltexpansion seit Hubbles Entdeckung um den Faktor 10 langsamer geworden ist. Zudem ändert sich die Hubblekonstante mit der Himmelsrichtung, und vielleicht sogar ist sie artspezifisch, das heißt, sie ändert sich mit der Art der herangezogenen, kosmischen Objekte. So etwa zeigen derzeit alle Quasare ganz andere Fluchtbewegungen als Spiralgalaxien oder elliptische Galaxien, obwohl sie mit letzteren assoziiert zu sein scheinen. Sollte man bei dieser Sachlage nicht schließen dürfen, daß der Kosmos, wenn überhaupt, dann auf nicht-Hubblesche Weise expandiert? Oder haftet dem Expansionsgedanken womöglich etwas Apriorisches ähnlich wie den Platonischen Ideen an, das ihn sozusagen "von vornherein" in den Rang der Richtigkeit erhebt? Könnten wir den Kosmos überhaupt anders als expandierend denken? Vielleicht führen ja die verschiedenen Objekte im Kosmos in verschiedenen Richtungen ganz unterschiedliche Bewegungen durch. Das wäre zwar viel komplizierter, als Hubble es sich einmal gedacht hat, aber es wäre nichtsdestoweniger vielleicht die bessere Wahrheit.

Doch die Astronomen schließen hier anders: Der überzeugenden Schönheit des Hubbleschen Fluchtprinzips zuliebe nimmt man an, daß alle derzeit gesehenen Abweichungen von diesem Prinzip nur von ephemerer, von Meßunzulänglichkeiten bedingter, nicht aber von wesentlicher Natur seien. - Wenn man nur die Geschwindigkeiten und Entfernungen der Objekte richtig zu ermitteln lerne, dann würde sich die Stimmigkeit des Prinzips schließlich schon zeigen!

Objektgeschwindigkeiten ermittelt man aus spektralen Rotverschiebungen oder einfach gesagt: Je mehr rotverschoben, desto schneller bewegt sich ein Objekt von uns fort. Objektentfernungen ergeben sich andererseits aus den relativen Intensitäten dieser Objekte; je lichtschwächer ein Objekt, desto weiter entfernt ist es. Solche Rotverschiebungen der von kosmischen Objekten emittierten Spektrallinien lassen sich zwar heute gut, das heißt sicher und problemlos, bestimmen; lassen diese aber auch eine eindeutige Interpretation im Hinblick auf Objektgeschwindigkeiten zu? Andererseits lassen sich Intensitäten von emittierenden Objekten gut vergleichen mit denjenigen uns naher Standardobjekte des gleichen Typs, und auf der Basis solcher Standards sollten sich diese Objekte dann entfernungsmäßig zueinander relativieren lassen.

Welche Leuchtstandards hat man jedoch im Kosmos?

Gelten sie unabhängig vom Alter des Kosmos? Emittieren die anvisierten kosmischen Objekte überhaupt eine ungerichtete, sich radialsymmetrisch ausbreitende Strahlung, oder strahlen sie vielleicht wie ein Scheinwerfer? Wie hell uns ein Auto bei seiner Fahrt über nächtliche Straßen erscheint, hängt gewiß nicht nur von seiner Entfernung, sondern auch davon ab, ob sein Scheinwerfer auf uns gerichtet ist oder in eine ganz andere Richtung strahlt. Und weiterhin erhebt sich die Frage: Ist die Rotverschiebung denn überhaupt ausschließlich bewegungsbedingt, oder ist sie eher kosmologischer Natur und hängt mit der Ausbreitung der Strahlung im Kosmos zusammen, oder ist sie gar objektintrinsisch, also verbunden mit der physikalischen Natur des emittierenden Objektes? - Wir werden diesen essentiellen Fragen in den kommenden Kapiteln des Buches noch tiefer auf den Grund gehen und damit besser klären können, wie stichhaltig das heutige Weltbild der Astronomie eigentlich ist. Wieviel Freude und Genugtuung kann unser Verstand denn letztlich am heutigen Bild des Kosmos entwickeln?

Wir werden auch nachfragen, wie es mit den Implikationen des Urknallbildes steht. Aus der Idee, daß die Welt aus einem Urknall hervorgegangen ist, leiten sich Konsequenzen ab; sind diese tatsächlich am Bild des Kosmos nachweisbar? Bestätigen oder widerlegen also die kosmischen Fakten den Urknall? Was zum Beispiel ist mit der kosmischen Hintergrundstrahlung, die der von der amerikanischen Weltraumbehörde NASA in Einsatz gebrachte COBE-Satellit derzeit bis in die kleinsten Finessen studiert? Sie, diese Hintergrundstrahlung, die bei ihrer Entdeckung 1965 durch die Radioastronomen Arno

Penzias und Robert Wilson als das "Nachglühen" des Urknalls und damit als idealer Beweis für den Urknall deklariert worden war, wird heute immer mehr zu einem "unpassenden", weil unliebsamen Phänomen allzu großer Gleichförmigkeit.

Letzteres liegt aber nun gerade daran, daß man diese gemessene Himmelsstrahlung, an deren prinzipieller Existenz man nicht zweifeln kann, ideologisch-konzeptionell als "kosmische" Hintergrundstrahlung auffaßt. Man setzt sie mit dem Nachglühen der kosmischen Urexplosion gleich und erwartet dann natürlich, daß in diesem Widerschein der frühesten Weltzustände eine klar lesbare Botschaft erkennbar sei, , wie und wo sich später im evolvierenden Kosmos dann die Sterne, die Sternsysteme und die Sternsystem-Systeme herausbilden werden, zumindest wenn das kosmische Geschehen deterministisch ist. Die vom Satelliten COBE registrierte Hintergrundstrahlung weist aber diese "genetische" Botschaft des Kosmos nicht auf, in ihr scheint vielmehr so gut wie nichts über die Geschichte der späteren Sterne enkodiert zu sein. Man kann in ihr nicht die geringsten Anzeichen gerade für dasjenige wiederfinden, was der spätere Kosmos aus diesem nachglühenden Feuerball schließlich und augenscheinlich hervorgebracht hat, nämlich die myriadenhaft vielen Galaxien und Galaxiensysteme, die in herrlich schönen, aber völlig unregelmäßigen, sich nicht wiederholenden, vielmehr jeweils einzigartigen Strukturen unser Firmament heute dekorieren und ausleuchten.

Man findet in der Hintergrundstrahlung bisher nicht diese dem heutigen Materiezustand zugeordneten, typischen Signaturen, die dieser aber bereits bei ihrer Entstehung aufgeprägt worden sein müßten - und man versteht deshalb auch nicht, warum es kein kosmisches Materiesystem gibt, das gegenüber diesem Hintergrundstrahlungsfeld in Ruhe ist. Vielmehr bewegt sich alles im Kosmos gegen dieses Ruhesystem der Feuerballstrahlung. Selbst die allergrößten Untersysteme des Kosmos, bestehend aus Haufen von Galaxienhaufen, bewegen sich noch mit unverständlich großen Geschwindigkeiten von 400 Kilometern pro Sekunde relativ zu diesem primordialen Strahlungsmeer.

Wir werden weiterhin fragen, wie es mit der Erzeugung der chemischen Elemente im Kosmos steht. Da man den Aufbau der Atomkerne dieser chemischen Elemente aus Protonen und Neutronen kennt, läßt sich fragen, wie, das heißt, in welchen physikalischen Szenarien die Synthese dieser Elemente vollbracht worden ist. Wenn der Urknall nach Aussage der Theoretiker wirklich nur leichte Elemente hervorgebracht hat, so sollten die frühesten Sterne und Sternsysteme, die aus dieser jungfräulichen Materie entstehen mußten, auch nur solche leichten Elemente zeigen. Dennoch sind bis heute keine metallfreien Sterne dieser ersten Generation gefunden worden. Selbst die ältesten Sterne in jeder Galaxie weisen über ihre Spektren bereits vorhandene Metallanteile aus, und insbesondere Quasare, obwohl sie doch sehr weit von uns weg sein sollten und damit zu sehr früher Zeit im Kosmos gesehen werden, überraschen durch sehr hohe Metallanteile. Die Quasare, die wegen ihrer immensen Rotverschiebungswerte ja als extrem entfernte Emissionsmonster eingestuft werden, und die sich, wenn wir sie schließlich trotz des langen Weges ihrer Lichtteilchen zu uns zu sehen bekommen, demnach zeitlich gesehen als weit in der kosmischen Vergangenheit zurückliegende, somit extrem urknallnahe Objekte zeigen müßten, weisen in ihren Spektren bereits extrem starke Metallabsorptionslinien auf, über die auf eine unserer Sonne ähnliche Metallhäufigkeit bei diesen Objekten geschlossen werden kann. Offensichtlich war also der Kosmos chemisch gesehen schon sehr viel früher genauso beschaffen wie heute. Wo bleibt da die evolutionäre Entwicklung der chemischen Beschaffenheit des Kosmos, die die herkömmliche Kosmologie doch erwarten lassen müßte?

Hier fragen wir uns dann schließlich und endlich etwas noch viel Grundsätzlicheres; wir fragen uns, wodurch denn das Geschehen im Kosmos überhaupt eigentlich angestoßen wird. Wenn selbst die physikalischen Anfangsbedingungen, die hierzu kausale Anstöße geben müssen, nur aus Geschehenem hervorgehen - und also selbst nur durch Geschehen geworden sein können, so muß sich wohl die Welt zu ihrem Geschehen jeweils immer selbst anstoßen. Dann aber kann die Welt den Urknall als Erstursache nicht selbst hervorbringen, er gehört vielmehr nicht zu dieser sich immer neu bedingenden Welt. Letztere muß vielmehr in Geschehniszyklen abbildbar sein und sollte deswegen auch nicht in monokausaler Weise auf den Entropietod hin angelegt sein, wie die Urknallkosmologie uns dies suggerieren will! (siehe dazu Bücher von Soucek, 1988; Fahr, 1996; Kirchhoff, 1999)

Ein Urknallkosmos hat ein berechenbares Alter, und alle Objekte, die zu diesem Kosmos gehören sollen, müssen sich daran messen lassen. Objekte, die älter sind, können mit einem solchen Kosmos nichts zu tun haben! Allein schon die Kugelsternhaufen in unserer Milchstraße stellen mit ihrem Alter von 18 Milliarden Jahren eine enorme Herausforderung dar. Erst recht Quasare und extrem rotverschobene Galaxien, die zeitlich in unmittelbarer Nähe zum Urknallereignis stehen sollten, dürften, da auch sie sich ja erst nach dem Urknall allmählich entwickelt haben können, bei ihrer nicht vernachlässigbaren Entwicklungsspanne von etwa einer Milliarde Jahren in dieser Welt überhaupt nicht entstanden sein, sie müßten vielmehr aus einer anderen Welt stammen.

Entweder müßte sich hier schon erweisen, was wir in einem späteren Kapitel erörtern werden, daß die Altersbemessung im Kosmos eine artspezifische Angelegenheit verbunden damit ist, daß die Zeit nicht überall in gleicher, absoluter Weise verläuft. Oder es müßte ansonsten in letzter Konsequenz heißen, daß es zumindest für solche Objekte im Kosmos den Urknall überhaupt nicht gab. Das könnte letztlich den Verdacht nähren, daß das Universum eigentlich gar kein gemeinsames Alter hat, sondern daß es nur auf allen Raumzeitskalen zyklisch geschlossene Prozeßabläufe zu erkennen gibt, die immer wieder und überall zur Bildung von neuen Galaxien und zur Auflösung von alten führen. Vielleicht bestätigt sich gar so, daß das kosmologische Prinzip, wonach die Welt überall gleichbeschaffen sein sollte, sogar in seiner strengsten Form gilt: Die Welt erscheint von allen Weltpunkten *in Raum und Zeit* aus völlig gleichbeschaffen und homogen.

Da nun für den kosmischen Beschauer die Zustände

in der räumlichen Ferne zeitversetzt zu unserem Jetzt gesehen werden, so sollte eine diesem Prinzip gerechte Welt also in der räumlichen und damit zeitlichen Ferne genauso aussehen wie in der raumzeitlichen Nähe, insofern, als die in unserer Nähe angelegten Strukturen sich zu größeren Entfernungen hin nur immer wieder in gleichen Formen wiederholen. Wenn die Welt eine Welt unseres menschlichen Verstandes ist, und letzterer in seiner Beschaffenheit die Zeiten überdauert, so sollte die darin erscheinende Welt eben auch überdauern. Die Welt unterhielte demnach ihre Zustände über alle Zeiten hinweg und in alle räumlichen Entfernungen hinaus. Alles, was wir um uns her zu sehen bekommen, könnten wir von jeder anderen Stelle im Universum zu jedweder Zeit genausogut sehen! Es spielt keine Rolle, wann und wo wir in diesem Universum geboren werden, wir werden immer den gleichen Kosmos und die gleichen kosmischen Basisgeschehnisse bei ihrem Ablauf und in ihrem Balanceakt der Auseinandersetzung mit anderen Geschehnissen zu sehen bekommen.

Und das kann ja eigentlich nicht wundernehmen, wenn der Kosmos nichts anderes als ein Spiegel unserer inneren Ideen ist. Denn dann ist es doch klar: Der Kosmos muß dann zwangsläufig ebenso zeitlos wie das menschliche Denken selbst sein. Die unendlichen Fernen der Welt bieten dann letzten Endes nichts anderes als die unglaubliche Nähe der Welt in uns. Noch vor Platon hatten Heraklit und Parmenides die unentrinnbare Macht der reinen Anschauung oder der *Theorie* erkannt und hatten sie durch diese Erkenntnis zu einem neuen Rang erhoben. Seitdem erhob sie sich über jeden Verdacht, nur so etwas wie eine subjektive Konstellierung unseres Denkens zu sein. In diesem neuen Rang vielmehr wird die reine Anschauung zur metaphysischen Besonnenheit des Menschen, indem sie bestimmt, wie des Menschen In-der-Welt-Sein aussieht. Diese so erschaute Metaphysik verselbstständigt sich schließlich als etwas neben der Kosmologie oder der Welterfahrung, wodurch sie zu einer Art Religion der Wahrheit wird. Das bildet den Boden für das letzliche Zusammengehen des metaphysischen Wissens mit dem Weltbegreifen in der Erschaffung der Wissenschaften. Die Idee vom Feuerball, dem Urknall, der Anfangssingularität des Kosmos, der Weltexpansion und der linearkausalen Evolution aller Weltgüter - sind diese Begriffe vor der Zensur durch die metaphysische Grundbefindlichkeit des Menschen "gut"? Sind es letztlich gute Begriffe? Oder ist vielmehr die Idee der ewigen Wiederholungen des immer Gleichen (siehe Nietzsche: "Unschuld des Werdens") und die des Entstehens aus dem Vergehenden in diesem Sinne die besseren Ideen?

4.

Der Standort Erde im Kosmos: Auszeichnung oder Bürde?
Eine Astrologie des Kosmos

Für wen ist diese Welt wohl eigentlich gemacht? Nach dem sogenannten *anthropischen Prinzip* sollte die Welt ja für den Menschen gemacht sein und durch ihre Beschaffenheit dessen Existenz geradezu zwanghaft herbeiführen. Doch wieweit kann man davon überzeugt sein? Immer wieder interessiert doch den Menschen zu wissen, wo er sich denn eigentlich in diesem riesigen Weltengebilde befindet und warum gerade dort. Gibt es vielleicht tatsächlich so etwas wie eine Astrologie unserer kosmischen Existenz? Schaut man dagegen dann doch wieder in die unendlichen Weiten des Kosmos, so wird man gewißlich eher von der Frage beirrt, warum man denn eigentlich gerade hier an diesem Orte der Welt und nicht vielmehr an irgendeinem anderen, ebenso möglichen Weltpunkt sein Leben fristet.

Mit der Erstellung von Weltbildern hat die Menschheit seit je auch das Ziel verfolgt, verständlich festzulegen, welche Stellung dem Ort der Menscheit in jeder dieser Bild-gewordenen Welten zukommt. Und so fragen wir auch heute angesichts eines weitestgehend durch die moderne Naturwissenschaft geprägten kosmologischen Weltbildes, welche Bedeutung dem Ort der Menscheit, also dem Standort "Erde", vor diesem Bilde zukommt. Liegt in dem Standort der Erde im Kosmos nun eine Auszeichnung, die als eine klare *conditio sine qua non* für die Existenz der Menschheit gelten kann? Oder ist der Platz der Erde im Universum eher eine Bürde der Menschheit, in dem Sinne, daß wir Menschen vielleicht an jedem anderen Platz der Welt besser untergebracht wären als eben gerade hier, wo wir nun einmal überkommenermaßen unser Leben zu fristen haben?

Ein solches Fragen verlangt zunächst einmal nach einer allumfassenden Kosmogonie, einer akzeptablen Lehre über das Werden von Welt und Wesen des Menschen. Eine astronomische Weltentstehungslehre alleine kann, weil ja auch vom Wesen des Menschen ausgegangen werden muß, hierbei offensichtlich nicht ausreichend erscheinen, da wir die Frage nach dem Sinn und der Berufung des Menschen in einer Antwortsuche mit berücksichtigen müssen. Es scheint jedoch in erster Linie so, daß das Wesen und Wollen des Menschen unabhängig von dem Kosmos definiert werden kann, in dem dieser seinen Platz findet. Für die Beurteilung der Qualität unseres Standortes aber bedürfen wir neben einem gültigen Menschheitsbild erstlinig eines wohlbegründeten Verständnisses der Entstehung der Erde, des Sonnensystems, des Milchstraßensystems und schließlich des gesamten Universums - sofern wir denn glauben müssen oder dürfen, daß die Weiten des Kosmos überhaupt etwas mit uns zu tun haben. Was hat die Welt mit uns zu tun? Oder kann sie uns vielleicht gleichgültig sein, so, wie wir ihr gleichgültig sind? Ob die Welt in ihrer großen, synergetischen Gesamtstruktur wohl überhaupt an uns interessiert ist?

Mit dieser letzten Frage scheinen sich unsere Betrachtungen fast auf eine Art astrologischer Aspektierung der kosmischen Gegebenheiten und Konstellationen hinzuwenden, so, als wollten wir fragen, welches Horoskop uns der jeweils aktuelle Iststand des Kosmos stellt. Das soll jedoch ganz sicher nicht der Fall sein. Wenn wir uns aber in diesem Buch auch solch einer astrologischen Betrachtung der Dinge streng enthalten, und somit klar die direkte physikalische Einflußnahme der in der kosmischen Ferne konstellierten Gestirne auf unser physikalisches Schicksal aus unseren weiteren Überlegungen ausschließen wollen, so darf doch eines nicht vergessen werden: Es muß doch wahrgenommen werden, weil es als Faktum Beachtung verdient, daß es nach unseren heutigen astronomischen Vorstellungen an anderen Orten des Kosmos auch heute noch nicht abgeschlossene, zwar weitgehend von Zuständen an unserer Weltstelle unabhängige Geschehnisabläufe gibt, die so jedoch eine Simultaneität mit unseren lokalen Weltgeschehnissen herstellen: Während etwas bei uns passiert, geschieht gleichzeitig überall im weiten Kosmos auch irgend etwas! Wir können dahinter zwar vielleicht keine kausale Vernetzung der Geschehnisse des Kosmos postulieren, müssen jedoch davon ausgehen, daß eine derartige Simultaneität nun einmal einfach besteht, welchen Sinn es auch immer haben mag, davon zu sprechen.

Wenn bei uns etwas passiert, dann doch niemals, ohne daß zur gleichen Zeit auch überall anderswo im Kosmos etwas passiert. Durch die Wirkungen, die derzeit auf unsere Weltstelle einströmen, wird die lokale kosmische Zustandsveränderung herbeigeführt, ebenso, wie sich dies überall im Kosmos gleichermaßen auch vollzieht. An den Wirkungen, die an anderen Weltstellen des Kosmos einströmen, sind unter anderem aber auch Zustände beteiligt, die an unserer Weltstelle herrschen oder geherrscht haben. Unsere eigene Wirkung schlägt demnach, wenn auch kosmisch umgesetzt und moduliert, irgendwann einmal auf uns selbst zurück. In dem Sinne können wir also nicht wissen, wieviel von der auf uns einströmenden Wirkung einst von uns selbst, also von der Physik der Zustände an unserer Weltstelle, ausgegangen ist. Es könnte somit sogar sein, daß das Wirkungsprofil, durch das die Welt auf uns einwirkt, gänzlich von uns selbst über alle zurückliegenden Zeiten hinweg bestimmt worden ist. Jeder Ort im Weltall könnte, so gedacht, ein in sich wirkmäßig abgeschlossenes und rückgekoppeltes System darstellen, eben ein in sich selbstständig agierendes System, das den Kosmos nur als geeigneten Umweg zur vollkommenen Selbstspiegelung oder Selbstunterhaltung benötigt.

Anders als bei den untereinander anonymen Wassermolekülen im Ozean, denen Dichte und Temperatur weit entfernter Wassermoleküle an anderen Stellen des Ozeans völlig egal sein können, erscheint uns vor unserem geistigen Auge der Kosmos als ein nichthomogenes, über alle Größenordnungen hinweg dynamisch zusammenhängendes Gebilde, als ein hierarchisch zusammenhängender Aufbau wechselwirkender Materie- und Energiestrukturen, in denen es Einflußströme vom Großen auf das Kleine sowie umgekehrt vom Kleinen auf das Große gibt. Im Verlaufe der Bewußtwerdung dieses Faktums hat es jedoch verwunderlicherweise zwei ganz gegenläufige Entwicklungen in der fortschreitenden Kosmologie gegeben:

Zum einen wurde die Erde im Laufe der Weltbildevolution über die Jahrhunderte hinweg im Zuge der sich über die Zeiten hinweg entwickelnden Weltbilder immer weiter aus dem Zentrum der Welt hinaus ins kosmische Niemandsland verbannt. Im Pythagoreischen Weltbild (460 v.Chr.) stand der Mensch, zumal der Grieche, im Zentrum der Welt. Im Ptolemäischen Weltbild (100 n.Chr.) bildete dann schon die gesamte damals bekannte Welt das Zentrum der Welt, um das sich die Gestirne auf ehernen Kreisbahnen zu bewegen schienen. Im Kopernikanischen Weltbild (1540 n.Chr.) schließlich war erkannt worden, daß die Sonne viel eher als die Erde das Zentrum der Welt darstellt, denn um sie schließlich schienen sich die Planeten samt der Erde zu bewegen. Zu Beginn des 20.Jahrhunderts dann nahm der englische Astronom Harlow Shapley (1920) wahr, daß die Sonne als Fixstern einem gigantischen Sternensystem, dem Milchstraßensystem, als eines seiner Sternenmitglieder angehört, und da dieses Milchstraßensystem ein eigenes Zentrum auszeichnet, um das sich alle Mitgliedssterne bewegen, machte es fürderhin keinen Sinn mehr, etwas anderes denn ebendieses Milchstraßenzentrum als Zentrum der Welt zu verstehen. Aber auch diese Neuerung in der Erkenntnis der Welt hatte nur kurzen Bestand, denn schon zwanzig Jahre danach erkannte der deutsche Astronom Walter Baade (1940), daß es im Universum neben unserer Milchstraße unzählig viele weitere Milchstraßensysteme gibt, so daß es fortan keinen Sinn mehr machen konnte, willkürlich das Zentrum nur einer einzigen dieser Milchstraßen als Weltzentrum zu bezeichnen. Damit war für die Menschheit der totale Verlust der Weltmitte vollzogen. Der Mensch war, und zwar durch sein eigenes Denken über den Kosmos, aus dem Zentrum der Welt irgendwohin an den Rand des Universums verbannt worden. Und zwar genaugenommen tatsächlich durch sich selbst und sein Denken über die Welt! Nicht weil der Kosmos selbst es so gewollt hätte!

Zum anderen aber, ganz im Gegenzug zu dieser weltbild-bedingten Degradierung der Bedeutung des Standortes "Erde", reifte gleichzeitig immer stärker die Überzeugung, daß das Weltall als Ganzes, so verloren wir und die Erde darin auch erscheinen mögen, sich durchaus um uns und die Erde kümmert. Es entstand hier offensichtlich ein sich immer weiter festigendes Bewußtsein dafür, daß die Erscheinung der Erde als Planet eines Fixsternes innerhalb eines Fixsternsystems voll integriert in die Evolutionsgeschichte des Gesamtkosmos ist. Die Erde steht nicht auf einem kosmischen Abstellgleis: Evolution des Kosmos und Evolution der Erde sind sozusagen eng miteinander verkoppelte Geschichten, man muß die letztere Geschichte voll integriert in die erstere sehen. Hier läuft eine Ko-Evolution von Kosmos und Menschheit ab, es liegt so etwas wie ein kosmo-anthropischer Parallelismus vor.

Warum nun aber wollen wir partout glauben, daß wir mit unserer Menscheitsentwicklung auf der Erde dem Kosmos nicht völlig gleichgültig sind? Warum verspüren wir so etwas wie die Überzeugung, daß wir dem Gesamtgeschehen des Kosmos eingegliedert sind? Mit solchem Fragen verweisen wir uns auf unser gegenwärtiges Verständnis zur Entstehung des Kosmos im allgemeinen und der Erde im speziellen. Bei der Suche nach solchem Verständnis gehen wir im allgemeinen, wenn wir über die Weltzusammenhänge nachdenken, gerne von der axiomatischen Grundannahme aus, daß die Existenz von Himmel und Erde auf einen göttlichen Schöpfungsakt zurückgeht, durch den zumindest der Anfangszustand allen Seins und Werdens festgelegt worden ist. Sodann unterziehen wir uns der weiterführenden Überlegung, daß sich Himmel und Erde jedoch nach diesem Erstanstoß einem Geschehen im physikalischen Sinn, aus der Vergangenheit herkommend und in die Zukunft verlaufend, unterzogen haben müssen. Wie aber sollen sich dann im Rahmen eines Kausalreigens von Ursachen und Wirkungen Himmel und Erde eigentlich von den früheren zu den heutigen und weiter zu den zukünftigen Strukturen entwickelt haben? Das wollen wir doch zu gerne am Leitfaden deterministischer Physik aufgereiht sehen. Und das heißt, wir wollen das hiermit gesuchte Wissen untergebracht sehen in den Denknormen und Begriffen, die uns verstandesgerecht und in diesem Sinne gut erscheinen und auf die wir gerade deshalb Vertrauen setzen. Was an genetisch enkodierter Geschichte ist den Dingen der Welt eingeschrieben, sofern es diese Dinge denn überhaupt über die Äonen hinweg identifizierbar und wiedererkennbar gibt?

Hier tritt Hubbles Entdeckung der Galaxienflucht aus dem Jahre 1929 ins Bild und soll uns sagen, der Kosmos mit seinem materiellen Substrat expandiere isotrop. Wir sind seitdem also verlockt zu fragen, wie schnell und mit welchem Geschichtsverlauf diese Weltausdehnung denn wohl stattfindet. Die Antwort auf diese Frage wird durch das Hubblesche Expansionsgesetz gegeben, worin die Hubblesche Konstante die zentrale Rolle spielt. Sie sagt uns das Wesentlichste zur Weltaufblähung, nämlich wie schnell sich die Weltexpansion in gegebener Entfernung von uns derzeit vollzieht. Ihre Veränderlichkeit in den kosmischen Zeiten weist die veränderte Expansionsrate in den zurückliegenden Epochen der Weltevolution aus. Das heißt, sie sagt, wie das All expandierte, expandiert und expandieren wird, und wie alt wir demnach, wenn wir einmal dieses Geschehen auf einen Anfang zurückrechnen, heute maximal sein können.

Diese "weltbewegende" Hubble-Konstante erweist sich

nun allerdings als eine schwierige oder gar "schlecht" zu nennende Konstante. Zu Hubbles Zeiten war sie etwa zehnmal so groß wie heute! (500 km/s/Mpc anstelle der heute favorisierten 50 km/s/Mpc; 1 Mpc = 3,2 Millionen Lichtjahre) Aber auch heute kann der Streit um den Wert und die Güte der Hubble-Konstante nicht als beendet gelten. Immer noch streitet man sich heftigst um ihren Wert und liegt in astronomischen Fachkreisen mit den skandierten Werten (einerseits 90 km/s/Mpc und andererseits 45 km/s/Mpc) glatt um den Faktor "2" auseinander, womit sich sozusagen zweierlei Welten anbieten würden. Zudem ändert diese Konstante sich auch noch mit der Himmelsrichtung und vielleicht sogar auch, noch aufregender vielleicht, mit der Natur der betrachteten kosmischen Objekte. Hierin würde sich vielleicht eine objektspezifische Expansion der Welt andeuten. Die Welt der Quasare dehnt sich demnach anders aus als die Welt der elliptischen oder die der spiralförmigen Galaxien. Solch eine prekäre Sachlage läßt eher schon vermuten, daß der Kosmos eigentlich überhaupt nicht einheitlich, wenn denn überhaupt, expandiert. Vielleicht führen ja tatsächlich die verschiedenen Objekte im Kosmos in verschiedenen Raumrichtungen unterschiedliche Radialbewegungen durch. Dies wäre sicher viel komplizierter, als Hubble dies 1929 vor Augen hatte, aber dies könnte sich dennoch zu einem *sine-qua-non*-Gebot eines neuen Weltbildes erheben. Lieber nimmt man jedoch heute noch an, daß alle derzeit erkannten Abweichungen von Hubbleschen Expansionsprinzip nur von ephemerer, nicht aber von wesentlicher Natur sind. Man hofft, daß alles schon ins rechte Licht tritt, wenn man nur die Geschwindigkeiten und Entfernungen der Objekte richtiger als bisher möglich zu ermitteln lernt. Der Kosmologie verlangen wir doch so etwas wie eine möglichst lückenlose Biographie des Weltalls ab. Und zwar wollen wir nicht nur die kosmische Biographie alleine geliefert bekommen, also die Erzählung, was alles und wann passiert ist, sondern wir wollen vor allem wissen, warum das jeweilig benannte biographische Faktum eingetreten ist und warum es so passieren mußte. Man erzählt sich in diesem Rahmen, das Weltall sei vor 20 Milliarden Jahren aus einem Urknall entstanden und es expandiere seither. Es werde dieses voraussichtlich bis zum Ende aller Tage tun. Nicht alles sei dabei gleich zu Anfang schon dagewesen, vieles, selbst das, was wir naiverweise für selbstverständlich existent halten würden, habe sich vielmehr erst im Laufe der Evolutionszeiten allmählich herausgebildet. Irgendwann im Verlaufe der Weltexpansion haben sich verblüffenderweise sogar erst die heute bekannten Kraftfelder und ihre materiellen Quellen, die Elementarteilchen, in ihrer heute bekannten Form herausgebildet. Kräfte und die Materie, aus der das Geschehen der heutigen Welt aufgebaut erscheinen, standen nicht von Anfang an als Grundlage der Weltrealität zur Verfügung. Viel später, nachdem die Grundkräfte der Natur und die Materie sich erst einmal eine dauerhafte Form gegeben hatten, sind dann danach, geführt durch die spezifische Wirkung dieser Kräfte auf die Materie, die materiellen Großstrukturen und die diesen zugeordneten Kleinstrukturen unseres heutigen Universums entstanden, darunter auch schließlich die Erde und der Mensch mit seinem Denken über all das oben Gesagte.

Eine der schwersten Fragen der Kosmologie lautet, wie denn der sogenannte Urknall selbst eigentlich physikalisch hervorgerufen worden sein soll. Wer hat das Pulverfaß bereitgestellt? Wer hat es entzündet? Meist hilft man sich hier so, daß der Urknall einfach als ein Rückgang auf das nicht weiter Rückverfolgbare gedacht wird. Denkt man sich einfach, daß alles Weltgeschehen von einer Erstexplosion herrührt, so läßt sich unter der Führung durch dieses Postulat absehen, daß auf dem Weg zurück in die Weltvergangenheit bis hin zum Urknall das materielle Weltsubstrat ja immer höhere Massen- und Energiedichten oder auch Temperaturen annehmen muß. Jedoch mit einem solchen Rückgang auf unserer Jetztwelt unvergleichbare, utopische Phasenzustände der Weltmaterie stößt man, nur ausgestattet mit den Mitteln unserer heutigen Physik, schon bald an unüberwindbare Grenzen:

So sollte zum Beispiel im Rückgang auf den Anfang der Welt der Weltenradius immer kleiner und schließlich sogar kleiner als der konstante Schwarzschildradius des Universums werden. Einen solchen Radius ordnet die allgemeine Relativitätstheorie jeder Masse und eben damit auch der Gesamtmasse der Welt zu. Dieser Schwarzschildsche Weltradius hängt linear von der Gesamtmasse der Welt ab und sollte nach den Erkenntnissen der Relativitätstheorie keine Kommunikation des Innenbereiches mit dem Außenbereich dieser Welt möglich sein lassen. Was einmal in der Schwarzschildwelt gefangen steckt, sollte demnach niemals in späterer Zukunft aus dieser Welt hervortauchen können. Eine Welt, die zu Anfang kleiner als ihr Schwarzschildradius war, sollte demnach auch heute noch in ihrem Schwarzschildradius gefangen sein. Alle metrischen Distanzen im heutigen Weltall sollten demnach immer noch kleiner als dieser kritische Weltradius sein, wenn die Welt wirklich aus einem verschwindend kleinen Anfangsvolumen hervorgegangen sein soll.

Der Weltenradius sollte im Anfang sogar kleiner als die quantenmechanisch zugeordnete kosmische Comptonwellenlänge sein, die aus quantentheoretischen Gründen ebenfalls dieser Gesamtmasse zugeschrieben werden muß, also die kleinste quantentheoretisch zulässige Manifestationslänge oder Lokalisierungslänge für eine solche kosmische Masse. Genauer als durch eine solche Länge ist der Ort der gesamten Weltmasse einfach nicht zu lokalisieren. Die Weltmasse wäre in dieser Phase extremster Kontraktion folglich immer mit endlichen Wahrscheinlichkeiten auch außerhalb ihres eigenen Weltenradius befindlich, und der Kosmos kann folglich mit den klassischen Mitteln der Einsteinschen allgemeinen Relativitätstheorie auf solch kleinen Raumskalen überhaupt nicht mehr sinnvoll durch seinen Weltradius beschrieben werden. Das Energiefeld des Universums, das Gravitation und Geometrie im Weltall bestimmt, muß vielmehr nach quantenfeldtheoretischen Regeln quantisiert werden. Durch den dann also zu quantisierenden Energie-Impuls Tensor würde nach Einsteinscher Vorschrift jedoch das allgemeine Gravitationsfeld des Kosmos bzw., was äquivalent ist, die kosmische Raumzeitstruktur in quantisierter Weise zu beschreiben sein. Das kann nur sinnvoll geschehen in Verbindung mit einer entsprechenden Vorschrift für die Quantisierung des Raumzeitmetrikfeldes oder des Gravitationsfeldes selber, wofür es bisher jedoch überhaupt noch keine Vorstellungen gibt. Man weiß einfach überhaupt kein Rezept und keinen Sinnuntergrund dafür, wie man eine Quantisierung der Raumzeitstruktur unserer Welt durchführen und konzeptionell rechtfertigen soll. Welche Raum-Zeit-Quanten und - noch komplizierter zu beantworten - welche Raumzeitkrümmungsquanten sollte man denn wohl sinnvollerweise hier einführen können? Das bedeutet aber schlicht, daß der Urknall der heutigen Kosmologie nur als ein Nachknall, nämlich als Folge von unbeschreibbaren vorhergegangenen Zuständen, konzipiert werden kann. Er ist das Epiphänomen eines unbeschreibbaren Zustandes davor.

Würde man aber eine solche erforderliche Raumzeitquantisierung für den Kosmos in der Urknallnähe wie auch immer durchführen - z.B. indem man die Grundgrößen der allgemeinen Relativitätstheorie, mit denen man die Raumzeitstruktur des Universums beschreibt, indem man also die Elemente des sogenannten Metriktensors quantisierte Werte annehmen ließe, so wäre von vornherein praktisch klar, daß es dann keine Weltmodelle mit einer Urknallsingularität mehr geben würde, wenn sich die Krümmung der kosmischen Raumzeit nur in diskreten Schritten ändern kann. - Der Urknall wäre damit einfach "wegquantisiert" worden! In all diesem spitzfindigen Räsonieren über die extremste Urknallnähe zeigt sich jedoch nicht im entferntesten die wahre Natur des frühen Kosmos selbst, sondern allemal nur die wahre konfliktgeladene Naturlogik des menschlichen Denkapparates, nämlich des Verstandes, der sich auszudenken hat, wie er mit dem Gedanken an eine kosmische Urknallsingularität am versöhnlichsten zu leben vermag. Noch extravagantere Schlüsse bezüglich der gedachten Natur des Urknalles ziehen Astrophysiker wie Andrei Linde oder Stephen Hawking im Hinblick auf die quantenmechanischen Besonderheiten des Urknallkosmos. Der russische Theoretiker Andrei Linde, der inzwischen in den USA tätig ist, kommt aus der berühmten Moskauer Kosmologenschule am dortigen Lebedew Institut, aus der auch bekannte Physikheroen wie A. A. Starobinsky, Jakow Zeldowitsch oder Isaac Khalatnikow hervorgegangen waren. Sein Alternativmodell zum konventionellen Urknallkosmos ist eine "Vielweltentheorie", in der er darstellen will, daß der Urknall im Prinzip überall, und überall immer wieder, stattfindet. Er sieht alle diese Welten, die alle nebeneinander oder auch nacheinander bestehen, als die Folgephänomene des energetisch fluktuierenden Vakuums, das alleine unser Weltall eigentlich hervorbringt.

Aber das kosmische Vakuum ist eben nicht stabil, wie wir auch später in diesem Buch noch genauer analysieren werden. Es zerfällt vielmehr lokal immer wieder spontan in sich materialisierende Welten, weil das Vakuum eben ein instabiler Zustand der Welt ist. Die Welt muß sich früher oder später materialisieren. Solche Welten bilden sich hiernach zufällig bei einer positiven Energiefluktuation im Vakuum, wie sie nach dem quantenmechanischen Unschärfegebot überall immer wieder spontan auftreten kann. Vom Innenbereich dieser Fluktuation her sieht sich dies dann wie eine inflationäre Blase an, in der sich ein singuläres, lokales Schicksal wie eben auch das mit unserem expandierenden Kosmos verbundene abspielt. Von außen besehen, erscheint jedoch diese Inflation wie die Singularität eines autistischen, kommunikationsfreien schwarzen Loches.

Nach diesen Konzepten erscheint es so, als sei unser Universum nicht allein und einzig. Es stellt nur eine Blase unter vielen anderen, einander ausschließenden Blasen dar, und erst mit allen anderen zusammen repräsentiert es das "brodelnde Weltvakuum" im Ganzen, sozusagen die Bühne allen Geschehens vor dem Auftritt der Schauspieler. Aber ebenso wie Dampfblasen sich in einem Kessel heißen Wassers bilden und aufgehen und sich danach wieder auflösen, so bilden sich überall inflationäre Welten, die jedoch, von außen betrachtet, alle einem schnellen Untergang geweiht sind, wiewohl sie dabei immer wieder durch andere, neue Welten ersetzt werden. Linde nennt dies die "chaotische Inflation". Nach seiner Meinung entstehen auch heute immer noch, und auch immer weiter in der Zukunft, neue Universen als solche Blasen in der Raumzeitmetrik der fluktuierenden Quantenfelder. Die Schöpfung ist demnach noch längst nicht abgeschlossen, sondern vollzieht sich immer weiter! Sie kommt nie zu einem Ende; lediglich das in jeder Inflationsblase erlebbare Binnenschicksal ist zeitlich einmalig und endlich. Sporadisch entstehen jedoch immer wieder hier und da in der Raumzeit neue singuläre Universen ganz nach der Art des unsrigen, dem wir, als bewußte Teilnehmer am Binnenschicksal, einverleibt sind. Das Weltgeschehen ist somit ja auch eigentlich keine Explosion in Raum und Zeit, es ist vielmehr eine Explosion von Raum und Zeit, wie sie die Feldgleichungen der allgemeinen Relativitätstheorie formulieren. Hier explodiert nicht irgend etwas zu einer bestimmten Zeit an einer bestimmten Stelle im Raum. Es explodiert vielmehr die Raumzeit selbst, wobei sie das Koordinatengitter, dessen Gittereckpunkte die Galaxien darstellen, schlicht auseinandersprengt.

Im Gegensatz zu dieser eigentlich gebotenen, komplexen Vorstellung stehen der Urknall und die sich daraus herleitende kosmologische Expansion den meisten mitdenkenden Zeitgenossen aber eher wie etwas einem Explosionsvorgang Analoges vor dem Auge des Verstandes. Und eine Explosion ist und bleibt in gewissem Sinne etwas einmaliges, zumindest für alles Geschehen, das mit einer solchen Explosion in Verbindung steht und daraus seine Zeitmarkierung erfährt. Beim Urknall wird, in dieser Analogie gesehen, ein auf engstem Raum versammelter zündfähiger Stoff zur Explosion gebracht, und der materielle Rückstand oder anders gesagt, die Verbrennungsprodukte dieses lokalen Explosionsereignisses fliegen dann nach Maßgabe der ihnen übertragenen kinetischen Energien mit größerer oder kleinerer Geschwindigkeit vom Orte der Explosion radial nach außen weg.

Wenn wir in einem Ballon Gasatome untergebracht finden, so werden alle diese Gasatome unterschiedlich große und unterschiedlich gerichtete Geschwindigkeiten besitzen. Würde man nun zu einem Zeitpunkt "Null" mit einer Nadel ein kleines Loch in die Außenhaut des Ballons stechen, so würden von diesem Moment an Gasatome aus dem Loch in den Außenraum austreten. Die schnellsten von ihnen würden am ehesten bei großen Abständen vom Ballonzentrum auftauchen, die langsameren entsprechend später. Ein Atomdetektor in entsprechendem Abstand vom Ballon könnte über den gemessenen Partikelstrom als Funktion der Zeit eine Ferndiagnostik des Zustandes des Ballongases durchführen, indem er an seinem Orte direkt die Geschwindigkeitsverteilung und damit verbunden die Temperatur der Gasatome im Ballon ermitteln kann.

Versuchen wir die kosmische Urexplosion einmal in Analogie zu diesem Bild auseinanderlaufender Gasatome zu sehen: Erste überprüfbare Folge dieses naiven Urknallbildes wäre eine extreme Auszeichnung eines einzigen Punktes im Universum, nämlich desjenigen Punktes, an dem die Explosion erfolgte und von dem alle Explosionsprodukte dieses Ereignisses, die die spätere Welt ausmachen sollen, zentrifugal wegfliegen müßten. Zudem müßte folgen, daß die Entfernung der Objekte im Weltall von einem solchen ausgezeichneten Punkt durch deren primäre Energieverteilung bzw. deren Geschwindigkeitsverteilung geregelt wäre: Unweit des Zentrums findet man die langsamen, fernab davon die schnellen Explosionsprodukte, wobei sich das Absolutmaß der zugeordneten Entfernungen ständig mit der Zeit vergrößern würde. Wenn man sich ein derartiges Geschwindigkeitsfeld und Entfernungsfeld in der Konsequenz für das zu erwartende Bild unseres Kosmos vorstellt, so zeigt sich schnell, daß ein solches einfaches Urknallmodell den tatsächlichen Gegebenheiten im heutigen Universum kaum entsprechen würde. Denn unter den genannten Vorgaben würde sich praktisch nur von einem einzigen auserwählten Weltenpunkt des Kosmos so etwas wie die astronomisch beobachtete Hubblesche Galaxienflucht erkennen lassen, während sich in allen anderen Weltenpunkten ein davon abweichendes, sogar ein wesentlich davon abweichendes Himmelsgeschehen dem Auge darbieten müßte.

Nimmt man einmal an, daß die Trümmer der Urexplosion im Moment des Auseinanderfliegens eine für einen solchen Vorgang typische thermische Geschwindigkeitsverteilung gemäß einer Maxwellschen Verteilung befolgen, so bedeutet dies, daß die relative Häufigkeit der Explosionsprodukte mit einer bestimmten zentrifugalen Geschwindigkeit nach eben einer solchen Verteilungsfunktion geregelt wäre. Jede solche Maxwellsche Verteilung zeichnet jedoch als ihr Charakteristikum ein Maximum bei einem bestimmten Geschwindigkeitswert aus, der folglich die Zentrifugalgeschwindigkeit der meisten vorhandenen Explosionsprodukte darstellen müßte. Sowohl zu kleineren wie zu größeren Geschwindigkeiten hin nimmt die Häufigkeit ab. Verbrennungsrückstände, und als solche müßte man ja die heutigen Galaxien und Galaxienhaufen ansehen, mit sehr kleinen sowie solche mit sehr großen Geschwindigkeiten sind nach Aussage einer solchen Maxwellschen Verteilungsfunktion sehr unwahrscheinlich und sollten demnach äußerst selten vorkommen.

Nach dieser Überlegung sollten also Galaxien, gesehen als Urknallrückstände, noch heute dem Urexplosionszentrum sehr nahe stehen, wenn sie von Anfang her sehr langsam bewegt waren. Nach Aussage der Verteilungsfunktion sind solche besonders langsamen Galaxien aber äußerst unwahrscheinlich und somit sehr selten. Ebenso selten sind sehr schnelle Galaxien, also solche, die am Außenrand des derzeitig abgesteckten Universums zu finden sein müßten. Wenn uns nun einmal das besondere Glück zuteil geworden wäre, gerade in einer dieser unwahrscheinlichen zentrumsnahen Galaxien zu leben, so würden wir den Vorzug genießen, das universelle Explosionsgeschehen im Weltall um uns her zufälligerweise fast von seinem Zentrum aus betrachten zu können. Entsprechend ihrer anfänglichen Zentrifugalgeschwindigkeiten würden wir dann, aber auch **nur** dann, die uns umgebenden Galaxien als Urknallprodukte in unterschiedlichen Entfernungen sich von uns fortbewegen sehen, und zwar gerade so, wie das Hubblesche Gesetz dies vorschreibt - die schnelleren proportional zu ihrer Geschwindigkeit weiter von uns entfernt, also eine Entmischung nach Geschwindigkeiten darstellend.

Die einzeln und frei auseinanderstiebenden Galaxien nehmen dabei im Fortschreiten der Zeit ein immer größeres Raumgebiet ein, und es läßt sich leicht errechnen, daß die räumliche Dichte von Galaxien in der ihnen zugehörenden, mit bestimmter Geschwindigkeit expandierenden Kugelschale umgekehrt zum Quadrat ihrer Geschwindigkeit und zum Quadrat der seit dem Urknall verstrichenen Zeit abfällt. Zu einer gewissen Zeit wäre demnach die räumliche Dichte von Galaxien einer gewissen Geschwindigkeit, etwa 100 km/s, nur ein Viertel derer mit 50 km/s, wenn ihre Erzeugungshäufigkeit im Urknall gleich groß gewesen wäre. Interessiert man sich nun aber wie die Astronomen nicht so sehr für die Dichte als vielmehr für die Zahl der Galaxien pro Raumwinkel am Horizont in bestimmter Entfernung von uns, so kompensieren sich hierbei gerade zwei Prozesse in günstiger Weise. Einerseits fällt die Kugelschalendichte der Galaxien bestimmter Geschwindigkeit zwar umgekehrt proportional zum Quadrat dieser Geschwindigkeit ab, andererseits aber vergrößert sich das zu einem festen Raumwinkel am Himmel gehörige Flächenelement gerade genau mit dem Quadrat des Abstandes, also dem Quadrat der Geschwindigkeit, so daß die Zahl der Galaxien mit bestimmter Entfernung pro Winkelfläche am Himmel konstant bleiben sollte. Das heißt dann aber, daß wir noch heute über Anzahl der Galaxien bestimmter Entfernung pro Raumwinkel ein direktes Abbild der anfänglichen Geschwindigkeitsverteilung unter den Produkten der Urexplosion erhalten sollten.

Bei dem zufälligen Glück, auf einer der völlig unwahrscheinlichen Galaxien nahe dem Zentrum der Urexplosion zu leben, würden wir ganz in unserer nächsten Nähe andere, ebenfalls sehr seltene, langsam bewegte Nachbargalaxien wahrnehmen. Folglich sollte ihre Zahl pro Raumwinkel sehr klein sein. Bis hin zu dem Abstand, der der häufigsten Geschwindigkeit der Anfangsverteilung entspricht, sollte dagegen die Zahl der Galaxien mit der Enfernung ständig zunehmen. Danach jedoch sollte sie rapide abnehmen. Insbesondere in Entfernungen zugehörig zu lichtähnlichen Geschwindigkeiten sollte die Galaxienhäufigkeit völlig verschwinden, weil materiellen Objekten natürlich aus physikalischen Gründen keine so hohen Geschwindigkeiten vermittelt werden können. So betrachtet, könnte man vielleicht denken, entspräche dieser hypothetische Ansatz den Tatsachen, wie sie Bilder der kosmischen Galaxienverteilung zeigen. Zwar zeigen die von den amerikanischen Astronomen M. J. Geller und J. P. Huchra veröffentlichten Galaxienzählungen, als Funktion der Entfernung aufgetragen, zwei Häufigkeitsmaxima, wogegen eine normale Maxwellsche Geschwindigkeitsverteilung der Explosionsprodukte einhöckerig sein sollte und damit nur zu einem Maximum in der Galaxiendichte führen sollte. Man könnte jedoch die Urexplosion versuchsweise als zwei oder gar mehrere Explosionen verstehen, um damit dem Tatsachenbild näher zu kommen. Auch muß man ja immer bedenken, daß die ferneren Galaxien wegen ihrer scheinbaren Leuchtschwäche mit größerer Wahrscheinlichkeit der astronomischen Beobachtung immer eher entgehen, weil sie vom Astronomen einfach nicht gesichtet werden.

Geht man hier von einer minimalen Grenzhelligkeit aus, unter der wegen gegebener Sensitivitätsgrenzen kein astronomischer Objektnachweis mehr möglich ist, und unterstellt man eine Gleichverteilung aller Galaxien im Raum, wobei deren Leuchtkraft immer und überall einem festen Standardwert entsprechen soll, so würde man eine bestimmte Erwartungskurve für die Zahl der Galaxien als Funktion der Entfernung erhalten. Wie jedoch in entsprechenden Darstellungen der gegebenen kosmischen Fakten deutlich wird, widersprechen die Tatsachen auf jeden Fall ziemlich eindeutig der Idee einer Gleichverteilung der galaktischen Objekte. Zumindest aber wäre von dem einzigartigen Standpunkt nahe dem Explosionszentrum aus, den wir uns für einen Blick auf den zentrifugal expandierenden Kosmos gedacht haben, wenigstens ein Umstand im vorliegenden Faktenbild recht gut repräsentiert; nämlich derjenige, daß offensichtlich die Welt nach allen Richtungen hin expandiert, also durch eine nahezu isotrope Expansion ausgezeichnet ist.

Wie aber sähe das Bild des Kosmos aus, der sich aus einer Urexplosion entwickelt, wenn wir es nicht von einer zentrumsnahen, sondern von einer zentrumsferneren, dafür aber auch wesentlich wahrscheinlicheren Galaxie aus gewännen? Dann sähen wir in bestimmten Richtungen auf Galaxien, die sich je nach Entfernung unter bestimmten Winkeln unterschiedlich schräg zur Sichtlinie bewegen. Könnte diese Situation noch auf das Hubblesche Universum hinführen? Dazu müßten doch, von einer beliebigen Bezugsgalaxie gesehen, alle Nachbargalaxien in einer bestimmten Entfernung sich mit jeweils gleicher Geschwindigkeit längs ihrer Sichtlinie fortbewegen. Wie unwahrscheinlich dies auch unter den gemachten Vorgaben schiene, es würde dennoch in dem Explosionsbild genau den Tatsachen entsprechen, solange Galileische Orts- und Geschwindigkeitstransformationen zwischen den bewegten Bezugssystemen der Galaxien benutzt werden dürfen. Dieser gewiß überraschende Umstand ergibt sich ganz zwanglos für den Sehstrahl von einer beliebigen Galaxie zum Urexplosionszentrum hin bzw. in die ihm entgegengesetzte Richtung. Zum Zentrum hin sieht man in zentrifugaler Richtung langsamer bewegte Galaxien, vom Zentrum weg schneller bewegte, in beiden Fällen bewegen sich diese Galaxien jedoch, gesehen von einer dazwischen positionierten Galaxie, abstandsproportional von letzterer fort, wie dies das Hubblesche Gesetz vorschreibt.

Die kritische Frage, die sich hierbei weiter stellt, geht dann eher auf die Anzahldichte der Nachbargalaxien als Funktion des Abstandes hinaus. Wiewohl das Hubblesche Fluchtgesetz offensichtlich auch von einer beliebigen Galaxie des Explosionskosmos her als erfüllt gelten würde, so bleibt dennoch die Frage nach der Isotropie der Anzahldichteverteilung der Nachbargalaxien im umgebenden Weltraum hierbei noch offen. Und so müssen wir fragen, wie es sich denn mit letzterer verhalten sollte: Vom Urexplosionszentrum weg wird die Anzahldichte bestimmter Galaxien mit bestimmter Fluchtgeschwindigkeit umgekehrt proportional zum Quadrat dieser Geschwindigkeit und zum Quadrat der Fluchtzeit abfallen. Schaut man also von einer bestimmten Galaxie aus in Richtung Zentrum zurück, so sieht man Galaxien, die seit Fluchtbeginn eine wesentlich kleinere geometrische Verdünnung auf den Umgebungsraum erfahren haben als andere Galaxien, die man bei gleichem Abstand, jedoch genau in der gegenüberliegenden Richtung sehen würde. Das aber bedeutete evidenterweise einen starken Verstoß gegen die Isotropie der Galaxienverteilung in der kosmischen Umgebung der Beobachtergalaxie.

Zu dieser Anisotropie, durch geometrische Verdünnung bedingt, käme noch jene andere hinzu, die von der Geschwindigkeitsverteilung der Explosionsprodukte herrührt und die außerhalb des Zentrums überall sonst für eine Anisotropie der zu sehenden Galaxienverteilung sorgen müßte. Von allen anderen Beobachtungspunkten des Kosmos aus würde zwar eine isotrope Form der Hubbleschen Expansion wahrzunehmen sein, aber sie vollzöge sich an einer anisotropen Galaxienverteilung im Weltall mit einer absoluten Auszeichnung der örtlich definiert zentrifugalen und zentripetalen Richtungen.

In Distanzierung von dieser sehr simplistischen Vorstellung eines Explosionskosmos macht sich die moderne Kosmologie heute ein anderes Bild von der Natur der kosmischen Expansion. Hiernach schießen nicht Explosionsprodukte von einem Zentrum weg in den vorhandenen absoluten Raum hinaus, sondern der Raum selbst bzw. die vierdimensionale Raumzeit, expandiert, das heißt, ihre metrischen Bestimmungsgrößen wie Krümmungsradien und Eichdistanzen unterliegen selbst einer zeitlichen Veränderung, jedoch einer an jedem Orte im Kosmos gleichen Veränderung. Eine solche Situation wird von den Kosmologen gerne in Analogie zu Farbpunkten auf der Außenhaut eines Luftballons gesehen, wenn dieser aufgeblasen wird. Die Oberfläche der Ballonhaut sowie die metrische Antipodendistanz eines Punktes auf dieser Haut werden dabei systematisch größer. Auch die jeweiligen Distanzen zwischen vielen auf der Haut markierten Punkten ändern sich beim Aufblasen ganz im Sinne eines Hubbleschen Expansionsverhaltens, zumindest wenn diese wie im Falle eines ideal sphärischen Ballons in ihrer Bewegung streng auf der Ballonhaut fixiert sind.

Nach der Vorstellung des Russen Andrei Linde blasen sich solche Weltenballons an verschiedenen Stellen im Kosmos immer wieder aufs neue auf, wobei dies jeweils zu singulären "Big-bang"-Welten führt. Unser kosmisches Geschehen, das sich vor unseren Augen abspielt, gibt dabei nur die Innenansicht aus einer dieser inflationären Blasen preis. In jeder dieser Blasen expandiert der Raum selbst, und die Zeit entfaltet ihren genuinen Binnentakt. Doch die Frage stellt sich dann, was ein solches Expansionsgeschehen überhaupt antreibt. Ist eine solche Raumaufblähung verursacht, oder ist sie zufällig und grundlos? Vielleicht braucht ein solches Geschehen ja gar keinen Grund, es liefert vielmehr offenbar nur den Grund für die weitere Entstehung der Materie, der Kraftfelder und der mikroskopischen sowie makroskopischen Strukturen eines solchen Binnenkosmos.

Der amerikanische Physiker Alan Guth brachte 1980 die Hypothese einer inflationären Expansion des Universums ins Gespräch. Die Idee dahinter war, daß der Vakuumzustand aller Quantenfelder, also der leere Weltraum ohne reelle kosmische Materieteilchen, eine positive Energiedichte annehmen kann, sogar größer als die Energiedichte der reellen kosmischen Materie. Unter dieser Situation ergibt sich eine inflationäre Expansion des Weltraumes als Folge dieser Gegebenheit, die durch eine zeitlich anwachsende Expansionsrate des Universums gekennzeichnet ist. Eine solche Expansionsdynamik ist konträr zu einer normalen kosmischen Expansion, wie sie zuerst von Alexander Friedman 1922 diskutiert worden war und seither lange als die naturgegeben einzig mögliche betrachtet worden war. Letztere ergibt sich als naturgegeben aber nur für ein materiedominiertes Weltall, bei dem sich die Expansionsrate mit der Zeit wegen der zu überwindenden intermateriellen Anziehungen verlangsamen muß, und zwar, weil die auseinanderfliegende Materie des Weltalls ja Arbeit gegen die wechselseitig ausgeübte Gravitationsanziehung zwischen allen Materiebestandteilen leisten muß. Diese durch Alan Guth diskutierte inflationäre, also beschleunigte Expansion dagegen kann nur herbeigeführt werden durch eine zwischen den Materiebestandteilen wirkende abstoßende Wechselwirkungskraft, die letztlich durch die positive Energiedichte des Vakuums bedingt wird. Diese unspezifische, globale Kraft kann man jedoch nicht als eine Kraft im eigentlichen Sinne, eben als zwischen zwei Massen wirkend, verstehen, sondern eher muß man sie als eine Kraft des Raumes auf alle Massen mit der Wirkung auffassen, die metrischen Abstände zwischen allen Massen größer machen zu wollen, sofern nicht andere, stärkere Kräfte dagegen stehen.

Ohne eine solche Inflationsphase schiene nach heutigem Tatsachenbefund jede Urknallkosmologie ohnehin zum Scheitern verurteilt, wie wir an späterer Stelle dieses Buches noch genauer erörtern werden. Das "inflationäre Szenario" stellt sich somit als ein *sine qua non* einer jeden kosmischen Evolutionslehre dar, die von einem explosiven Initialmoment wie dem "Big bang" ausgehen will. Ob letzteres Szenario jedoch überhaupt in unserem weiteren Denken und Theoretisieren seinen Sinn behalten wird, hängt stark von der Entwicklung unserer Vorstellungen über die Natur der Quantenfelder ab, die und deren Grundzustände, die Vakua, das Geschehen in diesem Kosmos ganz wesentlich bestimmen. Gerade die Energiedichte dieser Feldvakua läßt sich fatalerweise bis heute nicht auf eindeutige Weise festlegen und stellt von daher die heutige Kosmologie völlig ins Ungewisse. Nur wenn es verschiedene Zustände

für den Vakuumzustand dieser Felder gibt, nämlich
"falsche" Vakuumzustände mit verschwindender Energiedichte und "wahre" Vakuumzustände mit positiver
Energiedichte, erst dann läßt sich ein inflationäres Verhalten der Raumzeitmetrik erwarten. Solche Quantenfluktuationen, auch virtuelle Quanten genannt, sind
nur lokal und kurzzeitig vorhanden. Gemittelt über
große Raumgebiete und große Zeiten dürfen im Vakuum
keine reellen Quanten, also Teilchen oder Photonen, verbleiben, aber die Energie ihrer gegenseitigen Wechselwirkung während ihrer Kurzzeitexistenz verbleibt dem
Kosmos als Inflationsmittel oder "Sprengstoff". Dort,
wo sich im allgemeinen kosmischen Vakuum eine positive Energiefluktuation ereignet, wo also ein Umschlag
von einem "falschen" in ein "wahres" Vakuum passiert,
dort gerade ergibt sich eine Inflation der Raumzeit, sagt
etwa Andrei Linde: Die Raumzeit bläht sich dort inflationär auf, es entsteht eine neue, lokale Weltenblase,
ähnlich derjenigen, in der wir uns befinden.

Stephen Hawking bringt noch weitere Farben in das
Bild des Urknalls, wenn er sich die quantenmechanischen Konsequenzen in der unmittelbaren Umgebung
eines "schwarzen Loches" überlegt, wie es gleichermaßen
die Urknallsingularität auch dargestellt haben sollte.
Zu jeder Masse sollte nach allgemein-relativistischen
Einsichten ein bestimmter Schwarzschildradius ($R_S = 2GM/c^2$, mit G als Gravitationskonstante, c als Lichtgeschwindigkeit und M als der Masse des Objektes)
gehören. Wenn das Weltall als Ganzes nun eine endliche
Masse von der Größe M repräsentieren würde, so sollte
es bei einem Weltradius kleiner als dem zugeordneten

Schwarzschildradius, also bei Weltradien $R \leq R_S = 2GM/c^2$, ganz und gar in seinen eigenen Schwarzschildradius eingebettet sein und dies auch bleiben, weil sich nach klassischer Aussage weder materielle Teilchen noch Lichtteilchen über den Rand des "schwarzen Urloches" nach außen ausbreiten können sollten. In der unmittelbaren Urknallnähe, wo ja die Weltradien der meistdiskutierten Weltmodelle auf null zurückgehen sollten, müßte dieser Fall demnach immer eintreten, ganz gleich, welche Masse dem Urknallkosmos auch immer zukommt, wenn diese nur mit der Expansion unveränderlich bleibt. Anders wäre dies nur, wenn die Gesamtmasse des Universums aus noch unklaren Gründen mit dem Weltradius in linearem Zusammenhang stünde und folglich bei verschwindendem Weltradius selbst auch verschwinden würde. Nur dann würde auch der Schwarzschildradius des Universums im Weltanfang unendlich klein werden. Von dieser Möglichkeit, die von Fred Hoyle, George Burbidge und Jayant Narlikar in ihrem neusten Buch diskutiert wird, wollen wir hier aber absehen.

Man kann deshalb fragen, wie groß denn wohl diese Gesamtmasse des Kosmos gewesen sein könnte, um damit dann die Größe des kosmischen Scharzschildradius abzuschätzen. Diese Massenangabe ist aber angesichts des heutigen Kosmos nicht ganz einfach zu machen, denn man müßte annehmen, daß die Gesamtmasse des Kosmos sich während des Ablaufes der Expansion nicht verändert hat, und man müßte sodann alle Massen des heutigen Kosmos bis in die fernsten Tiefen des Kosmos richtig erfassen können. Geht man von der mittleren Dichte der sichtbaren Materie in unserer kosmischen Umgebung aus und nimmt diese als repräsentativ für alle Bereiche des Universums an, so errechnet sich eine totale Ruhemasse des Universums von 10^{54} Gramm, oder 10^{78} Baryonen vom Typ des Protons oder Neutrons. Das entspräche einer enormen kosmischen Energie, wenn man sich einmal nur das Energieäquivalent dieser kosmischen Gesamtmasse ausdenkt. Die Frage nach der Erschaffung einer solch riesigen Energiemenge würde sich stellen. Wie es scheint, könnte hier die Quantentheorie der Teilchenfelder mit ihren unschärfe-bedingt erlaubten Fluktuationen für das rein virtuelle Auftreten einer solchen Energiemenge unmöglich als Erklärung herhalten, denn dieses Auftreten müßte dann auf so kurze Zeit beschränkt sein, so daß unsere Welt schon im allerersten Keime erstickt worden sein müßte. Tatsächlich wären nur Energiefluktuationen kleinsten Ausmaßes, also etwa im Bereich von Elementarteilchenenergien, im Bereich endlicher Wahrscheinlichkeiten für kürzere Präsenzzeiten denkbar. Für längere oder gar kosmische Präsenzzeiten kann eine Energiefluktuation nur dann erwartet werden, wenn sie eine Gesamtenergie mit einem Wert von praktisch Null darstellt.

Wenn der Kosmos also trotzdem als eine Energiefluktuation des Vakuums gedeutet werden soll und dabei über Milliarden Jahre bestehen soll, so müßte er schon insgesamt eine sehr kleine Gesamtenergie darstellen. Bei 10^{78} Baryonenmassen im Weltall scheint dies nicht erfüllbar zu sein, wenn nicht die Gesamtmasse des Kosmos gleichzeitig auch als kompensierende Defektmasse, also als negative Masse auftritt. Dies ist jedoch nur dann möglich, wenn die Massen im Kosmos insgesamt untereinander so stark durch gravitative Kraftfelder gebunden sind, daß dadurch, wie ja auch im nuklearen Bereich als Phänomen bei der Fusion bekannt, ein kosmischer Massendefekt enormen Ausmaßes auftritt, so daß die daraus resultierende Bindungsenergie, als eine negativ zu bewertende Energie, gerade genauso groß ist wie das Energieäquivalent aller Baryonenmassen. Die Gesamtenergie des Weltalls, als Summe beider Energieformen ausgedrückt, wäre dann gerade praktisch gleich Null, und die Schöpfung der Welt ließe sich dann tatsächlich ohne größere Klimmzüge als Stiftung einer verschwindend kleinen Gesamtenergiefluktuation des Vakuums realisieren.

Nur wenn die Gesamtmasse des Kosmos, gegeben durch das Massenäquivalent der kosmischen Gesamtenergie, verschwindend klein wäre, würde der Kosmos ein Gebilde mit verschwindend kleiner Schwarzschildsphäre darstellen, und er müßte sich zugleich von Anfang an in dieser winzigen Sphäre aufgehalten haben. Dann aber sagt Hawking für diesen Fall voraus, daß solch ein winziger Schwarzschildkosmos nicht stabil sein kann, daß er vielmehr zerstrahlt durch gravitative Vakuumpolarisation, also durch die polarisierende Einflußnahme auf das umgebende Vakuum durch das extreme Gravitationsfeld des "schwarzen Urloches". Auf die Hintergründe dieses Phänomens werden wir in einem späteren Kapitel dieses Buches noch genauer zu sprechen kommen. Hier sei nur schon gesagt, daß ein solcher Schwarzschildkosmos wie eine heiße strahlende Kugel in ihre Umgebung hinauswirkt und stets materielle Quanten aller Art, also Teilchen und Photonen, emittiert. Der Kosmos ist somit in dieser Phase gar nicht auf seine materielle Urmitgift angewiesen, sondern erzeugt laufend neue reelle Teilchen aus dem Vakuum. Die Schöpfung bestünde folglich dann eigentlich nur in einer verschwindend kleinen Energiefluktuation und in der Bereitstellung eines polarisierbaren Vakuums um diese Fluktuation herum.

Hier wollen wir uns zunächst einmal vor einem Weiterdenken des Gesagten kurz Einhalt gebieten. Man möge nur einmal einen kurzen Moment lang sich klar werden lassen, wie unausgegoren doch eigentlich diese Konzeption vom Urknall bisher ist. Um so erstaunlicher erscheint es dann noch, daß alle Welt dennoch glauben möchte, der Kosmos entstamme tatsächlich einem solchen noch nicht einmal vage physikalisch beschreibbaren Urknall. Die große Botschaft aller Urknallkosmologien gipfelt immer in der Festlegung eines Informationsgefälles vom Anfang unseres Kosmos zu seinem Ende hin. Im Urknall wird per "Schöpfung" ein Maximum an Information, das heißt Ordnung, unter den physikalischen Naturrealitäten vorgegeben, und die gesamte sich daran anschließende kosmische Evolution sollte danach mit dem Verschleiß dieser Anfangsinformation einhergehen, das heißt mit der Entwicklung immer größerer Unordnung und Minderwertigkeit des Weltsubstrates oder, wie die Physiker sagen, mit dem Wachstum der Weltentropie! Damit würde auch methodologisch gesehen ein Zeitpfeil im Sinne eines Weltentropiepfeiles in das Evolutionsgeschehen unseres Kosmos eingebettet. Ein solcher Entropieweg des Kosmos könnte jedoch ansatzgemäß erst vollendet sein, wenn die ganze Anfangsinformation restlos verschlissen ist, das heißt, wenn sich ein Zustand herausgebildet hat, in dem dem Kosmos nicht mehr anzumerken ist, daß er aus einem Urknall herstammt. Ein solcher Kosmos wäre völlig informationslos und von maximaler Unordnung. Wir müssen aber skeptisch bleiben gegen solche Folgerungen, denn solange unser Kosmos, wie wir ihn derzeit wahrnehmen, nach Astronomenmeinung die Aussage macht, daß er aus einem Urknall herstammt, solange steckt ja offenbar essentielle Information in ihm. Der Mensch, der in einem solchen Universum lebt, müßte anhand gegebener Fakten einsehen können, daß er in einer ausgezeichneten Zeit der kosmischen Evolution lebt.

Anders wäre dies nur dann, wenn sich die eindeutige Information von der Urknallabstammung unseres Weltalls gar nicht wirklich nachweisbar im Evolutionsbild unseres Kosmos wiederfinden läßt, wenn sie vielmehr nur von uns *ad-hoc* diesem Bild aufgesetzt ist. Damit schiene der Urknall eher ein Geschöpf des Menschen als des Schöpfers selbst!

So der Mensch jedoch nicht in einer ausgezeichneten kosmischen Zeit lebt, sondern neben dem abiologischen Strukursubstrat eine dauerhafte und zwangsläufig mit ersterem koexistente Erscheinungsform der Realität dieses Universums darstellt, so suggeriert dies den Gedanken, daß des Menschen Epoche in der Welt überhaupt nicht durch einen bestimmten Stand der kosmischen Information ausgezeichnet und darauf begrenzt ist. Die Koexistenzweise von Weltmaterie und Menschentum könnte eine notwendige "Symbiose sine qua non" darstellen. Letzteres ließe sich immerhin dann ernstlich in Betracht ziehen, wenn der Informationsgehalt des Kosmos tatsächlich nicht verlorenginge, sondern auf einem konstanten Gesamtniveau unterhalten würde. Dazu dürfte im natürlichen Ablauf des kosmischen Geschehens kosmisch global überhaupt keine Information verbraucht und irreversibel in Unordnung umgesetzt werden. Es dürfte sich also im Wandel der Dinge nur die eine Form der Information in eine andere, aber inhaltsmäßig äquivalente Form verwandeln!

Um an dieser Stelle des Nachdenkens eher schlüssig werden zu können, muß man den Blick zunächst wieder einmal auf die astronomischen Fakten des Universums zurücklenken. In diesem Blick erscheint uns ja nun ein Weltall, das mitsamt seinen Bestandteilen auseinanderfliegt. Das zeigen vor allem die Geschwindigkeiten der Weltobjekte, wie sie von uns aus gesehen werden. Solche Weltobjektgeschwindigkeiten ermittelt man aus den spektralen Rotverschiebungen in den Emissionen dieser Objekte. Die zugehörigen Objektentfernungen ergeben sich aus den relativen, uns erscheinenden Intensitäten dieser Objekte, die ja mit dem Abstand wegen geometrischer Verdünnung ihres Lichtes umgekehrt proportional zum Objektabstand absinken. Rotverschiebungen lassen sich zwar heute gut bestimmen; lassen sie aber eine eindeutige Interpretation zu? Intensitäten von emittierenden Objekten lassen sich gut vergleichen mit denjenigen uns naher Standardobjekte, und auf der Basis solcher Standards lassen sich diese Objekte entfernungsmäßig relativieren.

Welche Leuchtstandards hat man jedoch im Kosmos? Gelten sie unabhängig vom Alter des Kosmos? Emittieren sie eine ungerichtete Strahlung? Ist die Rotverschiebung ausschließlich bewegungsbedingt, oder ist sie eher kosmologischer Natur oder vielleicht gar rein objektintrinsisch, also nur ein Zeichen für den Typ des Weltobjektes, das da gerade zu uns Strahlung emittiert? - Wir werden diesen essentiellen Fragen auf den Grund gehen und damit klären, wie stichhaltig das heutige Weltbild der Astronomie sich angesichts solcher Fragen darstellt. - Weiter werden wir nachfragen müssen, wie es mit den Implikationen des Urknallbildes selbst eigentlich steht. Wenn schon einst ein solcher Urknall stattfand, müßten dann nicht gewisse Dinge im Kosmos ganz anders aussehen, als sie uns heute erscheinen? Bestätigen oder widerlegen die kosmischen Fakten demnach den Urknall? Was ist mit der kosmischen Hintergrundstrahlung, die der von der amerikanischen Weltraumbehörde NASA 1989 gestartete COBE-Satellit derzeit bis in die kleinsten Finessen studiert? Sie, die bei ihrer Entdeckung 1965 durch Penzias und Wilson als idealer Beweis für das "Nachglühen" des Urknalls deklariert worden war, wird heute immer mehr zu einem nur sehr schwer dem heutigen Weltbild anzupassenden Phänomen. Man kann in ihr nicht die geringsten Anzeichen für das erkennen, was der spätere Kosmos schließlich augenscheinlich hervorgebracht hat. Man findet in ihr nicht die typischen Signaturen, die ihr bei ihrer Entstehung aufgeprägt worden sein müßten - und man versteht nicht, warum es kein kosmisches Materiesystem gibt, das gegenüber dieser Strahlung wirklich in Ruhe wäre, wie es doch sein sollte, wenn Strahlung und Materie im Kosmos einen gemeinsamen Ursprung haben.

Hier wird man auch nachfragen, wie es zur Erzeugung der chemischen Elemente im Kosmos gekommen ist. Wenn der Urknall gemäß derzeitigen Vorstellungen wirklich nur die leichtesten Elemente, also keinesfalls irgend ein Metall, erzeugt hat, so sollten die frühesten Sterne und Sternsysteme auch nur solche nichtmetallischen Elemente aufzeigen. Dennoch sind bis heute keine metallfreien Sterne gefunden worden. Alle Sterne enthalten bereits schwerere Elemente, allerdings in variablen Häufigkeiten. Selbst die Quasare, die wegen ihrer immensen Rotverschiebungswerte als von uns extrem entfernte Objekte eingestuft werden und demnach in dem längst vergangenen Zustand, in dem wir sie sehen, als extrem urknallnahe Objekte gelten müßten, zeigen in ihren Spektren extrem starke Metallabsorptionslinien, aus denen auf eine unserer Sonne ähnliche Metallhäufigkeit geschlossen werden kann. Wieso sollte sich darin also eine evolutionäre chemische Entwicklung im Kosmos zu erkennen geben?

Zudem muß ein Urknallkosmos ein berechenbares Alter haben! Und alle Objekte, die zu diesem Kosmos gehören, müssen sich folglich daran messen lassen. Objekte, die selbst älter sind als der Kosmos, können mit einem solchen Kosmos nichts zu tun haben! Allein schon die Kugelsternhaufen in unserer Milchstraße stellen mit ihrem Alter von 18 Milliarden Jahren eine enorme Herausforderung an die Urknallkosmogonie dar. Erst recht Quasare und extrem rotverschobene Galaxien, die zeitlich in unmittelbarer Nähe zum Urknallereignis stehen sollten, dürften in dieser doch noch so jungen Welt ja eigentlich überhaupt noch nicht entstanden sein können.

Müßte das dann nicht in letzter Konsequenz heißen, daß es zumindest für solche Objekte den Urknall überhaupt nicht gab? Das könnte den Verdacht nähren, daß das Universum eigentlich gar kein Alter hat, sondern nur auf allen Raumzeitskalen zyklisch geschlossene Prozeßabläufe zu erkennen gibt, die immer wieder und überall zur Bildung von neuen Galaxien und zur Auflösung von alten führen. Vielleicht bestätigt sich gar so, was wir als Verdacht bereits zuvor geäußert haben, daß das kosmologische Prinzip in seiner strengsten Form gilt: Die Welt erscheint von allen Weltpunkten aus betrachtet nicht nur in allen Raumrichtungen gleichbeschaffen, sondern auch zu allen Zeiten gleichbeschaffen! In einem neuen Artikel eines neuen Kosmologiebuches (Fahr, 2000) habe ich eine solche Welt als "Kosmos im Attraktorzustand", in einem sich selbst unterhaltenden kosmischen Gesamtzustand beschrieben.

Wir fragen uns danach, wie denn das von einer Raumskala in die nächstgrößere oder nächstkleinere übergreifende Wechselwirkungsgeschehen im Kosmos, das die zyklische Wiederkehr aller kosmischen Erscheinungsformen unterhält, wie dieses Geschehen denn eigentlich angelegt sein muß. Wenn selbst die physikalischen Anfangsbedingungen, die hierzu kausale Anstöße gegeben haben, ja aus Geschehenem hervorgehen müssen - und also selbst nur durch Geschehen geworden sein können, so muß sich wohl die Welt zu ihrem Geschehen immer selbst anstoßen. Es muß eine *autopoetische* Welt sein. Dann aber kann die Welt den Urknall als ihre Erstverursachung nicht selbst hervorbringen (siehe Soucek, 1988; Fahr, 1996, 2000). Sie muß vielmehr in Geschehniszyklen abbildbar sein und sollte nicht als in monokausaler Weise auf den Entropietod hin angelegt erscheinen, wie die Urknallkosmologie dies glaubhaft zu machen versucht. Hier hat der menschliche Verstand noch eine weitgehend unerbrachte Gigantenleistung zu vollbringen, bis er es wagen darf, ohne extreme Stolpergefahren einzugehen, in die vor seinen Augen ausgebreitete Welt hinauszugehen.

5.
Die geheime Botschaft des leeren Himmels: Das Echo des Urknalls

Seit Oktober 1989 umfliegt der NASA-Satellit COBE (COsmic Background Explorer) die Erde und lauscht den Himmel nach dem Raunen des Urknalls ab. Genauer gesagt, er sucht nach Strahlungen von jenseits des Erdraumes, die sich im Radio- und Mikrowellenbereich manifestieren und letzten Endes vom Anfang der Welt künden sollen. Hierbei werden keine speziellen Emissionsquellen anvisiert, vielmehr tritt der ganze Himmel selbst als Strahlungsquelle auf. Man spricht von einem Himmelsecho, dem Echo des Urknalls nämlich, obwohl das Phänomen nicht von akustischer, sondern von elektromagnetischer Natur ist.

Wieso aber glaubt man, einem Echo etwas Genaueres über die Natur des Senders entnehmen zu können? Gewiß: Mit dem Echolot kann man zum Beispiel den Meeresboden abtasten, nicht aber die Natur desjenigen Bootes erfassen, das die hier nötigen Schallpulse selbst aussendet, Pulse, die sich dann an den im Wege stehenden Reflektoren zu einem Echo umsetzen. Was soll demnach dann dem Urknallecho, wie man es mit dem COBE-Satelliten zu registrieren glaubt, als Botschaft über die

Natur des Urknalls und über das Geheimnis des Weltanfangs entnommen werden können? Wir wollen hier dieser Frage einmal intensiver nachgehen. Wenn man am heute bestehenden Weltall ein Echo entstehen lassen wollte, zum Beispiel, indem man einen Radarstrahl in alle Richtungen ausschickt und auf das zurückkehrende Radarecho wartet, wie würde dieses wohl dann beschaffen sein? Statt des Meeresbodens wie im Falle des Echolotes wäre hier die kosmische Sternenwelt in der Nähe und der Ferne als Echobildner aufzufassen. Wenn wir also in diesen Sternenwald hineinrufen würden, wie würde es dann wohl herausschallen?

Das einfachste und gerade deswegen immer wieder benutzte Anschauungsmodell zum Verständnis des sternerfüllten Kosmos vor unseren Augen geht davon aus, dieser **sei** ein in alle Richtungen unendlich erstrecktes Raumgebilde aus sich immer wiederholenden Stern- und Galaxienformationen. Ob dieses Gebilde einen Anfang oder ein Ende in der Zeit hat, spielt dabei zunächst keine Rolle. Hauptsache, es gibt keine räumliche Begrenzung für diesen Kosmos, jenseits derer dann gar nichts mehr wäre. Denn die Frage wäre doch schließlich viel zu irritierend, warum fernab von uns schließlich gar nichts mehr existieren sollte, während nur wir hier so reichlich von den Weltendingen umlagert sind. Schließlich kann von Anbeginn allen Nachdenkens her nicht einleuchten, warum das All nur für uns gemacht sein sollte!

Gerade aber mit dieser dem Verstand zuliebe entworfenen Anschauung von einem Kosmos als einer raumzeitlichen Unendlichkeit uns umgebender kosmischer Leuchtwunder haben die Astronomen leider allerdings zu allen

Zeiten ihre größten Probleme gehabt. Weil sie nämlich am Himmel etwas zu sehen bekommen, das mit einer solchen Anschauung nicht im Einklang zu stehen scheint! Denn sie erblicken ja schließlich ein Himmelszelt mit hellen Sternen und dunklen Zwischenräumen. Man sollte sich aber eigentlich darüber wundern, daß ein unendliches Weltall dem Himmelsbeobachter überhaupt "Zwischenraum, um durchzuschauen" bietet!

Bei raumzeitlicher Unendlichkeit des bestirnten Weltalls sollte man sich genau wie bereits der Bremer Arzt und Naturforscher Wilhelm Olbers im Jahre 1789 fragen, warum der Nachthimmel nicht taghell erleuchtet erscheint wie die Scheibe unseres Tagesgestirns, der Sonne. Warum dieser vielmehr eine funkelnde Sternenwelt vor den dunklen Tiefen des Universums zu erkennen gibt. Wenn doch das Weltall bis in seine unendlichen Fernen hinein mit leuchtenden Sternen und Galaxien erfüllt wäre, so sollte unser Blick in jeder Richtung schließlich immer auf die leuchtende Scheibe eines dieser Sterne treffen. Entweder also hatten die aus großen Fernen kommenden Strahlungen noch nicht Zeit genug, bis zu uns vorzudringen, so daß sich ein Zusammenwachsen aller auf den Himmelshorizont projizierten Sternscheiben hätte vollziehen können, oder das Weltall ist eben doch nur endlich groß.

Daß unser Blick noch nicht weit genug ins All vorgedrungen ist, hängt nicht mit unserem Alter als Menschen zusammen, könnte aber mit dem Alter des Kosmos selbst zusammenhängen. In dem Moment, wo wir als Menschen die Augen aufmachen, sehen wir ja sofort alles, was von diesem Moment an als Licht unser Auge erreicht.

Licht kann jedoch von fernen Stellen des Alls nur dann zu uns vorgedrungen sein, wenn es Zeit genug hatte, zu uns zu gelangen. Wenn das unendliche All jedoch erst vor endlicher Zeit, sagen wir vor einer Milliarde Jahren, wie auch immer geschaffen wurde, so können uns folglich auch nur Objekte in endlicher Distanz, nämlich dann aus Entfernungen von *weniger* als einer Milliarde Lichtjahren, in Erscheinung treten. Denn das Licht breitet sich nur mit Lichtgeschwindigkeit, nämlich mit 300000 Kilometern pro Sekunde, aus. Ob dies der Fall ist, ob das All also noch zu jung ist, können wir mit dem Faktum des dunklen Nachthimmels alleine nicht beantworten. Wenn das zu geringe Alter des Kosmos jedoch an diesem Phänomen schuld wäre, so läßt sich eines sicher vorhersagen: Die dunklen Zwischenräume am Himmel sollten folglich dann mit der Zeit immer kleiner werden und immer mehr von strahlenden Sternscheiben verdrängt werden. Das Bild des Himmels sollte sich ändern, bis wir schließlich nur noch von strahlenden Sonnen umgeben sind.

Noch ein weiterer Umstand könnte hier auf das Erscheinungsbild des Himmels Einfluß nehmen, nämlich die Art und Weise, wie die leuchtende Materie im Weltraum angeordnet ist. Im Kosmos existieren ja nach unserer heutigen Erkenntnis riesige in Hierarchien angelegte Materiestrukturen. Mit ihnen verbunden sind auch hierarchisch assoziierte Leerräume, die eventuell den Durchblick bis in die tiefsten Weiten des Universums ermöglichen könnten, weil in einer solchen hierarchischen Lichteranordnung der Sichthorizont sich niemals leuchtdicht schließen würde. Wenn wir zum Beispiel die kosmische Materieanordnung in bestimmten fraktalen Strukturen vorliegen hätten, so ergäbe es sich, daß die mittlere Materiedichte in einer Kugel - um jeden Betrachter im Weltall herum - immer weiter abfallen würde, je größer der Kugelradius gewählt wird. Packen wir die vorhandene Materie zu Sonnen mit je einer typischen Sonnenleuchtkraft zusammen, so erkennen wir schnell, daß unter solchen Umständen der Himmel niemals taghell werden kann, weil auch die mittlere Sternendichte immer mehr mit dem Abstand abnehmen sollte und es somit zu keinem gleichmäßigen Zuwachsen des Himmelshorizontes mit strahlenden Sternscheiben kommen kann.

Viele weitere Argumente sind inzwischen noch zusätzlich dafür genannt worden, warum es an unserem Himmel zum Olbersschen Paradoxon kommt. So sollte der allgegenwärtige kosmische Staub in galaktischen und intergalaktischen Räumen die Strahlung der fernen Sterne zum Teil absorbieren oder zumindest aus der Ursprungsrichtung wegstreuen und damit Sterne erröten lassen, weil bei der Streuung das blaue Licht stärker als das rote betroffen ist. Eine Lichtrötung ergibt sich aber auch deswegen, weil das Universum expandiert und weil die Strahlung der fernen Sterne, wenn sie sich in einem sich weitenden Weltraum auszubreiten hat, auf dem langen Wege zu uns eine sogenannte "kosmologische Rotverschiebung" erfährt. Denn das Licht wird langwelliger, wenn es sich durch einen expandierenden Raum ausbreiten muß, wie ein aufgemaltes Wellenmuster auf der Haut eines Luftballons länger wird, wenn man den Ballon aufbläst. Zu allem kann dann noch dazukommen, daß der Sichthorizont gar nicht unendlich ist; er reicht vielmehr nur bis zum Zeitpunkt der Geburt leuchtender Materie zurück. Wenn die Geburt der Sterne überhaupt erst vor 18 bis 20 Milliarden Jahren begonnen hat, so können wir dann auch nur innerhalb eines Sichthorizontes von etwa 18 bis 20 Milliarden Lichtjahren Sterne sehen. Ohne die Existenz älterer Sterne im Weltall können wir folglich auch keine Sterne in beliebigen Fernen des Raumes sehen. Was befindet sich aber dann, von uns aus gesehen, hinter den ältesten Sternen? Bekommen wir dort überhaupt noch irgend etwas zu sehen? Und was? Oder ist die Welt dort einfach für uns zu Ende?

Interessanterweise gibt es elektromagnetische Strahlungen, mit denen wir viel weiter in den Kosmos hinaussehen können als mit den Strahlungen des optischen Spektrums. So sehen wir zum Beispiel im Bereich kurzer Radiowellen bei 1 bis 10 Zentimeter Wellenlänge und im Mikrowellenbereich bei Millimeter- und Submillimeterwellenlängen viel weiter in den Kosmos hinaus als im optischen Bereich, in dem Sternenlicht dominant ist. Wie sieht der Kosmos in diesen Wellenlängen betrachtet aus? Was zeigt sich jenseits der Sterne? - Überraschenderweise erfüllt sich gerade in diesem Wellenlängenbereich genau das Phänomen der Olbersschen Vision, denn gesehen in diesen Wellen, verwachsen Nacht- und Taghimmel zu einem einzigen, uns allseitig umgebenden, uniformen Strahlungshintergrund. Dieser Strahlungshintergrund leuchtet allerdings nur wie ein Strahler mit einer Oberflächentemperatur von 3 Grad Kelvin, während leuchtende Sterne und Sonnen ja mindestens tausendfach höhere Oberflächentemperaturen aufweisen!

Seit der sensationellen Entdeckung der kosmischen

Hintergrundstrahlung im Jahre 1965 durch die beiden Nobelpreisträger Arno Penzias und Robert Wilson haben sich die Astronomen nun daran gewöhnen müssen, mit diesem intellektuell so herausfordernden Faktum einer kosmischen Hintergrundstrahlung zu leben. Sie stellt geradezu ein kosmologisches Fundamentalfaktum dar, das vehement nach einer stichhaltigen Erklärung verlangt. Die Grundeigenschaften dieses Strahlungsfeldes, nämlich die nahezu perfekte Gleichförmigkeit, Homogenität, Isotropie und thermische Spektralnatur des uns in diesem Wellenbereich umgebenden kosmischen Strahlungshorizontes gehören zu den härtesten Fakten, an der der Wahrheitsgehalt jeder kosmologischen Theorie gemessen werden muß. Dieses *factum crucis* bestimmt somit Stand und Fall eines jeden kosmologischen Weltbildes!

Wer die Welt erklären will, der muß auch das Phänomen der kosmischen Hintergrundstrahlung erklären können! Diese beiden Dinge hängen nach heutiger Vorstellung unlösbar miteinander zusammen. Folglich hat jeder kosmologische Erklärungsansatz folgende Fragen zu beantworten: Welche kosmischen Prozesse sollten für dieses Strahlungsfeld und seine extrem gleichmäßige Beschaffenheit verantwortlich zu machen sein? Auf welche Zeiten kosmischen Geschehens weist eine solche Strahlung hin? Zu solchen Fragen bringen die Astronomen gerne eine frühe wissenschaftliche Arbeit aus dem Jahre 1948 von den Atomphysikern George Gamow, Ralph Alpher und Robert Herman in Erinnerung. In einer Explosion wird gewöhnlich etwas zerstört. So verheerend und weltzerstörend aber auf der einen Seite eine Atombombenexplosion wirken mag, so hegen dennoch einige unter uns den Gedanken, daß witzigerweise aus einem solchen Ereignis unter Umständen auch etwas Neues hervorgehen kann. Nach dieser Arbeit der vorgenannten Autoren ist die Welt als ganze geradezu aus einer solchen gigantischen Kernexplosion in der Frühzeit der Weltgeschichte hervorgegangen, in der sich auch die erste Elementensynthese vollzogen haben soll. Diese frühe Kernexplosion kann als der "kosmische Urknall" angesehen werden, und dieser sollte sicherlich weit zurück in der Vergangenheit der kosmischen Evolution stattgefunden haben, da ansonsten ja das heutige Weltall ganz anders aussehen würde.

Gamow, Alpher und Herman hatten trotz der zeitlichen Entlegenheit dieses ehemaligen Explosionsereignisses auszurechnen versucht, was denn wohl von dieser frühen Kernexplosion als kosmisches Stigma bis in die heutige Zeit verblieben sein könnte. Dabei kamen sie auf die elektromagnetische Strahlung, die mit einem solchen Ereignis unwillkürlich verbunden sein sollte wie der Atomblitz mit der Atombombenexplosion. Ihrer Idee nach sollte diese Strahlung uns auch heute noch umgeben, nur zwar nicht so hochenergetisch und tödlich wie zu ihrer Entstehungszeit, vielmehr inzwischen durch die Verteilung auf immer größere Räume sehr viel verdünnter und energieärmer geworden. Aber sie sollte eben dennoch immer noch vorhanden sein und mit vorhersagbaren Eigenschaften auffindbar sein. Nach der damaligen Rechnung dieser Autoren aus dem Jahre 1948 sollte diese Strahlung einen thermischen Spektralcharakter, allerdings verbunden mit einer heutigen Effektivtem-

peratur von nur etwa 5 Grad Kelvin, beibehalten haben.
Als 1965 Penzias und Wilson mit ihren Radioantennenmessungen den zu diesen Rechnungen optimal passenden Beobachtungsbefund lieferten, indem sie ein allgemeines Radiorauschen des Äthers feststellten, erinnerte sich zunächst niemand mehr an die bereits 1948 gemachten Vorhersagen. Die Messungen von Penzias und Wilson wurden dagegen mehr mit den Überlegungen des an der Princeton-Universität als Experimentalphysiker tätigen Robert H. Dicke in Verbindung gebracht, der im Rahmen der Theorie eines "pulsierenden Universums" vermutet hatte, daß eine Strahlung aus den immer wiederkehrenden heißen und dichten Phasen des Universums sich bis heute akkumuliert haben sollte, die der Kosmos allein aus thermodynamischen Entropiegründen in sich beherbergen muß. Der Kosmos muß einfach immer mehr Abfallenergie erzeugen, die zu nichts mehr genutzt werden kann.

Diese Vorstellung fußt auf der Idee, man könne sich ein oszillierendes Universum denken, das ständig zwischen Expansion und Kontraktion hin- und herwechselt. Wenn die in der Expansion steckende kinetische Energie nicht reicht, gegen die gravitative Bindung der Weltmaterie zu siegen, so wird ja ein Umschlagen in eine spätere Kontraktion unausbleiblich werden. Wenn dabei aus dem kollabierenden Universum wieder ein expandierender Kosmos hervorgehen soll, so müssen dabei aber schon gewisse angesichts heutiger Physik anomal anmutende Ereignisse eintreten. Bei kleinsten kosmischen Raumskalen oder extrem großen Materiedichten müßte plötzlich eine mit der Masse aller Teilchen verbundene

Abstoßungskraft auftreten, die gerade unter den kompaktesten Materieverhältnissen im kollabierenden Universum über die normalen gravitativen Anziehungskräfte völlig dominiert. Das kollabierende Weltall müßte auf einen unerklärlichen Federmechanismus auflaufen, der den Kollaps in eine erneute Expansion zurückverwandelt. Das Maß der kosmischen Unordnung oder "Entropie", wie man auch sagt, muß in einem solchen Ereignis jedoch beträchtlich erhöht werden. Diese kosmische Unordnung hängt mit dem Zahlenverhältnis von Photonen zu massebehafteten Teilchen im Universum zusammen. Je größer dieses Zahlenverhältnis ist, um so größer ist die Unordnung des Universums zu bewerten, denn in je mehr masselosen Teilen die Gesamtenergie des Universums verkörpert ist, um so größer ist der Grad der Energiezerstückelung und damit der Grad der kosmischen Unordnung. Bei jedem Kollapsumschlag würde sich demnach wegen der damit verbundenen Entropieerhöhung eine Vergrößerung des Zahlenverhältnisses von Photonen zu massebehafteten Teilchen zu ergeben haben. In einem endlos oszillierenden Universum würde sich demnach dieses Zahlenverhältnis ständig erhöhen. Konsequenz: Wir würden praktisch in einem reinen Photonenuniversum leben. Wahrlich ist das heutige Zahlenverhältnis von kosmischen Photonen zu kosmischen Protonen zwar beachtlich groß; es beläuft sich auf einen Wert von etwa einer Milliarde! Dennoch stellt es einen endlichen Zahlenwert dar und zeigt an, daß dieses Weltall, wenn es denn oszillieren sollte, zumindest nicht schon seit ewigen Zeiten seine Oszillationen durchführt. Es kann also nur endlich alt sein!

Verbunden mit einer derzeit angezeigten Expansion des kosmischen Materiefeldes expandiert aber auch das begleitende kosmische Strahlungsfeld, das sich bis heute herausgebildet hat. Die vorhandene Strahlung kühlt sich dabei ab, sie erniedrigt ihre Temperatur. Die jeweils vorliegende Strahlungstemperatur im Universum wird somit zu einem idealen Maß für die jeweilige Größe des Universums. Wenn das Weltall demnächst einmal doppelt so groß wie heute geworden sein wird, so wird die Hintergrundstrahlung dann, anstatt wie heute 2,735 Grad Kelvin, dann nur noch eine Temperatur von 1,3675 Grad Kelvin aufweisen! Hingegen später einmal, wenn sich vielleicht die Kollapsphase des Universums eingeleitet hat und das Weltall nur noch ein Tausendstel des heutigen Durchmessers haben wird, wird auch die Hintergrundstrahlung auf eine Temperatur von 3000 Grad Kelvin angestiegen sein. Dann aber würde diese Strahlung mit stellaren Strahlungen konkurrieren, und der Nachthimmel begänne tatsächlich sternenhell zu leuchten, wie Olbers dies als eigentlich zu erwarten ansah.

Als man 1965 die kosmische Hintergrundstrahlung entdeckte, hätte man nicht behaupten können, daß dieser Strahlung ein thermischer Charakter zukommt. Daß bei einer Wellenlänge von 7 Zentimetern die aus dem All empfangene Strahlung gerade die Intensität eines thermischen 3-Grad-Kelvin-Strahlers aufwies, hätte reiner Zufall sein können. Inzwischen aber, nachdem gleiche Beobachtungen bei vielen anderen Radiowellen gemacht worden sind, gewinnt das, was damals zunächst nur als Zufallsfaktum gelten konnte, doch enorm an physikalischer Bedeutung. Erst durch all diese Messungen zusammen ergibt sich heute als Faktenbild, daß die Erde und wahrscheinlich alle anderen Körper im Weltall auch von einer extrem gleichmäßigen Hintergrundstrahlung umgeben sind, der ein thermisches oder "Plancksches" Intensitätsspektrum zukommt mit einer effektiven Temperatur von 2,735 Grad Kelvin. Von dieser Strahlung sind wir umgeben wie von einer strahlenden Kugelschale dieser Temperatur. Geradezu unglaublich muten dabei immer wieder die äußerst geringen Unterschiede in der aus verschiedenen Himmelsrichtungen gemessenen Strahlungstemperatur der Hintergrundstrahlung an. So belaufen sich die ermittelten Temperaturschwankungen nur auf Promilleanteile des gefundenen Mittelwertes von 2,735 Grad Kelvin. Das zeigt aber, daß die spektrale Intensität der Hintergrundstrahlung über die gesamte Himmelssphäre um weniger als ein Tausendstel ihres Mittelwertes schwankt.

Und das sollte nun wahrlich größtes Erstaunen hervorrufen. Denn wir müssen doch, abgesehen noch von anderen Gründen, allein schon einmal annehmen, daß wir uns mit dem System ERDE in diesem Hintergrundstrahlungsfeld irgendwie bewegen. Denn alles bewegt sich schließlich im Weltall, die Erde, die Sonne, die Galaxie, selbst der Schwerpunkt der lokalen Galaxiengruppe. Wenn man sich jedoch gegenüber einem Sender bewegt, so empfängt man bekanntlich dessen Botschaft nicht in der Ursprungsqualität, sondern "dopplerverschoben", und zwar rotverschoben, wenn man sich vom Sender weg bewegt, und blauverschoben, wenn man sich auf ihn zu bewegt.

Bewegt sich nun also die Erde mit den auf ihr installierten Empfängern mit bestimmter Geschwindigkeit in einer bestimmten Richtung auf das Ruhesystem der Hintergrundstrahlung zu, so registrieren die Empfänger die aus dieser Richtung kommenden Photonen des Hintergrundstrahlungsfeldes blauverschoben, während sie die aus der Gegenrichtung kommenden Photonen des Strahlungsfeldes als rotverschoben registrieren. Bestimmt man demnach die Intensität der Hintergrundphotonen bei einer bestimmten Frequenz, so läßt sich diese Rot- oder Blauverschiebung der thermischen Photonen auch als Änderung einer effektiven Strahlungstemperatur des emittierenden thermischen Strahlers verstehen. Die größte effektive Strahlungstemperatur der Hintergrundphotonen würde man aus derjenigen Richtung des Himmels erwarten, in die sich der Empfänger bewegt, die niedrigste Effektivtemperatur dagegen gerade in der Gegenrichtung. Sieht man sich daraufhin die beobachtete Himmelstemperaturverteilung bei bestimmter Wellenlänge an, so müßte sich eine solche Eigenbewegung der Erde womöglich tatsächlich erkennen lassen.

Tatsächlich ergibt sich nun am Himmel im Rahmen eines Temperaturunterschiedes von nur einigen Millikelvingraden eine heißere und eine kühlere Hemisphäre der Hintergrundstrahlung. Das himmlische Strahlungsfeld kann man zusammensetzen aus einer gleichförmigen Temperaturmonopolkomponente von 2,735 Grad Kelvin, überlagert von einer dipolaren Temperaturkomponente von 0,0027 Grad Kelvin. Das Temperaturmaximum tritt bei allen Frequenzen stets in der gleichen Himmelsrichtung auf, während das Temperaturminimum immer genau in der Gegenrichtung liegt.

Als Erklärung für die gemessenen, wenn auch winzigen Temperaturunterschiede im Promillebereich werden dann gemäß der Dopplerschen Deutung immerhin Eigengeschwindigkeiten der Erde von 550 Kilometer pro Sekunde relativ zum kosmischen Strahlungsfeld benötigt. Eine entsprechende Dopplersche Korrektur zwecks Reduktion dieses Bewegungseinflusses läßt dann die ohnehin schon minimalen Abweichungen von einer Strahlungsisotropie nun noch einmal um zwei Größenordnungen geringer werden oder um zwei Dezimalstellen nach rechts rücken. Die verbleibenden Temperaturfluktuationen bewegen sich dann im Bereich von einigen zehn Mikrokelvingraden. Wie groß die verbleibenden Variationen wirklich dann noch sind, war bisher nicht einmal genau zu messen, weil dazu geeignete Meßmöglichkeiten fehlten. Zu viele Störungen, gerade auch von atmosphärischer Vordergrundnatur, prägen sich verfälschend dem wahren Signal auf, so daß eine klare Antwort auf diese Frage durch erdgebundene Messungen bisher nicht möglich war.

Hier ist sicherlich eine Besinnung darauf angebracht, was diese Hintergrundstrahlung nach der gängigen Meinung der Astronomen eigentlich physikalisch darstellt. Die Zustände der Materie des frühesten, noch sehr kompakten und heißen Weltalls hat man immer wieder mit denjenigen einer Atombombenexplosion verglichen. Man kann sich deshalb fragen, was man heute von einer solchen frühen kosmischen Bombenexplosion, wenn sie denn stattgefunden hätte, noch sehen können sollte. Atombombenexplosionen in der Erdatmosphäre liefern einen enorm hellen Lichtblitz mit einem Nachleuchten, das von einer sich ausdehnenden Lichtblase getragen wird, durch die man nicht hindurchschauen kann. Das Licht, das von außen in die Lichtwolke eindringt, wird schon an der Außenhülle dieser Wolke absorbiert und wird in Gegenrichtung durch das viel hellere Eigenlicht der Wolke ersetzt. Eine solche hochenergetische Lichtwolke ist undurchsichtig, sie strahlt vielmehr ihr eigenes Lichtfeld, fast wie ein Stern auch, über ihre Oberfläche ab. Erst wenn sie sich lange genug ausgedehnt hat und sich dabei entsprechend stark abgekühlt hat, kann auch das Licht aus der Tiefe der Wolke herausdringen. Die Wolke beginnt ihr Strahlungsfeld in den Außenraum freizugeben.

Ähnlich mag es bei der Explosion des Weltalls zugegangen sein. Zunächst ist das mit der heißen Weltmaterie verbundene Strahlungsfeld an diese heiße Materie gebunden und kann ihr nicht entweichen. Wenn diese Materie sich jedoch bei der Expansion des Weltalls abkühlt, so entstehen elektrisch neutrale Materieformen, die mit diesem Strahlungsfeld nur noch sehr schwach wechselwirken können. Das Strahlungsfeld kann sich in dieser Situation verselbstständigen und ist nicht mehr von der Materie wie von einem Behälter eingeschlossen. Es kann vielmehr in den entstehenden Raum des expandierenden Universums frei entweichen.

Solange es noch mit der Materie in enger Wechselwirkung steht, kühlt es sich genau wie die Materie bei der Expansion adiabatisch ab. Das wirkt sich so aus, daß beide Temperaturen, diejenige der Materie und diejenige der Strahlung, umgekehrt proportional zum Quadrat des Weltdurchmessers abfallen. Wenn das Strahlungsfeld jedoch nicht mehr über Wechselwirkung an die Materie gekoppelt ist, dann kühlt es sich bei der Expansion wie ein freies Photonengas simultan durch kosmologische Wellendehnung und Verteilung auf größere Räume ab. Diese Abkühlung erfolgt aber nur umgekehrt proportional zum Weltdurchmesser selbst, also langsamer als diejenige der Materie. Das Freiwerden des Strahlungsfeldes von der Materie leitet sich mit dem Neutralwerden der kosmischen Materie ein. Heiße Materie besteht immer aus freien, elektrisch geladenen Partikeln wie den Elektronen oder den Protonen. Kühlt die Materie sich jedoch ab, so können die negativ geladenen Elektronen und die positiv geladenen Protonen sich zu elektrisch neutralen Atomen, in diesem Falle Wasserstoffatomen, vereinigen. Solche Wasserstoffatome können nur jedoch mit einem verschwindend kleinen Teil des Strahlungsfeldes wechselwirken, und zwar praktisch nur mit demjenigen Teil des Strahlungsfeldes, der das neutrale Wasserstoffatom resonant anregen oder wieder in seine geladenen Bestandteile zerlegen kann. Es ergibt sich aus diesen Überlegungen, daß die Materie erst unterhalb einer kritischen Temperatur von 3500 Grad Kelvin, die man die Rekombinationstemperatur nennt, diese Selbstneutralisierung dauerhaft und irreversibel vollziehen kann, ohne daß in diesem Temperaturzustand letztere vom kosmischen Strahlungsfeld wieder aufgehoben werden könnte.

Wenn wir also heute in Form der kosmischen Hintergrundstrahlung die erkaltete Strahlung aus der Rekombinationsphase der kosmischen Materie zu sehen bekommen, so sollten wir darin auch ein erkaltetes Spiegelbild der Strukturiertheit in der damaligen kosmischen Materie sehen können. War die Welt zur damaligen

Zeit strikt homogen, so sollte auch das aus dieser Zeit verbliebene Nachleuchten strikt homogen sein. Gab es dagegen schon Strukturen in der damaligen Welt, so sollten diese sich im heutigen Hintergrundstrahlungsfeld niedergeschlagen haben und daraus hervorscheinen.

Bei der Suche nach solchen Strahlungsstrukturen kommen den Astronomen nun neuerdings die hochpräzisen Messungen des **COBE**-Satelliten zu Hilfe. Auf diesem Satelliten, der seit Ende Oktober 1989 die Erde in einer Höhe von 500 Kilometern umkreist, befinden sich mehrere Hochtechnologiedetektoren, die alle der Aufgabe dienen sollen, dem Mysterium der kosmischen Hintergrundstrahlung auf die Spur zu kommen. Einer dieser Detektoren dient dem Test der Intensitätsschwankungen dieser Strahlung bei vorbestimmten festen Wellenlängen (3,3, 5,7 und 9,5 Millimeter). Mit diesem differentiell messenden Radiometer (DMR/COBE) auf COBE lassen sich die kleinsten Unebenheiten im Strahlungshintergrund nachweisen. Bei der Wellenlänge von 3,3 Millimetern erweist sich mit diesem Detektor, nach Anbringung der schon erwähnten Eigenbewegungskorrektur, bei einem Sichtwinkel von 7x7 Quadratbogengrad über der gesamten Himmelssphäre eine perfekte Temperaturhomogenität mit minimalen Schwankungen im Bereich von weniger als 30 Mikrokelvingraden (=30 Millionstel Grad Kelvin!).

Wie aber kann die kosmische Hintergrundstrahlung einerseits so frappierend homogen sein, wenn andererseits der heute am Himmel leuchtende Sternenkosmos so hoch strukturiert erscheint? Wenn doch beide auf eine gemeinsame Entstehungsgeschichte in der Rekombinationsphase des Universums zurückgehen - nämlich auf die Zeit, als sich die kosmische Materie elektrisch neutralisierte und die Strahlung von dieser Materie frei wurde - , wie konnte dann seitdem die Entwicklung bei der Strahlung und bei der Materie so verschiedene Wege gehen? Viele Astrophysiker wie Joseph Silk und Peter Peebles aus den USA glauben, daß es für diese Frage nur eine Antwort geben kann: Die Materie im Kosmos expandiert nicht so gleichförmig, wie dies die Strahlung tut! Erstere bewegt sich viel langsamer und unterliegt in stärkerem Maße der intermateriellen Gravitation. Daher sind ihre Schicksale seit der Rekombinationszeit ganz unterschiedlich. Der Realität des materiellen Universums zuliebe muß man wohl die traditionelle Linie einer homogenen Expansionskosmologie aufgeben und zu neuen Formen der Beschreibung kleinskalig inhomogener und anisotrop expandierender Universen übergehen.

Zwar läßt sich mit den Mitteln der Newtonschen Gravitationstheorie in gewissem Maße die gravitative Strukturbildung per Computer nachvollziehen, wenn man mit kleinen, statistischen Dichtefluktuationen zu einer frühen Zeit startet. Dennoch kann ein solches Geschehen nur dann anlaufen, wenn bereits im frühen Kosmos entsprechende Fluktuationen ausgebildet waren. Durch die Messungen des COBE-Satelliten ergeben sich zwar erste Anzeichen für diese Anfangsfluktuationen zur Rekombinationszeit, aber nur im Schwankungsbereich von Tausendsteln eines Promille! Danach muß man nun aber zu verstehen versuchen, wie ein Kosmos, der zur Zeit der Rekombination bei einer Durchschnittstemperatur von 3500 Grad Kelvin nur Temperaturschwankungen von wenigen hundertstel Grad aufwies, später dann all jene Strukturen aus sich entwickeln konnte, die wir heute von den Linsen unserer Teleskope dargeboten bekommen. Der Kosmos erweist sich ja heute von den kleinsten bis zu den größten Längenskalen als durchgängig hierarchisch strukturiertes Gebilde. Nicht einmal auf den größten Skalen scheint die Materie in unserem Kosmos einer Gleichverteilung zuzustreben. Eher gibt es sogar mehr Strukturiertheit bei großen Raumskalen im Universum, als alle derzeit diskutierten Standardmodelle zur kosmischen Strukturbildung trotz Annahme von Dunkelmaterie oder nichtverschwindender Einstein-Konstante vorhersagen können. Mit dem Begriff "Dunkelmaterie" bezeichnet die Astronomie heutzutage das Phänomen einer Materie, die zwar gravitativ, also durch ihre Schwerewirkung, präsent ist, jedoch nicht wie sonst von kosmischer Materie gewohnt elektromagnetisch leuchtet oder Licht streut.

Für die theroretischen Astrophysiker ergeben sich je nach Mischungsverhältnis zwischen "dunkler" und "leuchtender" Materie im Kosmos zwar unterschiedliche Strukturentwicklungshistorien, in allen Fällen verbleibt jedoch als Ergebnis: Bei der Zurückverfolgung der Strukturierungsprozesse im Kosmos bis in die Zeit der Rekombination, für die ja die Hintergrundstrahlung ein Echo sein soll, zeigt sich stets, daß immer nur unterhalb von Winkelfeldern von 3x3 Quadratbogengrad an der Himmelssphäre in der Hintergrundstrahlung signifikante Fluktuationen erwartet werden können. COBE kann aber wegen räumlicher Auflösungsprobleme nur Strahlungsfluktuationen in deutlich größeren Winkelfeldern von 7x7 Quadratbogengrad untersuchen. Demnach liegen bisher keine Untersuchungen der Hintergrundgranulation über den wahrlich kritischen und damit interessanten kleineren Himmelsbereichen vor. Man kann also noch hoffen, daß die uns umgebende Hintergrundstrahlung doch "von dieser Welt ist" und mit den materiellen Strukturen dieses Kosmos irgendwie entstehungsmäßig zusammenhängt.

Eine ganz andere Alternative wäre natürlich auch darin zu erblicken, daß die kosmische Hintergrundstrahlung gar keine wirklich kosmische, sondern eher nur eine lokale Hintergrundstrahlung darstellt, die vor einem eher lokalen Hintergrund entsteht, daß sie folglich also nicht das Echo des Urknalls, sondern eher ein Echo auf eine lokale Strukturgegebenheit in unserer kosmischen Weltumgebung darstellt. Wenn unser Sonnensystem beispielsweise von fein verteilten kleinen Körpern umgeben wäre, die die Strahlung der Sonne teilweise absorbieren können und diese dann umsetzen können in eine diffuse, omnidirektionale Rückstrahlung, etwa entsprechend einem Schwarzkörper- oder Planckstrahler mit gerade der tatsächlich gemessenen Temperatur von 2,735 Grad Kelvin der Hintergrundstrahlung, so ließe sich das gesamte Hintergrundstrahlungsphänomen auf ein Vordergrundstrahlungsphänomen zurückführen. Einer der wichtigsten Stützpfeiler der heutigen Kosmologie würde damit zusammenbrechen!

Eine besonders vielversprechende Idee besteht zum Beispiel darin, die kosmische Hintergrundstrahlung als Spiegel der Strukturiertheit gravitativ gebundener Materie im Weltall zu deuten. Wenn die hierarchische

Strukturiertheit der leuchtenden Materie im Universum, also die in Galaxien, Haufen von Galaxien und Haufen von Haufen von Galaxien etc. angelegten leuchtenden Strukturmuster - wenn diese sich über die Äonen der kosmischen Entwicklung wie ein kosmischer Attraktorzustand im Weltall herausgebildet haben - so kann diese Entwicklung nicht ohne entsprechende Entwicklung des diese Materiestrukturen umgebenden Hintergrundstrahlungfeldes abgelaufen sein. Und so läßt sich letzten Endes zeigen, daß auch das immer wieder angeführte, "stärkste Indiz" für den Urknall, die kosmische Hintergrundstrahlung, sich erstaunlicherweise im Rahmen einer eher statisch strukturierten Welt sogar viel besser verstehen läßt, als in einer homologen, im wesentlichen strukturlosen, daür aber expandierenden Welt.

In letzterer Welt nämlich, an die die meisten Astronomen bis heute glauben, gilt die Hintergrundstrahlung ja als Urknallrelikt, welches sich ergibt, wenn die erkaltende Materie, die in ihren heißesten Phasen nach allgemeiner Lehrmeinung gleichteilig aus Materie und Antimaterie besteht, sich paarweise annihiliert und dabei letztlich, soweit sie nur paarig und gleichzahlig in Form von Baryonen und Antibaryonen vorhanden ist, restlos in Photonen zerfällt. Nur die nichtpaarig vorhandenen Materiebestandteile können dieser allgemeinen Vernichtungsorgie beim Zusammentreffen von Teilchen mit Antiteilchen widerstehen. Sie müssen vielmehr für den ganzen Rest der nachfolgenden kosmischen Zeit als die eigentliche Materie dieser Welt hinterbleiben. Diese unsere Welt konstituierende Materie hat bekanntlich baryonische Na-tur, sie besteht also alleinig aus Teilchen, nicht aus Antiteilchen, die man heute nur in Ausnahmefällen in Hochenergielaboratorien für kürzeste Zeiten erzeugen kann.

Wenn wir die Zahl der heute als Materie vorhanden gebliebenen Baryonen, "N_B" mit der Zahl der Photonen, "N_ν", in der Hintergrundstrahlung vergleichen, so ergibt sich eine erstaunliche Verhältniszahl: $\Gamma = N_B/N_\nu \simeq 10^{-9}$! Das heißt soviel wie: Auf eine Milliarde Photonen der Hintergrundstrahlung kommt nur ein einziges Proton, das wir zumeist als Materie in Sternenform vorliegen haben. Diese gigantische Proporzzahl muß bis heute als magisch angesehen werden, erklärbar vielleicht nur durch einen bis heute noch nicht erklärten minimalen Verstoß der Natur gegen den ansonsten so streng befolgten Satz von der Baryonenzahlerhaltung in allen bisher analysierten Elementarteilchenprozessen. Wenn jedoch die Materie des Urknalls unpaarig vorgelegen hat, also einst mehr Teilchen als Antiteilchen vorlagen, so muß der Urknall gegen diesen heiligen Satz der Elementarteilchenphysiker verstoßen haben.

Im Rahmen einer in überdauernden Strukturen dynamisch angelegten Welt ergibt sich diese mysteriöse Verhältniszahl Γ jedoch ihrem Wert nach fast zwanglos zu 10^{-9}, nämlich sozusagen als Ausdruck des Entropiespiegels des bestehenden kosmischen Ordnungsgrades. Wenn wir im Kosmos eine bestimmte Menge baryonischer Materie in Form von Sternen und Sternsystemen angeordnet finden, so muß als Energieäquivalent für die gravitative und nukleare Bindungsenergie in diesen Bindungszuständen eine entsprechende Menge an Photonen hierbei zwangsläufig auftreten. Der größte Anteil dieser Photonen geht aus der nuklearen Fusion in den Sternen hervor, wobei letzten Endes das Bindungsenergieäquivalent des bei der Fusion aus vier Wasserstoffkernen entstehenden Heliumkernes als photonische Energie ins Weltall ausgestrahlt wird. Das läßt die Zahl $\Gamma \simeq 10^{-9}$ wie ein fast selbstverständliches Ergebnis erscheinen, wenn wir von der Hypothese ausgehen, daß gerade und ausschließlich die stellare Fusion dafür verantwortlich ist, daß im Weltall weitläufig ein Häufigkeitsverhältnis von Wasserstoff zu Helium von 1/10 als vorherrschend erkannt wird. Nettomäßig wird ja aus vier Wasserstoffkernen ein Heliumkern erbrütet, wobei das Aquivalent der Bindungsenergie dieser erbrüteten Bindung von 8 MeV ($= 8 \cdot 10^6 eV$) pro Kern zunächst in Form von Gammaphotonen im Sternzentrum frei wird und später vielfach umverteilt in Form von optischen Photonen die Sternhülle verläßt. Wenn es dann letztlich im nahen und fernen Weltraum nach vielfältiger Streuung und Umverteilung an kosmischen Elektronen oder Staubteilchen in der Hintergrundstrahlung als typisches Millimeterwellen-Photon mit einer Energie von $\epsilon_B = h\nu_B = 7 \cdot 10^{-4} eV$ auftaucht, so ergibt sich dann wegen der bei solchen Energieumsetzungen stets gebotenen Energieerhaltung zwangsläufig das folgende Zahlenverhältnis:

$$\Gamma = [N_B]/[(1/10)N_B(8 \text{ MeV}/7 \cdot 10^{-4} eV)] \simeq 10^{-9}!$$

Mit dieser Deutung des Zahlenverhältnisses Γ von Baryonen zu Photonen im Weltall würde eine der bis heute "*magischsten*" Zahlen in der Kosmologie einen sehr rationalen Charakter annehmen, jedoch auf einer völlig neuen

Erklärungsbasis.

Natürlich geht aus der gebotenen Kürze der oben vorgetragenen Argumentation nicht der Beweis hervor, daß wir es selbst angesichts des Phänomens der kosmischen Hintergrundstrahlung nicht mit einem homolog expandierenden, sondern mit einem großskalig statischen, aber vielleicht fraktal und hierarchisch strukturierten Weltall, und zwar einem sich in seinen herausgebildeten Strukturen über die Zeiten durchhaltenden Weltall zu tun haben. Dennoch möchte man aber schon meinen, daß trotz der Kürze der hier genannten Argumentation eine Alternative zur Urknallkosmologie in Sicht gebracht ist.

6.
Was ist, wenn nichts ist?
Der Kosmos war nie wüst und leer!

Kann man sich vorstellen, daß alles, was in unserer Außenwelt dingfest zu machen ist und diese damit geradezu ausmacht, daß all das einfach nicht da wäre? Was bliebe denn dann noch übrig? Oder bliebe uns nur das Nichts? Die Leere ohne Substanzen und Konturen, die reine Unbestimmtheit im Anschauen der Welt? Über das Nichts nachdenken heißt eigentlich soviel wie über das Undenkbare nachdenken. Wer aber kann denn über das Undenkbare nachdenken wollen, und welchen Erfolg kann er wohl von solchem Tun erhoffen? Dennoch wurde der Gedanke an das Nichts bereits in vielen großen Geistern der Vergangenheit entworfen und verworfen, bewegt und gewendet, ohne daß dieser Gedanke jemals zum Stillstand gekommen wäre. Dahinter mag sich eine grundsätzliche Unzufriedenheit mit jedem Denken über das Nichts verbergen, die sich in der philosophischen Tradition von den griechischen Naturphilosophen bis in die heutige Existenzphilosophie um Husserl, Heidegger, Sartre oder Jaspers übertragen hat. Zur Hochblüte des deutschen Idealismus beschäftigt sich auch G. W. F. Hegel in seinem Buch "*Die Wissenschaft der Logik*" sehr intensiv mit dem Begriff des Nichts. Nach ihm ist das Nichts oder die Leere ein Begriff für die reine Identität mit sich selbst, die reine Ungeschiedenheit von jedem anderen und Ununterschiedenheit von sich selbst. Das soll, so hochphilosophisch gesagt, wie es von Hegel kommt, einmal dahingestellt bleiben, weil es uns im Moment nicht konkret weiterhilft. Inzwischen beschäftigt sich aber auch die Naturwissenschaft, und dort insbesondere die Physik, mit dem Begriff des Nichts. Der Physikprofessor Henning Genz von der Universität Karlsruhe findet zum Beispiel ganz im Gegenteil zur landläufigen Auffasssung, daß das Nichts ein wesentlicher Bestandteil des Seins der Natur darstellt, weil in der Natur "das Alles" und "das Nichts" unmittelbar und nach heutigem Naturverständnis zwangsläufig zusammenhängen; man kann das eine eben nicht ohne das andere begreifen! Am Nichts, also dem Vakuum, wird bereits festgelegt, wie und was der Kosmos überhaupt zu sein vermag. Und so hat sich Genz auch berufen gefühlt, gleich ein ganzes Buch dem Nichts zu widmen.

Wissenschaftler werden gemeinhin vom Rest der Welt als Menschen gesehen, die ihr Denken in ganz besonders strenger und rationaler Form praktizieren, aber man könnte manchmal fürchten, daß das Denken ihnen mitunter auch zum Selbstzweck und dabei zu einer Geißel ihres Daseins wird. Sie wollen oft das Denken selbst dann noch nicht unterlassen, wenn es eigentlich schon um das Undenkbare geht - wie eben um das gedachte Nichts, also die Konzeption der *Un*vorhandenheit des Etwas. Wie kann man über das Unvorhandene nachdenken? Wie läßt sich über das Nichts reden? Kann diesem Nichts überhaupt eine Realität zukommen, wenn dieses Nichts doch eben selbst gerade die Abwesenheit des Reellen darstellt? Hieran erkennt man sofort, wie sehr das Nichts dem Menschen - und ausschließlich dem Menschen gehört. Denn: Noch vor dem Nichts war der Mensch; und er erfand das Nichts. Es ist ein von seinem Verstand gemachtes Konstrukt, ein Abstraktum, dessen reale Entsprechung wir niemals erfahren werden können. Niemand wird jemals sagen können, daß er das Nichts gesehen, gehört oder sonst irgendwie als Außenwelt erfahren hätte. Die Welt gibt uns keinen Anstoß dazu, das Nichts zu erfahren. Letzteres ist nur die Folge einer bestimmten Denkakrobatik, einer Abstraktion. Jedoch eine mit Implikationen für das real Erscheinende, wie wir zeigen wollen.

Hierzu bemerkt Genz in seinem Buch über das Vakuum richtig, daß alle Ideen, die wir über das Nichts oder das Vakuum entwerfen, immer eng verbunden sind mit unseren Ideen über das real Seiende. Fortschritt im Verständnis der Realwelt geht demnach einher mit dem Fortschritt im Verständnis des Vakuums, also der Abwesenheit von Realwelt. Nach dem heutigen physikalischen Verständnis besitzt das Vakuum eigentlich genau den Status der Realität selbst, einer Realität jedoch in ihrer Grundzustandsform, in der energieärmsten aller möglichen Formen, in der Realität überhaupt auftreten kann. Dabei ist die gesamte Realwelt in ihrer Gesetzlichkeit und ihrem Funktionieren eigentlich schon in ihrem "Vakuumzustand" vollwertig vorweggenommen. Die uns vertraute Realität des Lichtes, der Teilchen, der Kräfte und der Dinge hingegen stellt einfach nur einen angeregten, energiegeladenen Zustand des zugrunde liegenden Vakuums dar.

Hier mag man sich zuerst einmal darauf besinnen, daß über den Begriffsinhalt dessen, was mit Vakuum bezeichnet wird, im Grunde schon immer nachgedacht worden ist. Im Laufe der Menschheitsgeschichte hat jedoch der Begriff des Vakuums viele Umprägungen erfahren. Synonyma wie Leere, Nichts, Äther, *materia prima* sind dafür verwendet worden. Beginnend mit dem *horror vacui* des Aristoteles, also mit der Abscheu der Natur vor der Schaffung von Leere, bis hin zum modernsten Vakuumbegriff in der heutigen Quantenfeldtheorie erstreckt sich ein atemberaubend verschlungener, aber nichtsdestoweniger begeisternd interessanter Weg menschlichen Denkens. Heute ergibt sich am vorläufigen Ende dieses Weges ein überaus kontroverses Verständnis des Nichts. Hiernach wird die gesamte materielle Realwelt mit ihren komplexen Strukturen beherrscht von den Gesetzen der fluktuierenden Feldvakua. Die Welt im Grundzustand ist gleichsam wie eine ruhende Geige: Ihre Saiten und ihr Kasten lassen ohne Energieeingabe nicht zum Vorschein kommen, welche Tonwelten auf der Basis ihrer Beschaffenheit von ihr hervorgebracht werden können, Tonwelten, die jedoch als Realität entfaltet werden, wenn erst die Geigensaiten zum Schwingen angeregt werden. Das Vakuum gibt sozusagen die Eigenschwingungen der Realität vor, es gibt die Palette der möglichen Erscheinungsformen als virtuelle Erscheinungsmöglichkeiten vor. Man mag dies etwas gläubiger auch so ausdrücken können: Das Vakuum wäre kein Gesprächspartner Gottes und des Menschen, wenn es einfach nur nichts wäre! Es besitzt vielmehr bereits dieselbe Eigenschaftlichkeit und Geschöpflichkeit wie die Realität selbst.

Es mag demnach nicht als ganz und gar müßig erscheinen, wenn man sich einmal überlegen will, wie sich ein leerer Raum wohl in der Zeit verhalten wird, wenn man ihm Gelegenheit gibt, sich frei von materiellen Teilchen oder teilchenbindenden Kraftfeldern zu entfalten. Warum aber sollte sich ein leerer Raum überhaupt verändern wollen? Was sollte er denn an sich und seiner Beschaffenheit überhaupt verändern können, wenn er doch nun einmal schlicht nicht mehr als leer ist und damit eigentlich keine Strukturen an sich tragen können dürfte? Weder vorher noch nachher! Dennoch, so münchhausenhaft dies erscheinen mag, so nimmt gerade diese Frage, ob selbst die Leere in der Natur eigentlich irgendetwas bewirken kann, heute in der modernen Kosmologie eine immer zentralere Bedeutung an, und alles entwickelt sich geradezu auf die apotheotische Feststellung hin, daß wir gerade die Dynamik des Kosmos nicht im entferntesten zu erfassen hoffen können, wenn wir nicht zuvor das dynamische Potential des absolut leeren Raumes gründlich bedacht haben.

Man kann sich beinahe erkühnen zu sagen, daß die

physikalische Beschreibung des kosmischen Vakuums den Anfang und das Ende aller Probleme in der heutigen Kosmologie darstellt. Die Theorie des Vakuums bleibt bei der Betrachtung der Evolution des Universums nicht etwa außen vor, wie man vielleicht zunächst naiv meinen möchte und früher auch stets meinte, vielmehr führt sie zum Beispiel unweigerlich auf die Festlegung von Einsteins geheimnisumwitterter "kosmologischer Konstanten" Λ, deren Wert Einstein seinerzeit mit null festgesetzt hatte, weil er sie mit keinerlei Physik in Verbindung zu bringen vermochte. In seinen allgemein-relativistischen Feldgleichungen taucht jedoch diese Konstante Λ ursprünglich auf, durch deren numerischen Wert die möglichen Formen von kosmologischen Weltevolutionen ganz entscheidend mitbestimmt werden. Die theoretisch angelegte fundamentale Verbindung zwischen der Theorie des Vakuums und dem Wert dieser kosmologischen Konstanten muß in ihrer letzten Konsequenz das bisher noch ausstehende Verständnis für die Vereinheitlichung aller Teilchenfelder mit dem Gravitationsfeld liefern. Dieses herzustellen bleibt jedoch sicher eine intellektuelle Herausforderung an das naturwissenschaftliche Denken unserer und der nachfolgenden Zeit, das sich ja, wie wir schon erwähnten, derzeit aufmacht, die Weltformel zu entwerfen.

Was das Verständnis der kosmischen Entwicklung anbelangt, so würden wir uns an dieser Stelle jedoch nicht mit der Frage nach dem numerischen Wert von Λ zu beschäftigen haben, wenn sich nicht inzwischen erwiesen hätte, daß diese kosmologische Konstante Λ mit der Energiedichte ϵ_v des Vakuums eng verkoppelt ist und deswegen gerade mit etwas, das nach Einsteins Masse-Energie-Äquivalenz globale Gravitation im Kosmos ausübt, und zwar je nachdem, ob sie positive oder negative Werte annimmt, von abstoßender oder anziehender Natur. Der leere Kosmos stellt also den Grundzustand aller kosmischen Teilchenfelder dar und bewirkt unter noch zu klärenden Umständen über die mit ihm verbundene Grundzustandsenergie eine Form von globaler Gravitation. Daß die kosmologische Konstante eng verbunden ist mit dieser Vakuumenergiedichte läßt sich nun durch einen Ausdruck der folgenden Form zeigen: $\Lambda = 8\pi G \epsilon_v / c^4$ (wenn G = Gravitationskonstante, c = Lichtgeschwindigkeit). Wenn man in den Einsteinschen Feldgleichungen nun eine solche, Vakuumenergiedichte zu berücksichtigen hat, so ergeben sich in Folge der dann möglichen Lösungen der Gleichungen völlig neue Verlaufsmöglichkeiten für die kosmologische Evolution. Insbesondere wird man zu einer völlig anderen Bewertung des Weltalters des heutigen Universums im Rahmen der Urknallhypothese geführt. Wie aber soll man dann den eigentlich für unsere Welt maßgebenden Wert der Energiedichte des Vakuums finden, wenn man schon überhaupt zu der Meinung kommt, es lohne sich zu erwägen, diese könne eventuell nicht einfach gleich Null sein?

Schon seit Beginn der allgemein-relativistischen Epoche, die mit Albert Einstein 1915 eingeleitet wurde, stand axiomatisch fest, daß Gravitationsfelder und die gekrümmte Raumzeitgeometrie des Kosmos synonyme Phänomene sind. Da solche Gravitationsfelder nun jedoch ihre Quellen in lokalisierter Materie oder dieser äquivalenten Energien haben, so sollte man mit Recht schließen dürfen, daß logischerweise keine Raumkrümmung erwartet werden kann, wenn das Universum leer ist. Was soll schon den Raum krümmen, wenn nichts als Veranlassung dazu da ist! Inzwischen aber fühlen sich die Chefideologen der Kosmologie von dem Verdacht bewegt, daß der leere Raum nicht energielos ist, sondern charakterisiert wird von einer überall gleichen, nicht verschwindenden Vakuumenergiedichte. Es bleibt dann aber die kardinale Frage, was der Grund für eine solche Vakkumenergiedichte sein könnte und wie diese die kosmische Evolution beeinflußt haben könnte.

Wenn man über die Geschichte des menschlichen Denkens zurückschaut, so zeigt sich, daß der Begriff des Nichts oder, in physikalischer Diktion gesprochen, des Vakuums, vielfältige Abwandlungen, Revisionen und Präzisierungen erfahren hat. Beginnend mit dem Prinzip des *horror vacui* bei Aristoteles bis hin zum Vakuumbegriff in der modernen Quantenfeldtheorie zieht sich ein langer Weg versuchter Präzisierungen dessen, was unter der materiellen Leere eigentlich verstanden werden muß. Am derzeitigen Ende dieses Weges ergibt sich dennoch anstelle eines kristallklaren, operationalen Begriffes leider eine eher kontroverse, beinahe antinomisch zu nennende Definition des Vakuums, nach der die gesamte materielle Realwelt mit ihren komplexen Strukturen entscheidend beherrscht ist von den Gesetzen der fluktuierenden Feldvakua. - Schon die geringste Änderung an den Gesetzen des Vakuums würde eine totale Wandlung der Erscheinungsformen unserer Realwelt zur Folge haben!

Um es einmal gleich vorwegzuschicken, kann man sagen, daß uns anhand einer allgemein-relativistischen Kosmologie homogener Universen ein Weltschicksal beschieden sein wird, wie es im wesentlichen durch den Zustand des Vakuums festgelegt ist. Hervorgehend aus dem derzeitigen Zustand unseres Kosmos ergibt sich ein späterer Kollaps bzw. eine spätere inflationäre Expansion unserer Welt je nachdem, ob das Vakuum aller Felder nun eine negative oder eine positive Energiedichte besitzt. Es sieht gar so aus, daß das Schicksal der monoton expandierenden Welt nicht, wie bisher immer geglaubt, durch die reale Materiedichte im Weltall, sondern vielmehr durch das Nichts, also das Vakuum, bestimmt wird. Aus diesem Grunde wollen wir die Inhalte des heutigen Vakuumbegriffes genauer analysieren und daraufhin untersuchen, welche kosmologischen Konsequenzen mit diesem neuzeitlichen Vakuumbegriff verbunden sind. Hierbei dürfte die interessanteste Frage lauten, wie denn wohl die Energiedichte des Vakuums das Gravitationsfeld und damit die Dynamik der realen Materie im Kosmos beeinflußt. In Verbindung mit einer Antwort wird auch die Entscheidung stehen, ob ein Universum denkbar ist, in dem sich alle realen Strukturen als alleinige Folge eines expandierenden Vakuums entwickeln können. Dann nämlich würde sogar denkbar werden, daß die heutige Welt der von uns bewunderten Formen und Strukturen letztendlich aus dem Nichts hervorgegangen ist. Wir wären eine Welt, die aus dem Nichts kam!

Warum sollten das Vakuum und seine genaue begriffliche Fassung überhaupt eine Erörterung wert sein? Liegt es doch einfach nahe festzulegen, das Vakuum sei eben nichts anderes als "leerer Raum", also ein Bereich des physikalischen Raumzeitkontinuums ohne irgendeine Erfüllung durch Materie oder Energie, da beide ja gleichwertige Erscheinungsformen der Realität sind. Vakuum stellt somit die Abwesenheit jeglicher Realität dar. Man stellt ferner fest, daß meistens nicht die Definition des Vakuums selbst Anliegen des Nachdenkens ist, sondern eher die Frage nach der Realität dieses Vakuums. Kann aber dem Vakuum überhaupt Realität zukommen, wenn es doch gerade die Abwesenheit jeglicher realweltlichen Strukturen darstellt? Existiert das Vakuum eigentlich? Oder anders gefragt: Wie könnte denn ein Vakuum dort realisiert werden, wo vorher noch keines bestand? Wenn man solchen Fragen nachsinnt, mag man schließlich zu dem Schluß kommen, selbst die Frage nach der Realität des Vakuums sei nicht die eigentlich wichtige. Am tiefsten interessiert eher, wie man denn überhaupt logisch das Vakuum denken sollte. Und schon wird es wieder philosophisch!

Womöglich läßt sich das Vakuum nur in einem allmählichen Rückgang auf das eigentlich Intendierte denken, also als eine Vollzugsprozedur zur systematischen Entfernung aller physikalischen Realitäten aus dem Raumzeitkontinuum zum Zwecke der Realisierung völliger Leere. Hier kommt wieder ins Spiel, daß natürlich alle unsere Ideen über das Nichts engstens verbunden sind mit denen über das "Etwas", also mit Gedanken über die physikalische Konstitution der Realität. Das Nichts wird stets dem Etwas entgegengesetzt, und das diesem Etwas entgegengesetzte Nichts ist in diesem Sinne die Abwesenheit oder Privation von diesem Etwas. Je komplizierter wir uns die Strukturen der Realität ausdenken, um so schwieriger wird andererseits auch die Formulierung der Abwesenheit solcher Realität. Indem wir sagen, Vakuum entstehe dadurch, daß wir alles wegräumen, was an Realem da ist, so müssen wir schon wissen, was dieses Wegräumbare eigentlich ausmacht. Wenn aber nun im Laufe der Wissenschaftsgeschichte die Konzepte der physikalischen Realität immer komplexer geworden sind, so versteht sich von selbst, daß unser Verständnis vom Nichts oder vom Vakuum auch ständig komplizierter werden mußte. Will man zu einer operationalen Vorschrift gelangen, wie man aus einem realitätserfüllten Raumzeitkontinuum ein Vakuum herstellt, indem man die reale Materie und Energie daraus entfernt, so erfordert dies ein Verständnis davon, was Materie und Energie denn eigentlich ausmacht. Vakuum und Realität sind antinomische Begriffe; sie sind überhaupt nur als Adjektionen sinnvoll. Daraus versteht sich auch die Revolution in der intellektuellen Konzeption des Vakuums über die Epochen des menschlichen Denkens hinweg mit ihrem Beginn bei den Ideen der griechischen Naturphilosophen, ihren Wandlungen in den Jahrhunderten des Mittelalters und schließlich der erstaunlichen Wiedergeburt des alten Vakuumbegriffes in der "authentisch-Parmenideischen" Form in der heutigen Epoche der Physik. Heute könnte man sagen: Das "alte" Vakuum war die völlige Abwesenheit materieller Repräsentationen und Strukturen. Das "neue" Vakuum ist davon so drastisch verschieden, daß kaum eine semantische Verwandschaft zwischen beiden Begriffen entdeckbar bleibt. Der heutige Begriff gibt dem Vakuum eher den Status der realen Welt, jedoch in deren Grundzustandsform. Bereits die gesamte Realwelt ist in diesem "Vakuumzustand" der Realität schon manifest, erstere ist eigentlich nur ein "angeregter Zustand" des Vakuums. Mit Aristoteles mag man vielleicht sagen wollen, daß das Vakuum das Sein in seiner potentiellen oder ermöglichten Form (*esse in potentia*) darstellt, während die reelle Welt das Sein in seiner aktuellen, gegebenen Form (*esse in actu*) darstellt.

Schon unter den griechischen Philosophen des Altertums bestand große Uneinigkeit in der Fassung des Begriffes vom Vakuum. Die Naturphilosophen dieser Zeit einerseits, wie die Atomisten Demokritos, Leukippos und Eudoxos, sprachen vom Vakuum als dem leeren Zwischenraum zwischen den realen Dingen, der letzteren überhaupt erst die Möglichkeit gibt, sich relativ zueinander zu bewegen und sich als abgegrenzte Ganzheiten zu manifestieren. Die idealistischen Philosophen dieser Zeit dagegen, wie etwa Parmenides, Platon, Aristoteles, hielten einen solchen leeren Zwischenraum für nicht existent. Ihrer Meinung nach läßt die Natur grundsätzlich keine Räume frei von Realität, denn alle Räume existieren überhaupt nur als erfüllt mit Realität. Jeder Raum wird vielmehr von Realität ausgefüllt, wie sie glauben. In Wahrheit gibt es, ihnen folgend, keine wirkliche Abgegrenztheit realer Objekte, sondern alles hängt mit allem anderen auf vielfältige Weise immer schon zusammen.

Der konkreteste, aber heute abgelehnte Vakuumbegriff aus der frühen Zeit wurde wohl von den griechischen Atomisten Leukipp, Eudoxos und Demokrit gegen 400 v.Chr. geprägt. Die Leere zwischen den Begrenzungen voneinander geschiedener, diskreter materieller Körper war von ihnen als eine notwendige Voraussetzung für deren gegenseitige Beweglichkeit gesehen worden. Diese Idee vom leeren Raum als dem Garanten für die Abgegrenztheit unterschiedlicher Objekte und für deren gegenseitige Verrückbarkeit erhielt sich in dieser strengen Form bis in das Denken des römischen Philosophen Lucretius (60 v.Chr.) hinein. Wie man in dessen Buch "De rerum naturae" nachlesen kann, besteht für ihn die ganze Welt aus zwei verschiedenen Dingen, nämlich den konkreten Körpern und der sie umgebenden Leere.

Etwa gleichzeitig mit den griechischen Atomisten war jedoch ein konkurrierendes, zunächst weniger klares Vakuumkonzept in Mode, das auf den idealistischen griechischen Philosophen Parmenides (480 v.Chr.) zurückgeht und das sich konsequent aus dessen ganzheitlichem, monistischem Weltbild ergibt. Danach steht alles mit allem anderen in Verbindung. Abgegrenzte Objekte existieren danach nur in unserer Fiktion der Dinge, nicht aber in der Wirklichkeit. Das Universum erscheint ihm vielmehr als ein kompaktes Plenum von Realität. Anders gesagt: Im physikalischen Raum gibt es nirgendwo einen Übergang von Realität in Nichtrealität. Wie auch in der Philosophie Heraklits ausgedrückt, bestand Einigkeit darin, daß das Sein "ist", aber das Nichtsein nicht ist. Nichts kommt vom Nichtsein zum Sein, denn nur das Sein ist immer schon und überdauert. Noch Platon (380 v.Chr.) behielt im wesentlichen diese Idee des Parmenideischen Monismus bei, indem auch er erklärte, daß jeder Gegenstand mit jedem anderen in vielfältiger Weise verbunden sei, wobei die Gegenstände sich gegenseitig durch geometrische Flächen voneinander abgrenzen, dabei jedoch den leeren Raum umschließend und in sich einschließend. Physikalische Körper sind nur als ein Außenaspekt dieser Flächenkonturen existent, innerhalb dieser geometrischen Flächen bleibt nichts von diesen Körpern zurück, hier existiert nur die Leere. Sein und Nichtsein sind hier Außenaspekt und Innenaspekt ein und derselben Sache. Auch Aristoteles (350 v.Chr.) lehnte die atomistische Idee des Vakuums ab. Es schien ihm unvernünftig, die reale Welt als Gebilde aus abgegrenztem Seiendem, umgeben von Nichtseiendem, verstehen zu wollen. Der physikalische Raum war für ihn eine abzählbar unendliche Menge von "Topoi", also disponiblen Plätzen, an denen reale Objekte auftreten können. Unbesetzte Topoi nehmen deshalb jedoch nicht den Charakter der Leere an, sie prägen vielmehr ebenfalls die Struktur der Wirklichkeit als Platzhalter für potentiell Reales.

Erst seit etwa 1500 n.Chr. steht die Entwicklung des Vakuumbegriffes dann ganz im Zeichen physikalischer Prinzipien und Überlegungen. Dabei wurde das Vakuum als von Materie freies Raumgebiet schon bald als ein zu idealistisches Konzept entlarvt. Die Definition des Vakuums vielmehr muß so sein, daß mit ihr real physikalische Konsequenzen verbunden sind und durch sie eine Vorschrift an die Hand gegeben wird, wie man sich methodisch einem solchen Vakuumzustand nähern kann. Eine ungeeignete Vakuumdefinition mag das dahinterstehende Konzept unanwendbar, unpraktisch oder gar nutzlos machen. Wenn etwa nach Einstein Materie und

Energie als äquivalente Formen physikalischer Realität gelten müssen, so kann das Vakuum nicht einfach als ein Raum frei von materiellen Teilchen definiert werden. Es muß vielmehr zwangsläufig für ein Vakuumgebiet auch die Abwesenheit von allen vorstellbaren Energierepräsentationen sowie eben auch von Kraftfeldern und den sie vermittelnden Feldquanten gefordert werden.

Der Gedanke, daß die Definition des Vakuums operationalen Charakter haben sollte, erwies sich in den Jahren nach 1600 als zunehmend fruchtbarer. So begann Otto v. Guerike (1640) auf der Basis dieses Gedankens mit dem Vakuum zu experimentieren, indem er die Luftpumpe erfand und damit den Innenraum zweier gasdicht aufeinandergepaßter Halbkugelschalen weitgehend luftleer pumpte. Auf diese Weise konnte er dem schon bei Aristoteles formulierten Prinzip des *horror vacui*, also des Widerstrebens der Natur gegen das Auftreten leerer Räume zur Evidenz verhelfen. Die Natur vermeidet leere Räume, und wenn dennoch aufgrund künstlicher Manipulationen gegen dieses natürliche Prinzip eine Entleerung erzeugt wird, so nur unter gleichzeitigem Auftreten von immensen Reaktionskräften, die diesen Zustand wieder aufzuheben streben.

So mißdeutet man den Torricellischen Versuch mit Reagenzglasröhrchen in einem Quecksilberbad, wenn man behauptet, hier sei die Erzeugung eines reinen Vakuumzustandes gelungen. Wenn nämlich das zunächst mit Quecksilber gefüllte Reagenzglas mit seinem geschlossenen Ende gegen das Schwerefeld nach oben aus dem Quecksilberbad herausgehoben wird und das Quecksilber vom Oberrand des Röhrchens nach unten wegsinkt, so bildet sich in Wahrheit deswegen trotzdem im freiwerdenden Zwischenraum kein Vakuum aus, sondern nur ein Raum, der wegen des Dampfdrucks des Quecksilbers bei gegebener Temperatur mit Quecksilberdampf erfüllt ist. Dies läßt sich leicht nachweisen, wenn man versuchen will, den ursprünglichen Zustand des mit flüssigem Quecksilber gefüllten Röhrchens durch Absenken desselben schnell wiederherzustellen: Dabei verbleibt nämlich ein Restvolumen unter dem Oberrand des Röhrchens, weil dieses von Quecksilberdampf okkupiert ist. Ein analoges Problem ergibt sich bei dem Versuch, von metallischen Wänden begrenzte Leerräume zu schaffen. Wenn in einem System mit allseitig geschlossenem Metallzylinder und einem darin axial beweglichen, dicht abschließenden Kolben letzterer vom Boden des Zylinders ausgefahren wird, so sollte er in dem zwischen ihm und dem Boden entstehenden Raum ein Vakuum schaffen, weil ja kein Gas von außen dorthin nachdringen kann. Wie man aber seit der Formulierung des Planckschen Strahlungsgesetzes gegen Ende des 19. Jahrhunderts weiß, wird diese Erwartung nicht erfüllt. Besitzen nämlich die Gefäßwände eine über dem absoluten Nullpunkt liegende Temperatur, so füllt sich der Zwischenraum in einer bestimmten Zeit mit dem Gleichgewichtsdampfdruck des Wandmaterials und außerdem mit einem Planck'schen Strahlungsfeld, das im Gleichgewicht mit der thermischen Abstrahlung der Wände steht. Nur in einem Raumgebiet, dessen materielle Wände sich auf der Temperatur des absoluten Nullpunktes (ca. -273 Grad Celsius) befänden, würde beides, Dampfdruck und Energiedichte des elektromagnetischen Strahlungsfeldes, gänzlich verschwinden.

Daß ein energieloses elektromagnetisches Vakuum dennoch nicht hergestellt werden kann, ergibt sich dabei nicht einmal aus dem Axiom der thermodynamischen Unerreichbarkeit des absoluten Nullpunktes der Temperatur. Dieser Umstand ist vielmehr die Folge des modernen feldtheoretisch gedeuteten Unschärfeprinzips und hängt damit zusammen, daß die sogenannten Nullpunktfluktuationen eines Quantenfeldes niemals unterbunden werden können. Im elektromagnetischen Falle besagt dies folgendes: Jedes Raumgebiet stellt ein bestimmtes Eigenwertsystem aus elektromagnetischen Oszillatoren dar, also von Eigenschwingungen, die in dem betrachteten Gebiet existieren können. Diesen Oszillatoren kann nicht kontinuierlich Energie bis zum völligen Verschwinden der Oszillatorenergie entzogen werden, vielmehr verbleibt jedem Oszillator mindestens seine quantenmechanisch ihm zugesicherte Nullpunktsenergie. Selbst wenn die Abschlußwände eines Raumgebietes auf der Temperatur "null Grad Kelvin" wären, würde das elektromagnetische Eigenoszillatorsystem in dem eingeschlossenen Raumgebiet folglich immer noch ein Fluktuationsfeld von endlicher Energie unterhalten mit einem spektralen Energiedichteverlauf proportional zur vierten Potenz der Frequenz. Dieses Fluktuationsfeld hat zudem die interessante Eigenschaft, daß es "lorentz-invariant" ist, wie die Physiker sagen, was so viel bedeutet, daß sein Spektralcharakter in allen gleichförmig bewegten Bezugssystemen gleich erscheint, also nicht beobachterspezifisch ist. Es tritt sozusagen kein nachweislicher elektromagnetischer Dopplereffekt in den verschieden zueinander bewegten Bezugssystemen auf. Das Vakuumfluktuationsfeld besitzt demnach einen absoluten Charakter; es ist für alle Beobachter gleich. Dies macht auch Sinn, denn die Eigenschaften des Vakuums dürfen ja schließlich auch nicht für jeden Beobachter verschieden sein. Das Vakuum muß eben für alle gleich sein, es darf keinen Beobachter bevorzugen! Die Leere ist für jeden die gleiche.

Damit wird also ein Vakuum als ein sozusagen mit dem Raum inhärent gegebenes elektromagnetisches Vakuumstrahlungsfeld gefordert, dem eine nicht entziehbare Feldenergie zugesprochen werden muß. Summiert man den Energieinhalt dieses Spektrums bis zu immer höheren Frequenzen, so wächst dieser Energieinhalt mit der fünften Potenz der oberen Frequenzgrenze an. Würde man bis zu beliebig großen Frequenzen aufsummieren, so ergäben sich folglich auch beliebig große Energiedichten für dieses Vakuumfeld. Hier muß man einen Ausweg finden, denn was soll man mit einem Vakuum beliebig hoher Energiedichte ϵ_v anfangen? Kann denn so etwas überhaupt sinnvoll sein? Man könnte meinen, daß die Spekulation um dies Vakuumfluktuationsfeld mit den oben beschriebenen Eigenschaften unser modernes Denken irgendwo in die Irre geführt haben könnte. Dagegen spricht jedoch vehement, daß die Existenz dieses Vakuumfeldes durch den darauf zurückführbaren Casimir-Effekt nachgewiesen ist. Dieser 1948 von dem holländischen Physiker H. B. Casimir berechnete und heute nach ihm benannte Effekt besteht darin, daß zwei sich in geringem Abstand parallel gegenüberstehende Metallplatten einander mit einer Kraft anziehen, die der vierten Potenz des Plattenabstandes umgekehrt proportional ist. Woher soll diese Kraft kommen? In der Tat ist dieser von Casimir vorhergesagte Effekt 1955 von Sparnay erstmals nachgewiesen worden. Quantitativ geht er genau auf das Wirken des vorhandenen elektromagnetischen Vakuumfeldes mit den obengenannten Eigenschaften zurück und erklärt sich daraus, daß im Vakuum zwischen den Platten nur Fluktuationen mit Wellenlängen kleiner als der Plattenabstand ausgebildet sein können, während im Bereich des Vakuums außerhalb der Platten alle Wellenmodi des Vakuumstrahlungsfeldes existieren. Dies führt zu einem Strahlungsdruck vom Außenraum auf die beiden Platten. Man muß deshalb davon ausgehen, daß dieses Vakuumfeld Realität ist, daß es tatsächlich überall im Raum gleichermaßen ausgebildet ist und unter entsprechenden Bedingungen auch zur Wirkung kommt.

Nicht sagen läßt sich allerdings bisher, ob diesem Vakuumfeld eine natürliche obere Frequenzgrenze zukommt, wodurch der Energieinhalt dieses Feldes dann wenigstens endlich bliebe. Eine solche Obergrenze darf in einem beliebigen Bezugssystem jedoch nicht einfach durch einen absoluten Frequenzwert festgesetzt sein. Sonst würde ja diese Grenze in jedem anderen Bezugssystem wegen des Dopplereffektes zu einem anderen Wert führen mit der Folge, daß jedes Bezugssystem einen anderen Wert für die Energiedichte des Vakuumfluktuationsfeldes besäße. Damit ergäbe sich aber eine Nichtgleichwertigkeit der Bezugssysteme, weil die Größe der Vakuumenergiedichte systemabhängig wäre. Dies widerspräche aber dem relativistischen Äquivalenzprinzip, wonach alle Inertialsysteme einander gleichwertig sein sollen. Kann man nun, abgesehen von dieser Finesse, überhaupt damit glücklich werden, daß das Vakuum als energiegeladen erscheint? Macht es denn überhaupt Sinn zu sagen, im Nichts stecke Energie? Beruhigen kann einen nur, daß im Rahmen gewöhnlicher physikalischer Prozeßabläufe niemals der absolute Wert der Energie eines Zustandes interessiert. Worauf es ankommt, ist immer nur der Unterschied der Energien des einen und des nachfolgenden Zustandes eines Systems. So interessiert uns überhaupt nicht der absolute Wert der Energie eines Kilogramms Wasser in einem hochgelegenen Stausee. Für die Stromerzeugung durch ein Wasserkraftwerk interessiert nur der Unterschied zwischen den Energien, die ein Kilogramm Wasser im hochgelegenen Stausee, und denen, die es im tiefer gelegenen Tal hat. Der Energieunterschied zwischen der Energiedichte eines reellen thermischen Strahlungsfeldes und derjenigen eines elektromagnetischen Vakuumfeldes ist aber gerade durch das Plancksche Gesetz oder das Stefan-Boltzmannsche Gesetz gegeben.

Was Physiker also eigentlich immer nur beschreiben, ist sozusagen der energetische Zustand eines realen physikalischen Systems relativ zu dem ihm zugeordneten Vakuumzustand. Das tritt besonders eklatant an der Idee des in der Elektronen-(Fermionen-)Theorie benutzten Bildes vom Dirac-See in Erscheinung. In der Quantentheorie des freien Elektrons, die auf Paul Dirac zurückgeht, wird man auf eine Gleichung, die sogenannte Klein-Gordon Gleichung, geführt, welche als Lösungen Elektronen in diskreten sowie kontinuierlichen Eigenenergien vorsieht. Diese Energien werden jedoch aus der Quadratwurzel einer zusammengesetzten physikalischen Größe errechnet. Da solche Quadratwurzeln jedoch bekanntlich mit einem positiven und einem negativen Vorzeichen versehen sind, muß überlegt werden, was man von Elektronen mit negativen Energien halten soll. Da man weiß, daß Elektronen durch Abstrahlung von Photonen spontan von höheren zu niedrigeren Energiezuständen übergehen können, so sollten alle reellen Elektronen dieser Welt unter entsprechender Abstrahlung von Photonen letztendlich alle in negative Energiezustände versinken. Diracs geniale Interpretation angesichts dieser prekären Schlußfolgerung lautet folgendermaßen:

Nach dem Paulischen Prinzip (vom Physiker Pauli 1934 aufgestelltes Prinzip für die Population von Energiezuständen durch Teilchen mit halbzahligem Spin-Drehimpuls; quantenmechanisches Ausschließungsprinzip!) kann jeder mögliche Energiezustand nur höchstens von zwei Elektronen mit entgegengesetztem Spin besetzt werden. Daraus läßt sich folgern, daß Elektronen nur dann nicht in Zustände niedrigerer Energie absinken müssen, wenn diese Zustände alle bereits von zwei Elektronen besetzt sind. Anders gesagt: Ein Elektron kann nur dann bei positiven Energien stabil existieren, wenn alle negativen Energiezustände voll besetzt sind. Nennen wir nun Elektronen mit positiven Energien reelle Elektronen, so ergibt sich, daß zur Stützung ihrer Existenz ein vollgepackter Sumpf von Elektronen mit negativen Energien, also von virtuellen Elektronen, existieren muß. Wenn wir nun mit Dirac sagen, das Elektronenvakuum sei eben gerade derjenige Systemzustand, in dem kein reelles Elektron vorkommt, so heißt dies nichts anderes als: Das Elektronenvakuum ist dieser voll aufgefüllte See mit Elektronen negativer Energie. Das Vakuum wäre somit in diesem Falle ein Zustand mit extrem hoher negativer Energiedichte, aber durch dieses Vakuum wird die stabile Existenz von reellen Elektronen überhaupt erst gewährleistet.

Im Detail kann man mehr über die Vakuumproblematik zum Beispiel in Arbeiten und Büchern von Mashhoon (1973), Rafelski und Müller (1985), Fahr (1989, 1990), Weinberg (1989) oder Genz (1995) nachlesen. Insgesamt kommt jedoch, wenn man die Betrachtungen von den elektromagnetischen Vakuumfeldern zu den Vakuumzuständen der massetragenden und ladungtragenden Teilchenfeldern ausdehnt, stets ein dem oben gesagten ähnlicher Befund heraus, nämlich daß die Vakuumzustände all dieser Felder, für sich separat betrachtet, zu ganz erheblichen Vakuumenergiedichten, als ϵ_v bezeichnet, und, damit verbunden, zu ganz erheblichen Werten der damit in festgelegten, kosmologischen Konstanten Λ führen, denn letztere ist definiert durch $\Lambda = 8\pi \cdot G \cdot \epsilon_v/c^4$, wobei G und c die Gravitationskonstante und die Lichtgeschwindigkeit bezeichnen. Aufgrund der mit den heute proklamierten Werten für die Vakuumenergiedichte (siehe z.B. Weinberg, 1989) errechneten Werten der kosmologischen Konstanten Λ sollte man eine mit positiven Werten von Λ zwangsläufig verbundene Nicht-Euklidizität des Weltraumes, also eine Gekrümmtheit der leeren Raumzeit, bereits über kleinen Distanzen von etwa einem Kilometer feststellen können.

Ein positiver Wert von Λ führt nämlich zu einem Krümmungsradius der Welt von $R_k \cong \sqrt{3/\Lambda}$ und bedeutet, daß das Licht von einer Punktquelle auf der Oberfläche einer Kugel dieses Radius R_k zu seinem Ausgangspunkt zurückgeführt wird. Lichtquellen, die weiter als $2R_k$ von uns entfernt sind, könnten wir unter solchen Umständen also gar nicht sehen. Mit dem von der Physik heute ausgerechneten Wert von Λ würde sich R_k in der Größenordnung von einigen Kilometern errechnen, was natürlich glücklicherweise nicht der Realität entsprechen kann, denn sonst könnten wir im Kosmos überhaupt nichts sehen, das weiter als einige Kilometer von uns entfernt ist. Da wir jedoch konkrete Objekte im fernen Kosmos bis zu geglaubten Entfernungen von 10^{23} Kilometern, etwa zehn Milliarden Lichtjahren, zu sehen bekommen, müßte R_k schon um 23 Größenordnungen größer, und deswegen die wahre Vakuumenergiedichte schon um mindestens 46 Größenordnungen kleiner als die derzeit proklamierte sein.

Daraus kann man entweder schließen, daß wir die Vakuumdichten, insbesondere im Zusammenspiel der einzelnen Quantenfelder, bis heute nicht richtig zu berechnen vermögen, **oder** daß die Vakuumdichten eben gar nicht als Quellen der Gravitation auftreten können und demnach das Licht auf seinen Wegen nicht auf gekrümmte Bahnen zwingen können. Viele Quantenfeldtheoretiker vermuten heute, daß die richtig berechneten, alle Selbstwechselwirkungen bis zu den höchsten Ordnungen berücksichtigenden Vakuumenergiedichten sich eventuell einzeln in ihrer Summe zu Null kompensieren könnten, indem einige Beiträge sich als positiv, andere sich aber mit entsprechenden Werten als negativ ergeben. Eine solche ideale Kompensation von, absolut genommen, riesigen negativen und positiven Größen zu einem Gesamtwert von praktisch null muß jedoch derzeit eigentlich wie ein Schöpfungswunder gleichrangig etwa mit dem des Urknalls erscheinen, für das es, wenn überhaupt, dann nur eine "anthropische Erklärung" geben könnte, nämlich die, daß wir alle heute nicht da wären, wenn das Vakuum nicht von Anbeginn des Kosmos her energielos gewesen wäre.

Wenn man so vielleicht auch Gründe sehen kann, warum die von uns diskutierte Vakuumenergiedichte zumindest im heutigen Weltall keinen großen Wert besitzen mag, so lohnt sich dennoch ungemein, darüber nachzudenken, wie eine wenn auch kleine Vakuumenergiedichte sich auf die Dynamik im Weltall auswirken sollte.

Erst seit den letzten Jahren beginnt hier einiges klarer zu werden, so daß darüber mit gutem Gewissen geredet werden kann. Alles bei diesem Räsonnement geht vielleicht letztlich auf Einsteins Allgemeine Relativitätstheorie und die mit deren Hilfe formulierten Weltgleichungen zurück. Albert Einstein hatte zunächst 1915 seine Formulierung des Zusammenhanges zwischen der Energiedichte realer kosmischer Materie und der durch deren Gravitationswirkung bedingten lokalen Krümmung der Raumzeitmetrik ohne Benutzung einer sogenannten kosmologischen Konstante Λ angegeben. Dann aber stellte er 1917 fest, daß diese zuvor aufgestellten Gleichungen einen bedenklichen Schönheitsfehler haben könnten, weil sie es nicht erlaubten, mit ihrer Hilfe ein statisches, homogenes Universum zu beschreiben, woran ihm damals noch sehr viel gelegen war. Denn man wollte sich doch zur damaligen Zeit die Welt gerne noch ewig und statisch vorstellen. Als er daraufhin abermals in die mathematische Ableitung seiner Feldgleichungen hineinsah, ließ sich feststellen, daß diese Gleichungen sich im Interesse einer größeren mathematischen Allgemeingültigkeit noch um einen zusätzlichen Term erweitern ließen, der, mathematisch-physikalisch gesprochen, ein koordinatenunabhängiges, konstantes Vielfaches des die Raumzeitgeometrie beschreibenden Metriktensors darstellte. Den dabei auftretenden räumlich und zeitlich konstanten Multiplikator nannte er "die kosmologische Konstante Λ". Ihre Einführung in die Feldgleichungen geschah 1917 lediglich gestützt auf eine mathematische Legitimation, ohne daß Einstein zu diesem Zeitpunkt jedoch irgendeine Angabe zur physikalischen Bedeutung und Festlegbarkeit dieser Konstanten, geschweige denn über deren numerischen Wert, hätte machen können.

Die Konsequenzen der Einführung dieser kryptischen Größe ließen sich jedoch dessen ungeachtet sogleich erkennen: Während die vorherigen Feldgleichungen von 1915 kein statisches Weltmodell zu beschreiben gestatteten, war ein solches nunmehr mit den um den Λ-Term erweiterten Gleichungen sofort darstellbar, wenn nur die Konstante Λ einen positiven Wert bestimmter Größe zuerkannt bekam. Dann aber resultierte beispielsweise die folgende konsternierende Situation: Bereits der leere Raum darf dann nicht mehr als der klassische, euklidische Raum mit der Möglichkeit kartesischer Koordinatendarstellung gedacht werden. Vielmehr wird eine Situation beschrieben, bei der selbst der leere

Raum über endliche Entfernungen (von $L \cong 1/\sqrt{\Lambda}$) sich als nicht-euklidisch, sondern als positiv gekrümmt erweist. Schon der leere Raum wäre also gekrümmt, und selbst im leeren Raum müßte das Licht folglich auf Kreisbahnen umlaufen und letzten Endes zu seinem Ausgangspunkt zurückkommen. Wenn man also z.B. die Winkelsumme in einem Dreieck mit Kantenlängen der Größenordnung L bestimmen würde, so müßte man mehr als den euklidischen Wert von 180° herausbekommen. Ebenso müßte sich etwa herausstellen, daß das Volumen einer Kugel mit dem Radius $R \geq L$ in einem solchen Vakuum kleiner als das zugeordnete euklidische Kugelvolumen, also $V \leq V_{eu} = (4\pi/3)R^3$ ist. Auch der Umfang jedes Kreises wäre nicht nach Schulweisheit mit $U = 2\pi R$ anzugeben, sondern wäre in bestimmtem Maße kleiner, wobei dieses Verkleinerungsmaß eine Funktion der Vakuumenergiedichte oder, anders gesagt, der kosmologischen Konstanten Λ wäre.

Weiterhin hat ein positiver Wert der Konstanten Λ die Folge, daß mit ihm eine Raumzeitgeometrie beschrieben wird, in der alle realen Objekte mit Massen M sich jenseits einer kritischen Entfernung L(die Größe L wird berechnet durch den Ausdruck $L^2 = 1/\Lambda$) nicht mehr wie gewohnt gravitativ anziehen, sondern sich abzustoßen beginnen. Das bedeutet dann aber auch konsequenterweise, daß man sich ein Weltall vorstellen kann, in dem die Verteilung der realen Massen gerade mit einer solchen Materiedichte angelegt ist, daß sich die gravitativen Anziehungs- und Abstoßungskräfte zwischen den Massen gerade vollkommen kompensieren und damit überhaupt keine kosmischen Kräfte wirksam werden. Ein solches Weltall könnte in seiner Ausdehnung tatsächlich stagnieren, das heißt, es brauchte weder zu expandieren, noch zu kontrahieren, sondern könnte einfach statisch in seinem Zustand verweilen. Dazu wäre lediglich erforderlich, daß die reelle Materiedichte im Weltall gerade den mit der Vakuumenergiedichte abgestimmten kritischen Wert von $\rho_c = \Lambda \cdot c^2/(8\pi G)$ annimmt. Wenn immer dagegen die reelle Materiedichte ρ des Weltalls größer oder kleiner als dieser kritische Wert ρ_c wäre, so würde dies folglich dann ein gebremstes Expandieren und späteres Kollabieren oder ein inflationäres Expandieren des Universums zur Folge haben. Andererseits befände sich ein solches gerade ausbalanciertes Weltall mit der kritischen, realen Massendichte demnach in einem labilen Gleichgewicht, wie man sagen würde. Das heißt, in einem solchen kritischen Weltzustand sollte schon die geringste Störung in der zu diesem Zustand gehörigen Materiedichte das stagnierende sofort in ein entweder expandierendes oder kollabierendes Universum umschlagen lassen.

Als Einstein diesen Umstand erkannte und man ihm außerdem von den Ergebnissen Edmund Hubbles über die allgemeine Galaxienflucht im Weltall berichtete, verlor sich sein Interesse an der kosmologischen Konstanten gänzlich, und er hielt die Einführung dieser Größe für einen seiner größten Fehler. Dennoch ist die Frage bis heute offen und bedeutsam geblieben, welchen Wert man dieser Konstanten wohl zuzuschreiben hat. Die Antwort darauf wird jedoch erst aus einer sehr vertieften Theorie des Vakuums kommen können, wie sie derzeit noch nicht in Sicht ist.

Es erscheint für gewisse Astrophysiker heute vielleicht eher so, als würde sich die tatsächliche Geometrie der Raumzeit doch eben aus noch zu benennenden vernünftigen Gründen einfach nicht um die absoluten Werte der Energiedichten im Weltall kümmern, sondern nur um die Unterschiede zwischen den reellen und den virtuellen Energiedichten, also um die **Differenz** zwischen der Energiedichte des vorliegenden reellen Anregungszustandes der Felder und derjenigen des diesen Feldern zugeordneten Grundzustandes, also eben des Vakuumzustandes der Felder. Das Vakuum selbst sollte demnach keine Schwerkraft ausüben, es wirkt selbst nicht auf die Raumzeitgeometrie des Weltalls ein. Ganz gleich, wieviel Vakuum man auch immer vorliegen hat, es sollte nichts wiegen, also von realen Massen auch nicht angezogen werden können. Nur reelle elektrische Ladungen sind nach allgemeinem Verständnis ja die Quelle eines elektrischen Feldes; ebenso sollten auch nur reelle Massen und Energiedichten Quellen des Gravitationsfeldes sein können. Anders gesagt: Wo weder reelle Ladungen noch reelle Energien repräsentiert sind, da sollten vernünftigerweise auch weder elektrische noch gravitative Felder zu erwarten sein.

So vernünftig, pragmatisch und positivistisch dies klingen mag, so beirrend bleibt dennoch der Umstand, daß von dem Wert der Energiedichte des Vakuums, das heißt dem Wert der kosmologischen Konstanten, so klein diese vielleicht auch letzten Endes aus Vernunftgründen zu sein hat, ungeheuer viel abhängt. Insbesondere hängt etwa davon ab, wie die aus dem Urknall herkommende Evolutionsgeschichte des Universums verlaufen ist. Löst man die Einsteinschen Feldgleichungen für ein homogenes und isotrop expandierendes Universum und setzt die kosmologische Konstante Λ exakt gleich null, so wird von solchen Lösungen eine Expansion beschrieben, deren Geschwindigkeit von der allgemeinen gegenseitigen Gravitationsanziehung aller Massen bestimmt und gebremst wird. Das hat auch eine klare Folge für den jeweils zu einer gewissen Weltzeit gültigen Hubbleparameter $H = H(t)$, der ja die Weltexpansionsgeschwindigkeit zur jeweiligen Weltzeit charakterisiert. Als Funktion der Weltzeitkoordinate t wird die homologe Weltexpansion dadurch in geeigneter Weise gemäß der Hubble-Relation beschrieben $(H(t) = \dot{R}/R = \dot{S}/S$; wobei $\dot{R}$ und R die Fluchtgeschwindigkeit eines Weltobjektes in einer Entfernung R vom Beobachter ist und S und $\dot{S}$ den Weltradius und seine zeitliche Veränderung darstellen). Ein rein unter der Wirkung gravitierender Massen im Weltraum expandierender Kosmos wäre bis zum eventuellen Kollapspunkt einer ständigen Dezeleration unterworfen mit der Folge, daß sich der jeweilige Hubbleparameter $H(t)$ mit wachsender Weltzeit verkleinern würde. Wenn unser tatsächliches Universum sich in einer solchen Weise entwickelt hätte, so ließe sich sein Alter mit Leichtigkeit durch einen entsprechenden Maximalwert festlegen, bei dem man vom heutigen Wert des Hubbleparameters $H_o = H(t = \tau_o)$ auszugehen hat, wobei τ_o die heutige Weltzeit benennt. Das Weltalter τ_0 aller Universen solcher Art läßt sich dann nämlich aus ihrem jeweiligen dynamischen Ist-Zustand durch eine gebotene Obergrenze abschätzen, die durch das Reziproke des für den Jetztzustand gültigen Hubbleparameters H_0 gegeben ist, und ergibt sich zu $\tau_0 \leq (1/H_0) = S_0/\dot{S}_0$. Kurz gesagt, könnte also, wie wir aus dem für die Hubble-Konstante gegebenen Wert von $H_0 \cong 100(km/s/\text{Mpc})$ leicht ausrechnen können, unter solchen Voraussetzungen unser Universum heute nicht älter als 10 Milliarden Jahre sein.

Ein solches Alter des Universums wird jedoch zu einer äußerst kritischen Größe für die Geschlossenheit oder die Konsistenz der Gesamttheorie angesichts der Tatsache, daß man in diesem Universum auf Dinge oder Objekte stößt, deren Datierung auf höhere Alterswerte führt. Aus den chemischen Isotopenanomalien in meteoritischen Gesteinen, die aus den Weiten des Kosmos im Laufe der Zeiten auf die Erde gefallen sind, erschließt man beispielsweise ein Meteoritenalter von 15 bis 18 Milliarden Jahren. Auch datiert man die ältesten Sterne in den Kugelsternhaufen unserer Galaxie auf ein Alter von 18 bis 20 Milliarden Jahren. Es kann aber ja wohl kaum angehen, daß zum Kosmos gehörige Dinge wie Meteoriten oder Sterne älter als das Universum selbst und der Urknall sind, der zu diesem ganzen Universum geführt haben soll!

Was kann man daraus schließen? Vielleicht zweierlei zueinander Alternatives! Entweder stimmt die Theorie von der Urknallgenese unseres Universums überhaupt als Ganze nicht; natürlich ein Schluß von enormer Tragweite! Oder die Vakuumenergiedichte des Universums ist eben doch nicht gleich null, sondern führt zu einer positiven, kosmologischen Konstanten Λ und wirkt im oben angesprochenen Sinne auf die kosmische Expansion ein; ein dazu alternativer Schluß, jedoch von mindestens ebensolcher Tragweite! Mit einer positiven kosmologischen Konstanten, also mit der Situation, daß das Vakuum doch gravitiert, läßt sich das Weltalter jedes expandierenden Universums dann allerdings mühelos mehr oder weniger beliebig vergrößern, so daß angesichts dann möglicher Weltalter keine Altersdatierung irgendeines Objektes in diesem Weltall jemals mehr als anstößig erscheinen muß.

In einem solchen Weltall mit positiver Vakuumenergie konkurrieren die anziehenden Wirkungen der reellen Massen und die abstoßende Wirkung des Vakuums miteinander. Während der Weltexpansion kommt beiden einander zuwider wirkenden Kräften unterschiedliche Bedeutung zu. So läßt sich nachweisen, wie auch immer das Zahlenverhältnis von reeller kosmischer Energiedichte und Energiedichte des kosmischen Vakuums heute beschaffen ist, daß zunächst in der frühesten Phase der Expansion, als die Welt noch sehr klein war, die anziehende Wirkung dieser realen Materie immer dominant war, sofern denn überhaupt Materie vorhanden war. Das heißt jedoch, daß die früheste Expansion des Kosmos stets dezeleriert wird. Dann muß aber wegen der Zunahme des Weltvolumens und der einhergehenden Abnahme der reellen Energie- und Massendichte bei voranschreitender Expansion schließlich die abstoßende Wirkung des Vakuums überhandnehmen und sie diktiert hernach dem Kosmos, zumindest bei verschwindendem Krümmungsparameter, eine nie mehr endende inflationäre Expansion. Diese Form der akzelerierten Expansion ist durch einen schließlich konstant werdenden Hubbleparameter $H(t) = H_\infty = (1/c^2)\sqrt{8\pi G\epsilon_v/3}$

charakterisiert, der nur mit der Vakuumenergiedichte ϵ_v selbst zusammenhängt. - Die plagende Frage an unsere "weltdenkende Vernunft" bleibt danach also nur, was man wohl für die zumutbarere These halten will: die Evolution unseres Kosmos als diejenige eines gravitierenden Urknalluniversums - oder die schwerverdauliche "Doktrin" eines antigravitierenden Weltvakuums!

Die expansive Wirkung des Vakuums mit positiver Vakuumenergiedichte will vielen nicht recht einleuchten, weil es kontrointuitiv erscheint, daß ein Vakuum die Tendenz hat, sich auszudehnen. Warum sollte sich ein Raum, der ein Vakuum enthält, so ganz anders verhalten als einer, der ein normales Gas bestimmter Temperatur und Dichte enthält? Man kann sich zu diesen Zusammenhängen folgendes überlegen: Wenn man ein reales Gas in einen Ballon einschließt, so kann der Innendruck des Gases eine Aufblähung der Ballonhaut und damit eine Vergrößerung des Volumens des Ballons verursachen, wenn die äußeren Umstände dies zulassen, wenn zum Beispiel der Außendruck kleiner als der Innendruck und wenn die Spannung der Ballonhaut nicht zu groß ist. Wenn es jedoch zu einer Ausdehnung des Ballons kommt, so leistet das im Ballon eingeschlossene Gas im thermodynamischen Sinne bei der Volumenvergrößerung Arbeit und verliert dabei an innerer Energie, indem die eingeschlossenen Gasmoleküle sich abkühlen. Das ist eine unvermeidliche Reaktion bei realen Gasen! Wie ist es nun, wenn, statt von realem Gas, der Ballon von einem Vakuum mit einer positiven Vakuumenergiedichte erfüllt ist? Wie wirkt sich dann eine Volumenvergrößerung des Ballons energetisch gesehen aus? Da das Vakuum überall gleich ist, so muß folglich auch an allen Stellen des Raumes die gleiche Vakuumenergiedichte herrschen. Wenn also der Innenraum des Ballons, der das Vakuum einschließt, sich vergrößert, so vergrößert sich folglich in diesem Falle auch die Gesamtenergie des eingeschlossenen Vakuums; das heißt jedoch, daß die Gesamtenergie bei der Volumenvergrößerung zugenommen hat. Thermodynamisch verstanden muß geschlossen werden, daß in diesem Falle bei der Volumenvergrößerung negative Arbeit geleistet wird und nicht, wie im Falle realer Gase, positive Arbeit. Eine negative Arbeitsleistung kann klassisch thermodynamisch aber nur im Zusammenhang mit einem negativen Druck des raumerfüllenden Mediums verstanden werden. So muß man also folgern, daß dem Vakuum mit positiver Energiedichte ein negativer Druck zugeschrieben werden muß. Dieser negative Druck ist es, der dem Vakuum die Tendenz innewohnen läßt, sich auf größeren Raum auszudehnen. Das Vakuum stellt somit eine dem Raum inhärente Energieform dar, wogegen die Energie, die durch reale Teilchen und Photonen repräsentiert wird, gewissen unauflösbaren Entitäten innewohnt, die selbst in dem vorhandenen Raum verteilt sind und durch Kräfte aufeinander einwirken.

Zum Abschluß dieser Diskussion um die Energiedichte des Vakuums möchten wir hier noch einmal auf Argumentationen eingehen, die im Zusammenhang mit der tief intrinsischen Verflechtung zwischen dem makroskopisch Großen und dem mikroskopisch Kleinen im Naturganzen stehen, so, wie sie schon von vielen Physikern in den zurückliegenden Jahrzehnten betont worden ist. Solche Ideen einer Verkoppelung zwischen dem Mikrokosmischen und dem Makrokosmischen gehen auf den theoretischen Physiker Paul Dirac zurück. Letzterer sah Veranlassung, die extrem auffällige Ähnlichkeit sogenannter dimensionsloser Zahlenverhältnisse aus Mikro- und Makrophysik auf ihren tieferen Grund hin zu befragen. Als einzig angemessene Antwort auf diese Frage schien sich ihm anzudeuten, daß die in diesen gemeinten Zahlenverhältnissen auftretenden, von uns gewöhnlich als physikalische Naturkonstanten behandelten Größen in Wirklichkeit keine echten Konstanten, sondern kosmologische Zeitfunktionen sind. So sollte sich nach seiner Vorhersage herausstellen, daß die Elementarladung "e" der elektrisch geladenen Partikel oder Newtons Gravitationskonstante "G" sich im Laufe der Äonen der Weltgeschichte mit den Gängen der kosmischen Evolution verändern, wenn vielleicht auch nur so langsam, daß wir sie über den kurzen, überblickbaren Zeitabschnitt der Menschheitsgeschichte hinweg gut und gerne als unverändert ansprechen können. Aber über die langen kosmischen Zeitverläufe, die wir in der astronomischen Beobachtung erfassen können, mag dies eben doch falsch sein.

Mißt man einerseits den Durchmesser des heutigen Universums, also einer Größe, die der kosmologischen Entwicklung unterlegen hat und heute vielleicht einige zehn Milliarden Lichtjahre beträgt, spaßeshalber nicht wie sonst üblich in Lichtjahren, sondern in mikrophysikalisch bedeutsamen Längen wie etwa in Einheiten des klassischen Elektronenradius - sozusagen der kleinsten sinnvollen Längeneinheit, die im mikroskopischen Bereich vorkommt - so ergibt sich eine riesige Zahl von der Größenordnung 10^{40}! Mißt man andererseits die Kraft, mit der sich Proton und Elektron elektrisch anziehen, in Einheiten der Kraft, mit der sie sich gravitativ anziehen, so ergibt sich erstaunlicherweise praktisch die gleiche Riesenzahl 10^{40}! Natürlich könnte dies ein Zufall sein. Warum sollte man nicht durch verschiedene Verhältnisbildungen aus unterschiedlichsten Weltbereichen zu gleich großen Zahlen kommen können? Es kann jedoch auch bedeuten, daß sich hinter diesem Umstand ein ganz klarer Grund verbirgt, daß nämlich makrokosmische und mikrokosmische Maßstäbe stets aufeinander abgestimmt sind. So könnte sein, daß die bei diesen Zahlenverhältnissen verwendeten Naturkonstanten - wie Lichtgschwindigkeit c, Elementarladung e, Gravitationskonstante G, Protonen- und Elektronenmasse m_p und m_e - nicht wirkliche Konstanten darstellen oder daß zumindest nicht alle im üblichen Sinne echte Konstanten sind, sondern kosmologisch veränderliche Größen, die im Zuge der kosmologischen Ausdehnung des Universums mit dem wachsenden Weltradius korrelierte Veränderungen erfahren. Einfach gesagt könnte dies heißen, daß unsere mikrophysikalischen Maßstäbe sich mit dem Weltdurchmesser verändern. Übernimmt man einmal diesen in mancher Hinsicht sehr suggestiven Standpunkt, so ergibt sich, daß dann die bekannten Naturkonstanten mit dem zeitlich veränderlichen Radius des Universums $S(t)$ auf die folgende Weise verbunden wären:

$$S(t) = [\,c^2/G \quad m_p\,]_t!$$

Um die obige Beziehung in einem expandierenden Universum gültig zu erhalten, würde die Veränderlichkeit zumindest einer der obigen "Physikkonstanten" erforderlich sein. Es würde zum Beispiel reichen, wenn die Lichtgeschwindigkeit sich mit der Größe des Universums wie $c = \sqrt{S(t)}$ vergrößern würde oder wenn eine der anderen Naturkonstanten der obigen Relation sich in einer entsprechend gebotenen Weise zeitlich veränderlich verhalten würde. So etwas hätte natürlich unglaubliche Konsequenzen, die in ihren Auswirkungen kaum auszudenken wären. Wenn das Licht sich bei kleinerem Weltall zum Beispiel, wie oben unterstellt, schneller als bei größerem Weltall ausbreiten würde, so würde sich sofort eine völlig neue Beziehung zwischen Rotverschiebung und Entfernung eines leuchtenden Himmelsobjektes bzw. zwischen Rotverschiebung und Weltallgröße zur Zeit der Lichtemission von diesem gesehenen Objekt ergeben. Wenn man eine lineare Abhängigkeit der Lichtgeschwindigkeit vom Radius des Universums als Antwort auf die Diracsche Relation fordern wollte, allerdings dann verbunden mit entsprechend abgestimmten Zeitabhängigkeiten anderer Fundamentalgrößen, so müßte man sogar zu dem unerhörten Ergebnis kommen, daß überhaupt keine kosmologische Rotverschiebung eintreten sollte. Alle gesehenen Rotverschiebungen könnten folglich **nicht** kosmologischer, sondern nur exotisch andersartiger Natur sein. Durch ein derartiges Verhalten wäre zwar die Konstanz der Lichtgeschwindigkeit zu allen Zeiten aufgehoben, dafür aber ergäbe sich die Konstanz des Proporzes zwischen Weltradius und Lichtgeschwindigkeit zu jeder Phase der Weltentwicklung, ganz gleich, welches Weltmodell das richtige wäre.

Wenn wir nun schon derart revolutionäre Dinge zu diskutieren begonnen haben, dann können wir in diesem Zusammenhang auch noch einmal auf die uns unbekannte Vakuumenergiedichte ϵ_v und die zu ihr gehörige kosmologische Konstante Λ zurückkommen, denn sie sind von den vorausgegangenen Überlegungen durchaus auch tangiert. Hier könnten wir vielleicht verführt sein, auch zu dieser kosmischen Vakuumenergiedichte eine kosmologisch-Diracsche Relation herzustellen. So zum Beispiel über den Weg, der uns folgendermaßen argumentieren ließe: Wie wir feststellten, wird bei positiver Vakuumenergiedichte und fortschreitender Expansion früher oder später das Schicksal des Kosmos allein durch diese Dichte selbst bestimmt sein, während in dieser Weltphase die Massen im Universum für die Entwicklung der Raumzeitstruktur ohne Bedeutung sind. In dieser Phase kann das All, wie wir erwähnten, durch eine mit derjenigen kosmologischen Konstanten verknüpfte Krümmungslänge $L = 1/\sqrt{\Lambda}$ charakterisiert werden, die wir mit dem Weltradius in dieser Phase gleichsetzen können. Dann aber sollten nach der Diracschen Relation die physikalischen Konstanten dieser kosmischen Endzeit die folgende Relation erfüllen:

$$S(t) = 1/\sqrt{\Lambda(t)} = \sqrt{c^4/8\pi G \epsilon_v(t)} = [\,c^2/Gm_p\,]_t!$$

Gemäß der Diracschen Naturregel könnte man die obige Beziehung in ihrer Aussage nun so verstehen, daß sie eine Relation zwischen der Größe $S(t)$ des Universums und der in ihm jeweils repräsentierten Vakuumenergiedichte $\epsilon_v(t)$ in der Art verlange, daß letztere umgekehrt proportional zum Quadrat des Weltradius abnimmt. Das Vakuum sollte demnach im Zuge der Ausdehnung des Universums immer weniger energieträchtig sein. Immer noch wäre allerdings garantiert, daß der Kosmos in den späten Phasen der Expansion von der negativen Druckwirkung des Vakuums dominiert ist, weil die reale Energiedichte ja umgekehrt proportional zur dritten Potenz des Weltradius, also im Vergleich zur Vakuumenergiedichte schneller abnimmt.

Schließlich wären noch die Folgen der Tatsache zu bedenken, daß ein Vakuum, wenn es schon als energietragend anerkannt werden muß, folglich also eine Inflation der universellen Raumzeit des Kosmos bewirkt. Wäre dann eventuell auch vorstellbar, daß der gesamte heutige materieerfüllte und expandierende Kosmos eigentlich genaugenommen aus diesem Vakuum hervorgegangen ist, nur weil letzteres naturgemäß instabil gegenüber Ausdehnung ist? Dazu müßte nur verständlich gemacht werden können, wie eine anfänglich leere Raumzeit, die ja bei positiver Vakuumenergiedichte automatisch zu größeren Skalen $S(t)$ hin expandiert, sich allmählich genau bei diesem Geschehen mit materiellem Substrat erfüllt, sozusagen als Folge der expandierenden Raumzeit. Letzteres vermögen jedoch die heutigen Feldtheoretiker unter den Physikern zumindest in Ansätzen zu erklären. Für sie reduziert sich ja doch der Unterschied zwischen reeller Materie und dem Vakuum auf einen Unterschied zwischen angeregten Feldzuständen und zugeordneten Grundzuständen der Quantenfelder. Wenn also bei der Raumzeitexpansion des Vakuums die in die Raumzeit eingebetteten Grundzustände aller Felder in einer gewissen Stärke eine Anregung erfahren, so tauchen als direkte Folge dessen im Zuge der Anregungen mit wachsender Wahrscheinlichkeit immer mehr reelle, materielle Teilchen aller Arten auf. Diese beteiligen sich natürlich dann durch ihre lokale Energierepräsentanz insbesondere auf großen Raumskalen an der Ausbildung der anziehenden kosmischen Gravitationsfelder, das heißt, an der Prägung der universellen Raumzeitmetrik. Das heißt, es ließe sich somit verstehen, wie eine anfänglich völlig leere Welt, weil diese sich ja zwangsläufig inflationär ausdehnen muß, allmählich zu einer Welt mit reeller Materieerfüllung wird.

Hieße das nun schon auch, daß wir das Bild des heutigen Kosmos aus dem Nichts erklären könnten? Können wir, anders gefragt, das expandierende Nichts mit dem Bild des heutigen Universums verbinden? Hätten wir also unsere heutige Welt als deterministische Kausalfolge des energetischen Urvakuums aufgezeigt?

Daran müssen allerdings berechtigte Zweifel bleiben! Wir hätten zwar die Expansion des Universums verstanden, und wir hätten auch die Herkunft des darin eingebetteten materiellen Substrats verstanden, aber haben wir deswegen auch schon die ganze wahre Welt in unserem Kopfe? Wo kommen denn die unzähligen Strukturen alle her, die wir sehen? Wenn doch alles aus der auszeichnunsglosen Gleichförmigkeit des Vakuums hervortreibt, dann sollte alles doch auch logischerweise bei dieser Gleichförmigkeit verbleiben. Die aus dem Nichts werdende Welt müßte uns im höchsten möglichen Unordnungsgrade erscheinen, im absoluten Entropiemaximum! Also in absoluter Gleichförmigkeit! Oder anders gefragt: Wenn wir schon letzendlich keine solche Gleichförmigkeit in unsere Zeit überliefert bekommen haben, wie werden wir dann dieses anfängliche kosmische Entropiemaximum wieder los beim Voranschreiten der kosmischen Zeit? Oder noch anders gefragt: Wie werden wir die völlige Informationslosigkeit des aus der völligen Leere geschaffenen Universums schließlich los, und wie schaffen wir uns in unserem Verstandesbild des Kosmos die Strukturen des tatsächlichen Weltalls herbei, die wir nun einmal allenthalben um uns im Kosmos vorfinden? Diese Frage soll das nächste Kapitel näher beleuchten. Nur das Folgende sei noch zur Bedeutung der Vakuumenergiedichte in diesem Zusammenhang bereits vorweg gesagt:

Gegen den Ehrgeiz der Astronomen, möglichst weit in den Kosmos, und das heißt, möglichst weit in die Vergangenheit desselben, hineinzuschauen, hat sich schon im Jahre 1965, als Arno Penzias und Robert Wilson die kosmische Hintergrundstrahlung entdeckten, ein absolutes Hindernis aufgetan: Man kann nur maximal bis zur Entstehungszeit dieser Hintergrundstrahlung zurückblicken; davor war der Kosmos undurchsichtig! Aber die Astronomen fragen sich nun, wie der Kosmos zu dieser Zeit, einige hunderttausend Jahre nach dem Urknall, ausgesehen haben mag. Darüber gibt die kosmische Hintergrundstrahlung Auskunft, die derzeit von dem NASA-Satelliten COBE bis in die feinsten Details analysiert wird. Es zeigt sich nämlich, daß das Universum zur Entstehungszeit dieser Strahlung noch extrem homogen bis auf Dichteschwankungen im Bereich von Hunderttausendsteln gewesen sein muß. Wie kann aus einem so homogenen Kosmos der damaligen Zeit der heutige hochstrukturiert erscheinende Kosmos hervorgegangen sein? Wenn der heutige Kosmos aus einer gigantischen Urexplosion vor etwa 20 Milliarden Jahren hervorgegangen ist, so sollte er sich in der seither vergangenen Zeit zu seinem heutigen Zustand entwickelt haben können, der ein kompliziert in Hierarchien angelegtes Netzwerk von Fäden und Wänden aus Galaxien und Galaxienhaufen darstellt. Die Geschehnisse bei der Umverteilung galaktischer Materie im Kosmos untersuchten nun Wissenschaftler des Max-Planck-Institutes für Astrophysik in Garching bei München mit Hilfe eines "$CRAY-T3E$"-Supercomputers. Die Leitung dieses Projektes obliegt Prof. Simon White, dem derzeitigen geschäftsführenden Direktor des dortigen Institutes. Erst nachdem sich die Rechengeschwindigkeiten und Speicherkapazitäten durch heutige Superrechner gigantisch hatten verbessern lassen, konnte ein solches Projekt zur Simulation kosmischer Strukturbildung überhaupt in Angriff genommen werden.

Hierbei läßt sich derzeit noch nicht das gesamte Universum in seiner Strukturbildungstendenz nachvollziehen, sondern nur ein für die größten heute beobachteten Strukturen repräsentativer Teilbereich, in dem dann jedoch vom Computer die miteinander verketteten Galaxienformationen unter Zugrundelegung der heute gängigen Gravitationstheorie aus frühen Anfangsstrukturen herangebildet werden sollen. Bei den Simulationen geht man von 100 Milliarden zunächst fast gleich verteilter Galaxien aus und läßt diese miteinander in einem expandierenden Universum miteinander wechselwirken. Das erfordert die volle Speicherkapazität von 512 Prozessoren des CRAY-T3E -Rechners in Garching, der zu den zehn leistungsfähigsten Rechnern der Welt zählt. Jede Simulation benötigt 50000 Prozessorstunden und erzeugt etwa eine Billiarde Daten, die verarbeitet und in Bilder des Kosmos umgesetzt werden müssen.

In kosmischen Dimensionen von 10 Millionen bis 500 Millionen Lichtjahren nimmt man heute mit größer werdendem Erstaunen immer mehr stark ausgeprägte kosmische Materiestrukturen wahr. Selbst in diesen Riesendimensionen des Raumes läßt sich keine Zufälligkeit in der Verteilung der Objekte bestätigen. In einer gigantischen kosmischen Tiefendurchmusterung nach optisch registrierbaren Objekten von galaktischer Qualität erkannten erst kürzlich die Astronomen John P. Huchra und Margaret J. Geller vom Harvard Smithonian Center for Astrophysics in Cambridge (USA), daß es augenfällige Großstrukturen mit Ausmaßen von 300 Millionen Lichtjahren und mehr gibt. Solche Mammutstrukturen bestehen zumeist aus flächenhaft angeordneten Haufen und Superhaufen von Galaxien, die sich zu flächenartigen Strukturen zusammengelegt haben. Es scheint, als ob sich die unzähligen Materieobjekte im Weltall nach einem geheimnisvollen Diktat des Kosmos zu Häuten angeordnet hätten, welche riesige Leerräume umspannen, in denen weit weniger leuchtende Materie präsent ist als in den Häuten. Die mittlere Materiedichte in diesen Häuten ist um mindestens einen Faktor 10 bis 50 größer als in den eingeschlossenen kosmischen Vakuolen. Das Weltall nimmt in gewisser Hinsicht dadurch die Beschaffenheit eines wulstigen Seifenschaumgebildes an, wo auch in den Seifenhäuten die alleinige Flüssigmaterie steckt, während die eingeschlossenen Räume nur unsichtbare gasförmige Materie enthalten. Solche Ansammlungen von kosmischen Leuchtobjekten werden von den Astronomen nicht nur durch räumliche Klumpungen bemerkt, sie machen auch durch ihre Gravitationseinwirkung auf die Umgebung auf sich aufmerksam. Gigantische Massenansammlungen von Billiarden Sonnenmassen scheinen so, nach ihrer Gravitationswirkung zu urteilen, irgendwo jenseits des Hydra-Centaurus-Superhaufens in Form eines großen kosmischen Attraktors zusammengeballt zu sein. So schließen jedenfalls Astrophysiker, die sich die Eigenbewegungen vieler Galaxien in unserer näheren und weiteren Nachbarschaft angesehen haben. Dabei zeigt sich das auffällige Faktum, daß alle diese galaktischen Objekte eine Vorzugsbewegung auf diesen großen kosmischen Attraktor durchführen.

Der lokale Schwerpunkt aller galaktischen Massen in unserer kosmischen Nachbarschaft bewegt sich danach mit etwa 350 Kilometern pro Sekunde auf dieses Zentrum zu. Wenn dies mit Mitteln normaler Physik erklärt werden soll, so sollte man annehmen, daß ein von diesem Zentrum her wirkendes Gravitationsfeld diese Bewegungen als Freifallbewegungen koordiniert. Das erforderliche Gravitationsfeld kann dann jedoch nur durch riesige Massen- bzw. Energieansammlungen realisiert sein. Nach eben dieser Überlegung sollte dann aber dieser mysteriöse kosmische Gravitationsschlund von einer Masse entsprechend Billiarden (10^{15}!) von Sonnenmassen dargestellt sein. Das spräche für eine gigantische Großstruktur im Kosmos, wie man sie noch vor kurzer Zeit in Astronomenkreisen für unmöglich gehalten hätte. Je mehr und je tiefer man aber ins Weltall blickt, um so spruchreifer wird, daß es bis zu größten Dimensionen Galaxienverteilungen gibt, die keinesfalls einer Zufallsstatistik entsprechen. Das heißt nichts anderes, als daß die Materie im Kosmos nicht einfach wahllos auf bestimmte Orte verteilt ist. Vielmehr beinflußt die Existenz einer materiellen Struktur an bestimmter Stelle im Kosmos offensichtlich die Wahrscheinlichkeit dafür, daß man weitere materielle Strukturen in deren Nachbarschaft findet.

Wie die Garchinger Simulationen nachweisen wollen, sollten sich nun aus den kleinen Anfangsschwankungen in der Dichte unter dem Einfluß der Schwerkraft allmählich all diese beobachtbaren Strukturen von Attraktoren, Galaxienhaufen, Milchstraßen und Sternen herausgebildet haben. Allerdings, so haben die Garchinger Simulationen schon heute nachweisen können, kann dafür die leuchtende Materie im Weltall nicht alleine verantwortlich sein, vielmehr müssen große Prozentsätze von dunkler Materie hinzukommen, die von Elementarteilchen noch unbekannter Art repräsentiert wird. Es scheint sogar, daß die dunkle Materie hauptverantwortlich ist für das Geschehen im Kosmos und für die Entstehung der Strukturen. Diese Materie gehorcht nur der Schwerkraft, während alle anderen bekannten Naturkräfte nicht auf diese Form der Materie einwirken. Das erhaltene Strukturwachstum hängt zudem sehr wesentlich von dem tatsächlichen Expansionsschicksal des Kosmos ab. Um auf das heutige Weltbild zu kommen, bedarf es einer verlangsamten Expansion in der Frühphase, gefolgt von einer beschleunigten Expansion in der Phase danach, als sich bereits die wesentlichen Strukturmale der heutigen Zeit, jedoch auf noch kleiner Skala, ausgebildet hatten. Diese Weltexpansion kann jedoch nur durch den zuvor schon angesprochenen Trick in den Einsteinschen Feldgleichungen erreicht werden, nämlich durch die Einführung einer positiven kosmologischen Konstanten Λ, die mit der Existenz einer positiven Vakuummenergiedichte zusammenhängt. Diese Einführung einer physikalisch unverankerbaren Willkürgröße hatte Albert Einstein 1917 noch glücklich gemacht, dann aber, nach Hubbles Entdeckung der Weltexpansion, hatte er diese Willkürmaßnahme als seine größte Eselei wieder verworfen. Es scheint somit heute, als könnten die Garchinger Simulationen Einsteins "größte Eselei" doch wieder zu späten, absoluten Ehren bringen.

7.
Der Bauplan der Welt als kosmische Energiesymphonie
Woher kommt die Ordnung der Welt?

Wenn Gott gewürfelt hätte, um festzulegen, wie die Welt beschaffen sein soll, wäre sie dann, wie sie ist? Oder anders gefragt: Kann das kosmische Dasein als ein Zufallsprodukt angesehen werden? Immer wieder stellt sich uns doch die Frage, wie denn das alles, was uns in den Blick fällt, also eben die unendliche Vielfalt und Mannigfaltigkeit der Erscheinungen nah und fern im Kosmos, wohl entstanden sein könnte. Hierbei schweben uns immer Gedanken an naturgetragene, autogene Entwicklungen vor, die das Komplexe in der Natur aus dem ursprünglich Einfachen wie automatisch hervortreten lassen, so, als wäre ersteres in letzterem bereits voll enthalten und als würde es sich lediglich im Zuge einer Formenwandlung selbstständig wie ein zweites Gesicht derselben Realität daraus entfalten. Geht denn hierbei überhaupt eine Entwicklung aus dem zuvor geordneten, hochwertigen hin zu dem zerstreuten, minderwertigen Weltgut vor sich, wie es die vertraute Thermodynamik doch immer unabdingbar erwarten lassen sollte - oder eher umgekehrt? Bilden sich hier nicht eher gerade im Gegenteil die Qualitäten der Welt, wie in einem eklatanten Verstoß gegen die Thermodynamik, erst allmählich aus dem Einfachen und Ungeformten heraus?

Das letztere Konzept, nämlich anzunehmen, die Anfänge seien ganz einfach und formlos gewesen, ist dabei der Ansatz unserer meisten Erklärungsversuche. Wir sehen die Dinge also in folgenden Geschehensfluß gebettet: Es soll verstanden werden, wie aus dem Einförmigen das selbstorganisierte Komplexe mit hoher Ordnungsqualität und Funktionalität hervorgegangen ist.

Bei dieser Aspektierung der Gegebenheiten könnten wir jedoch einem ernsten, aber eigentlich selbstgemachten Problem zum Opfer fallen: Warum sollte denn das, was ist, nicht schon immer komplex gewesen sein? Denn vielleicht entsteht ja überhaupt nur das Komplexe in der Natur, kann nur das Komplexe real sein, gibt es das sogenannte Einfache dagegen gar nicht! Es ist vielleicht nur ein Konstrukt unseres Denkens, das wir angesichts des Komplexen vor unserem Verstand entwickeln, vielleicht um unseren Blick für das Komplexe zu schärfen, das es in der Außenwelt zu sehen gibt. Wenn es nun tatsächlich das sogenannte Einfache, Einförmige, Homogene, Ungeordnete, Unfunktionale überhaupt nicht gäbe, wenn vielmehr nur das Geordnete und Organisierte existieren könnte, so lägen wir ja mit unserem obigen Fragenansatz von vornherein ganz falsch! Die Erscheinung des Homogenen könnte sich ja als instabil gegen jegliche Störungen erweisen, und damit als langfristig gar nicht erscheinungsfähig! Als stabil und langlebig und gerade deswegen erscheinungsfähig erweist sich eventuell nur das Organisierte, eingebettet in den Rahmen einer tragfähigen Hierarchiestruktur, in der sich alles gegenseitig bedingt und erhält. Die Realität könnte vielleicht nur als strukturierte möglich sein! Um uns hier auf einer sichereren Argumentationsbasis bewegen zu können, werden wir uns die Voraussetzungen für die Realitätserscheinungen im Kosmos genau anschauen müssen. Vielleicht werden wir hier aufzeigen können, daß in den Weiten des Kosmos - trotz entgegenstehender Erkenntnis der klassischen Gleichgewichtsthermodynamik, daß die Natur in ihrem Geschehensfluß generell zur Unordnung hin tendieren muß - dennoch allenthalben sich selbst organisierende Ordnungssysteme fernab vom thermodynamischen Gleichgewicht entstehen, die aber gerade erst den eigentlichen Seinsstatus des Universums ausmachen. Die Bedingungen für eine solche Erscheinungsbühne der Realität sollen im Folgenden genauer hinterfragt werden.

Fragen wir hier aber zunächst einmal, wie weit das physikalische Gesetz die Freiheit des natürlichen Geschehens bei der Auffindung von koexistenzfähigen Organisationsformen einengt. Geben diese physikalischen Gesetze nicht bereits einen extrem engen Korridor für das überhaupt mögliche Geschehen vor? Nichts sollte somit passieren können, das außerhalb dieses Korridors liegt. Doch damit stellen wir uns ungewollt vor die Frage, was eigentlich diese Naturgesetze sind. Was regeln sie? Was bedeuten ihre Vorhersagen? Wie sind angesichts solcher unter Gesetzesstützung deterministisch strikter Vorhersagen überhaupt noch echte Naturereignisse möglich? Oder sind gar letztere eben eigentlich gar nicht möglich, schwebt uns nur immer vor, sie seien es? Vielleicht gibt es demnach das Ereignis mit einer echten Innovationsqualität im Grunde ja gar nicht? Ist vielmehr alles Zukünftige, ob linear oder nichtlinear verursacht, ob deterministisch oder chaotisch bewirkt, doch letzten Endes absehbar? Anders gefragt: Ist das Naturgeschehen nun eigentlich frei in seinem Verlauf, oder ist es eher gebunden an vorhersagbare Abläufe, so, wie wir sie mit den Mitteln naturwissenschaftlicher Gesetze im vorhinein ermitteln können? Liegt das Naturgeschehen also wie auf einer Schiene fest?

Nach der Lehre der buddhistischen Philosophie kann sich entgegen der im Westen üblichen rationalen, physikalisch geprägten Sicht ja im Prinzip aus der Natur alles ergeben. Der Wille der Natur formt sich immer wieder neu und ist niemals vorbeschlossen. Er geht gerade erst aus dem jeweiligen Sein oder Gewordensein der Natur hervor. Alles ist möglich, wenn davon auch nur weniges im aktuellen Moment wirklich ist oder vielleicht später noch wirklich wird. In der Sicht westlich geprägter

Naturwissenschaft dagegen kann die Natur sich jedoch nur im Rahmen ihrer - und das heißt: der von uns erkannten - Gesetze in ihre zukünftigen Stadien weiterentwickeln. Sind diese unterschiedlichen Sichten der Naturrealitäten nun vereinbar, oder sind sie prinzipiell und auf ewig unvereinbar?

Wenn große Teile der Kosmologen heute dabei sind, den Kosmos in seinen Evolutionslinien als ein in feste, monochrone und monokausale Gesetzeslinien eingebundenes Geschehen begreiflich zu machen, so kann dies Unterfangen eben nur dann sinnvoll sein, wenn der Kosmos seiner Anlage nach auch evolutionär ist und wenn er bei seiner Evolution auch nur das für ihn Unumgängliche herausbildet, sich also nicht etwa spielerisch auf irgendwelchen launischen Lustwegen ergeht und Zufallsblüten hervorbringt. Es gibt aber uranfänglich keinen klaren Grund dafür, warum der Kosmos gerade so beschaffen sein sollte, daß Menschen dessen Grundgesetze und Verhaltensmaximen erkennen können. Warum denn eigentlich sollte die ja unserem Verstand transzendente Realität des Kosmos, wenn sie denn schon in eigener Dignität auftritt, überhaupt begreifbar sein? Verständlich kann dies nur erscheinen, wenn die Realität unmittelbar unter der Ebene unseres Verstandes angesiedelt ist, wenn sie also trotz ihrer Eigenständigkeit etwas ist, das nur für unseren Verstand besteht und auch nur diesem als Bezugsgröße dient. Hieran erhebt sich die Grundfrage: Gibt es denn eine selbstständige Logik in den materiellen Erscheinungsformen, oder ist vielmehr gerade die Logik etwas den Dingen Äußeres und somit eben nichts anderes als die Erscheinungsform der Realität selbst?

Greifen wir hier zunächst noch einmal die Frage auf, was denn eigentlich das Naturgesetz befiehlt. Ist es einfach ein Instrument des Verstandes, das uns die Realität der Natur so zu sehen hilft, als wäre sie mechanisch festgelegt in ihren Ereignissträngen, oder herrscht es faktisch über Sein und Nichtsein und ist geradezu das Sein selbst? Das und nichts Geringeres ist hier die Frage! Hat ein solches Gesetz nur für die Mehrheit der davon betroffenen Prozeßabläufe Gesetzeskraft? Oder hat es für jeden der davon berührten Prozeßabläufe absolute Geltungskraft? Ist es vielleicht seiner Funktion und Wirkung nach vergleichbar dem Erlaß einer Machthabenden Obrigkeit an die betroffenen Untertanen? Und wenn ja, wer ahndet dann gegebenenfalls den Verstoß gegen das Naturgesetz, wenn es denn einen solchen überhaupt geben kann? Kann die Natur sich überhaupt, und wenn auch nur im Ausnahmefall, konträr zu einem Naturgesetz verhalten?

Vielleicht ist man geneigt zu antworten, daß dem wohl manchmal so sein mag. Aber doch gewißlich nur ganz selten! Wo immer es scheint, als verstieße die Natur gegen ihre Gesetze, da muß dann schon etwas ganz Neues im Spiel sein, das die traditionelle Theorie bisher in den von ihr formulierten Gesetzen noch nicht berücksichtigt hat, weil so etwas noch niemals zuvor aufgetreten war oder weil es als Erscheinungsvariante im Naturgeschehen stets unwichtig blieb. In einem solchen Fall muß der bisherigen Theorie eine geeignete Ad-hoc-Theorie zur Seite treten, es muß eine erweiterte Theorie geschaffen werden, damit das Unvorhergesehene wieder in den Rahmen der Prophetie des Gesetzes eingebettet erscheint. Wenn etwa ein Erdsatellit sich nicht so um die Erde bewegt, wie dies nach Keplers Gesetzen zu erwarten wäre, dann ist entweder die unberücksichtigte erdatmosphärische Reibung oder ein unbedachtes höheres Multipolmoment des Erdschwerefeldes, oder die Einwirkung des solaren Strahlungsdrucks oder das Schwerefeld des Mondes daran schuld - Faktoren also, die nicht berücksichtigt wurden. Wenn die Neptunbahn Anomalien aufweist, dann widersetzt sich nach unserem Verständnis eben nicht etwa dieser Planet Neptun dem Keplerschen Gesetz, sondern ein weiter außen im Sonnensystem befindlicher Planet Pluto muß ins Spiel gebracht werden, damit alles wieder gereimt erscheint. Ein echt "antinomisches" Verhalten gibt es jedoch nach naturwissenschaftlicher Vorstellung hier nicht und wohl auch nirgendwo sonst in der Natur, wenn das Naturgeschehen "zuverlässig" und nicht von malignem Charakter ist! Es gibt dieses antinomische Verhalten überhaupt nirgendwo in der physikalisch beschriebenen Natur. Es wird sozusagen ausgemerzt durch Anpassung der Gesetze und der Erklärungsprinzipien. Es gibt nur unzureichend formulierte Gesetze oder Gesetzesvorgaben, oder unzureichend fixierte Anfangsbedingungen oder Systembedingungen. Indem man jedoch alle diese Voraussetzungen zureichend erfüllt, läßt sich jede Ungesetzlichkeit im Naturverhalten zum Verschwinden bringen.

Wenn man das Weltall mit oder ohne Fernrohr anschaut, so erkennt man Dinge und Geschehnisse, die man nicht beeinflussen kann. Wie unterscheidet man dann an diesen gesehenen Dingen und Ereignissen gesetzmäßige, relevante Eigenschaften von zufälligen? Was davon hat etwas zu besagen und was eher nicht? Oder hat immer alles etwas zu besagen? Man kann schließlich nichts testen oder ausprobieren! Die Dinge sind wohl, wie sie nun einmal sind. Dennoch ließe sich überlegen, was sich ändern würde, wenn man denn etwas ändern könnte. Das heißt dann aber, die gesehenen Naturgeschehnisse in ein logisches Kalkül einbinden und im Rahmen dieses Kalküls experimentieren! Wieso sollten letztere aber so etwas zulassen, wenn sie nicht von der Art des Verstandes selbst sind? Hierbei ist wichtig, ob alles Erscheinende schon von Anfang an zumindest "*in nucleo*" da war und ob die Gesetze schon von Anfang an über das Erscheinende geherrscht haben. Entstand das Universum nach Gesetzen, die schon vorher existierten, so, wie die Götter vor der Erschaffung der Welt? Alternativ ließe sich vermuten, daß es das Universum zuerst als gesetzloses Naturtreiben gab und erst später dieses Treiben sich schließlich bei seinem "gesetzlosen", steuerungslosen Versuch, sich zu verhalten, in Formen hineinfand, die wir heute mit Gesetzen glauben verstehen zu können. Solche Gesetze mögen sich vielleicht erst herausbilden, nachdem das Universum zuvor viele andere Verhaltensformen ausprobiert und realisiert hat. Während Übergangsformen der Natur nur durch ihre Unbeständigkeit charakterisiert sein mögen, sollten die späteren, gesetzesadäquaten Formen durch ihre Beständigkeit ausgezeichnet sein. Wenn dem so wäre, so müßte ein sich erst allmählich seine Gesetze gebendes Universum wohl durch seine jetzige Beständigkeit, verstanden als Beständigkeit über große Zeiten und Räume gemittelt, charakterisiert sein.

Naturgesetze sagen ja eigentlich nichts über das Sein

und Geschehen in der Natur selbst aus. Sie regeln vielmehr nur in einer verstandeskonformen Weise Beziehungen zwischen den unserer Erfahrung zugänglichen, meßbaren Kontrollgrößen, wie sie unser Verstand dem Begriffsinhalt nach definiert, ohne solche Größen dabei mit einem ontischen Dingcharakter, also mit einem echten Seinswert, ausgestattet vorfinden zu können. Masse, Impuls, Energie, Spin besitzen ja schließlich keine Dingqualität. Naturgesetze stellen eben eine in erster Linie mathematische, in zweiter Linie allerdings aber auch eine realitätsgegebene Beziehung her. Man kann sich fragen, warum Naturgesetze ihrem Wesen nach mathematisch sind, und mag es zunächst einmal einfach als Erfahrungsgut hinnehmen, daß Naturerscheinungen eben am besten durch mathematische Formeln beschrieben werden. Ist aber gerade deswegen nicht zu argwöhnen, daß die Natur in solchartiger Beschreibung letzlich nichts anderes als ein Spiegelbild unseres eigenen Geistes sein kann? Wie sollte sonst wohl die Mathematik, die ja nun einmal eine Mathematik des menschlichen Geistes ist, so tief in der Natur verankert sein, wenn man nicht von vornherein annehmen will, daß Naturverständnis und Geist das Gleiche sind? Es gibt ansonsten wohl keinen anderen Grund, warum die Wirklichkeit mathematisch sein sollte. Welches Gefallen sollte die Naturrealität schon an der logischen Konsistenz der Mathematik finden?

Die Richtigkeit der Mathematik kann nur aus der Mathematik selbst heraus überprüft werden. Alle ihre Aussagen sind stets nur Abbildungen ihrer eigenen Konsistenzstruktur. In der Physik aber ist die Mathematik nur das Vehikel einer Abbildung von erfahrbaren Konsistenzstrukturen in der Natur, die selbst außerhalb der Mathematik lagern. Die Mathematik, wenn sie erst einmal in fester Form während einer gewissen Epoche entwickelt worden ist, stellt eine in sich kultur- und personenunabhängige Sprache der Logik dar, wenn auch Spengler in seinem Buch "Der Untergang des Abendlandes", verbunden mit dem Hinweis, daß jede Kultur ihre eigene Mathematik bevorzugt, daran einige Zweifel zu hegen schien. Freilich hat die Mathematik im Laufe der Zeiten viele Unterdisziplinen entwickelt, diese wiederum sind aber sämtlich zeitlos gültig. Damit stellt die Mathematik so etwas wie die Entdeckung einer an sich seienden Konsistenzstruktur dar, die unabhängig vom jeweiligen Menschen gegeben ist etwa im Gegensatz zu einem Kunstwerk: Ein Kunstwerk ist keine Entdeckung von etwas Gegebenem, es ist vielmehr eine Schöpfung, die ihrer Aussage und ihrer Bedeutung nach mit der Schöpferpersönlichkeit eng verbunden bleibt. Die mathematischen Sätze werden somit zumeist auf der Basis intuitiver Anschauungsparallelen zu Beschaffenheiten der Natur abgeleitet, und dadurch kann auch klar werden, warum andererseits die Natur sich überhaupt in mathematische Gesetze fassen läßt. Die Welt ist zutiefst mathematisch, weil wir die Mathematik von ihren intuitiven Wurzeln her aus der Welt entnehmen. Wir können überhaupt nur die mathematisierbaren Eigenschaften der Natur entdecken. Andere Eigenschaften der Natur mögen wir zwar als präsent spüren, wir können sie aber unserem Verstand nicht einverleiben.

Einen anderen Zugang zur Natur als die Wissenschaft wählt die Kunst. Diese charakterisierend hat Pablo Picasso einmal gesagt, sie sei eine Lüge, allerdings eine, die uns die Wahrheit gerade erst erkennen läßt! - Kunst ist demnach eine Lüge um der Wahrheit willen! Damit die sonst für uns ungreifbare Wahrheit erfahrbar wird. Künstler und Kunstbeschauer wollen diese Lüge deswegen gerade vernehmen, weil sie anders die gemeinte Wahrheit überhaupt nicht vernehmen könnten. In Analogie dazu ließe sich vielleicht sagen, die physikalisch-mathematische Naturbeschreibung auf der Basis von Naturgesetzen sei auch eine solche Lüge um der Erkenntnis willen, eine Lüge aber, die uns gerade die ansonsten verschlossene Wahrheit der Natur erkennen läßt. Was an dieser Lüge ist nun aber eigentlich gelogen? Ist es der Glaube, daß das Weltall geordnet ist und daß es von etwas in seinem Werden bestimmt wird? Dieser Glaube ergibt sich, weil unser Verstand Natur ist, so, wie die Natur Verstand hat. Die Natur wird von etwas bestimmt, das zwar außerhalb von uns selbst gelegen ist, das aber im Wirken unseres Verstandes seinen tiefen Widerhall findet. Es gibt wohl ganz offensichtlich eine tiefe Konformität oder Parallelität von Natur und Verstand!

Gibt es nun "dort draußen" in der Welt, unabhängig von unserem Denken, diese Naturgesetze, die nur auf ihre Entdeckung durch unseren Verstand warten? Liegen diese für uns in ihrer Form dort schon bereit wie Gesetzestafeln früherer Kulturen, die man nur aus dem Boden ausgraben muß, wohin sie die Geschichte einmal verlorengehen ließ? Oder sind sie nur die einfachste Möglichkeit, das ohnehin Geschehende zu beschreiben? Nennen wir vielleicht nur die alltäglich erfahrenen Regelmäßigkeiten in der Natur "Naturgesetze"? Wenigstens aber müssen diese Gesetze bestimmte Aussageformen besitzen. So müssen sie z.B. nach Popper *falsifizierbar* sein. Sie müssen hinsichtlich der Richtigkeit ihrer Aussage überprüfbar sein. Sie können demnach niemals mit einmaligen Ereignissen oder mit "dem Einmaligen" schlechthin, also mit dem Emergenten, das noch nie da war, zu tun haben, sondern nur immer mit dem Reproduzierbaren im Naturgeschehen. Der echte Qualitätswechsel beim Funktionieren eines Systems oder die spontan autogene Mutation desselben, ist also weder verifizierbar noch falsifizierbar. Sie kann daher auch nicht der Aussagegegenstand eines Gesetzes sein. Kein Gesetz legt aus sich selbst heraus, aufgrund seiner Form sozusagen, den Eintritt seiner Ungültigkeit oder die Grenzen seiner Gültigkeit fest!

Gibt es nun aber dieses sogenannte "Reproduzierbare" überhaupt in der Natur? Oder ist gerade dies eine folgenschwere, weil falsche Unterstellung unseres Verstandes? In Wirklichkeit wiederholt sich ja vielleicht überhaupt nichts im Naturgeschehen. Alles ist vielmehr in einen irreversiblen Geschehensablauf eingebettet, der sich niemals als solcher wiederholt. Die Welt ist ewiges Werden in ewiger Veränderung ihrer selbst. Sie wird niemals werden, was sie schon einmal war. Sie hat niemals angefangen zu werden und wird niemals aufhören zu vergehen, wie Nietzsche feststellte. Für die Verifikation des Naturgesetzes ist folglich nötig, eine Modellabstraktion des Naturgeschehens anzuvisieren. Wir verifizieren als Physiker immer nur das Gesetz dieser Abstraktion der Natur, wenn wir uns einmal auf die Vorgaben bei einer solchen Überprüfung durch ein Experiment besinnen. Können wir die Natur durch solche Experimentvorgaben denn wirklich zwingen, sich immer wieder auf den gleichen Nullstand des Geschehens zu bringen? Können wir, wie im Experiment gedacht, ein Geschehen als Wiederholung vom genau gleichen Ausgangsstand des Naturseins loslaufen lassen? Läßt sich die Natur überhaupt zurückstellen, wenn nicht in ihrer Gänze, so doch wenigstens in einem Geschehensdetail? Wir sollten fragen: Wiederholt sie sich denn wenigstens in irgendeinem ihrer Teilgeschehnisse, oder kann dies aus prinzipiellen Gründen ganz einfach niemals geschehen?

Wenn das Weltall seinen heutigen dynamischen Zustand rein aus sich selbst heraus, das heißt, stets herkommend aus seiner vorangegangenen Konstellation und Dynamik, unterhielte, so brauchte es gar keinen Anfang; es bildet sozusagen sich selbst auf sich selbst nur immer wieder neu ab. Das Vorhergegangene projiziert sich auf das Jeweilige im Reigen eines fortlaufenden Abbildungszyklus. Der heutige Zustand der Welt wäre somit Wirkung und Ursache zugleich. Das All wäre seine eigene Verursachung und bewirkt immer wieder seine Anfänge. Solche auf sich selbst zurückfließenden Bewirkungszustände nennt man Attraktorzustände. Solche existieren zum Beispiel für viele thermodynamische Nichtgleichgewichtssysteme, in denen nichtlineare, also nicht ursachen-proportionale Reaktionen auf Störungen der Anfangszustände eintreten. In solchen nichtlinearen Wirksystemen hängt nun aber jeder Prozeßverlauf sehr empfindlich von den Anfangsbedingungen ab. Diese lassen sich folglich in der eigentlich verlangten Genauigkeit aber niemals reproduzieren. Ist eine Vorhersage oder ein dahinterstehendes Gesetz dann überhaupt für so angelegte Systeme im Sinne des Naturphilosophen K. Popper falsifizierbar? Das heißt: Läßt sich unter solchen Umständen überhaupt daran denken, daß sich Gesetze am Verhalten des Systems verifizieren lassen? Die Eindeutigkeit der Abbildung von Ursache auf Wirkung ist demnach in pragmatisch-positivistischem Sinne wohl kaum nachzuvollziehen. Es gibt keine Basis dafür! Das heißt von vornherein: Naturgesetze, Reproduzierbarkeit von Vorhersagbarem, Falsifizierbarkeit - all das kann ein sinnvolles Naturkonzept nur sein, wenn keine ausgeprägten Nichtlinearitäten im Spiel sind, oder wenn man sich auf eine Darstellung des Geschehens über entsprechend kurze Zeitabschnitte beschränkt.

Könnte es nicht vielleicht so sein, daß die Welt nach einer gewissen Zeit ihres Bestehens im Suchstadium grundsätzlich die Form eines Geschehens annehmen muß, bei der das Bewirkende mit dem Bewirkten identisch wird oder, anders gesagt, bei dem das Bewirkte wieder auf das Bewirkende zurückführt? Chaoskosmologie für ein nichtlineares Weltsystem könnte demnach besagen, daß wir die Welt in ihrem heutigen Zustand als unabhängig von ihren Anfangsbedingungen in ihrem eigenen Attraktorzustand angekommen sehen können (siehe Fahr, 2000). Bei den unendlich vielen sich in ihr auswirkenden nichtlinearen Wirkungsmechanismen müßte dies besagen, daß die Welt im Prinzip von beliebigen Anfangsbedingungen herkommen kann und sich dennoch schließlich immer zu derjenigen Welt entwickelt, die heute vorliegt. Eine Welt, die wir vergeblich versuchen anhand von Gesetzen zu erklären, welche gerade eben Anfangsbedingungen zu ihrer Nutzung nötig haben, während die heutige Welt aber für ihren Istzustand keine Anfangsbedingungen nötig hat. Eine solche Welt wiese aus ihrem jetzigen Zustand überhaupt nicht mehr auf irgendeinen Anfangszustand hin.

Die Erscheinungsformen dieser Welt und deren gesetzmäßige Erklärung ergeben sich stattdessen immer in der gleichen asymptotischen Weise. Das eigentliche Weltgeschehen läuft dabei stets nur solange auf evolutionären Pfaden, bis es das Weltsystem in seinen eigentlichen Attraktorzustand überführt hat und es somit dann eigentlich in einem Zustand der Geschehnislosigkeit angekommen ist, weil in diesem Zustand nur jeweils Bewirktes das Bewirkende ersetzt. Für diesen Zustand scheinen jedoch gerade solche Gesetze keine probate Beschreibung zu liefern, die zu ihrer Anwendung Anfangszustände voraussetzen müssen. Und gerade solche Gesetze verwendet jedoch die heutige Physik!

Im Rahmen einer konsequent gedachten Chaoskosmologie ergibt sich aber gerade der Schluß, daß man dem heutigen Zustand der Welt keine Weltzeit und keine Anfänge ansehen kann. Anfangszustände für eine heutige Welt in ihrem Attraktorzustand sind vollkommen unsinnig, denn dieser heutige Weltattraktorzustand hat kein Alter! Er erhält schlicht den Mischungsgrad und die Synergie seiner Untersysteme aufrecht. Selbst wenn das Universum irgendwann einmal unter irgendwelchen Anfangsbedingungen geschaffen worden wäre, so ist heute völlig irrelevant, wie diese Bedingungen ausgesehen haben. Diese sogenannten Anfangsbedingungen würde man der Welt in ihrem heutigen Attraktorzustand überhaupt nicht mehr ansehen können. Es läßt sich weder sagen, wie diese Bedingungen ausgesehen haben, noch, wann sie in dieser Welt jemals vorgeherrscht haben. Der heutige *Attraktor*zustand der Welt wäre ein Selbsterhaltungszustand und trüge eben deswegen keine Alterszeichen und auch keine Anfangszeichen an sich!

Die Wirklichkeit ist ein nichtlokales Phänomen; kein Geschehen an diesem Ort und zu dieser Zeit ist abschließbar gegen Einflüsse von Geschehnissen an anderen Orten und zu anderen Zeiten. Wenn heute von modernen Wetterforschern mit einer gewissen Ernsthaftigkeit gesagt wird, daß ein über dem Südpazifik aufsteigender Schmetterling im Bermuda-Dreieck einen Hurrikan auslösen kann, dann ist damit vielleicht nicht so sehr gemeint, wie immens wichtig der Schmetterling für die Welt ist, als vielmehr der Tatsache Ausdruck gegeben, daß die Natur doch im Grunde nur in einer ganzheitlichen Sicht voll zu begreifen ist. Der Kosmos scheint im Ganzen wie ein großes chronometrisches Räderwerk mit fest angelegter Mechanik seiner Einzelbewegungen und unendlich vielen ineinandergreifenden Zahnrädern zu funktionieren. Dieses Räderwerk in seinen vielfältigen funktionalen Zusammenhängen zu verstehen fällt uns gemeinhin reichlich schwer. In der Tat gibt es derzeit noch überhaupt kein angemessenes Rüstzeug der physikalischen Beschreibung für eine so geartete Natur der Rückkopplungen. Wir helfen uns dann durch einige Grundannahmen: Nach unserer üblichen Meinung sollten doch wenigstens die Gesetze, die derzeit bei uns gelten, überall und immer in gleicher Weise gelten oder gegolten haben. Auch sollten sich die Strukturen, die für uns in Erscheinung treten, überall in gleicher oder analoger Form überall sonst immer wiederholen, wobei sie vielleicht einer Entwicklung in der absoluten kosmischen Zeit unterworfen sein dürfen. In diesem Bild heißt das dann, daß alles an eine einzige Zeitachse angebunden sein sollte. So etwas könnte man die kosmische Synchronisation nennen! Besteht eine derartige Synchronisation nun tatsächlich? Sind also die kosmischen Tatsachen diesem kosmologischen Prinzip entsprechend beschaffen? Lassen sie ein synchronisiertes, mittelpunktloses Weltmodell überhaupt als heuristischen Ansatz zu? Befindet sich wirklich ein homologer, isotroper Kosmos vor unseren Augen?

Ein eklatanter Verstoß der kosmischen Realität gegen diese allgemein gehegte Homogenitätserwartung tritt ja in der Form des Olbersschen Paradoxons auf. Bekanntlich hatte sich der Bremer Arzt und Naturforscher, Wilhelm Olbers in einer 1789 verfaßten Arbeit darüber gewundert, daß der gestirnte Nachthimmel um uns herum im wesentlichen dunkel und nicht vielmehr taghell ist, wie er eigentlich nach sehr berechtigten Überlegungen sein sollte. Denn wenn schon das Weltall unendlich ausgedehnt ist und wenn es überall gleichermaßen von Sternen, so, wie in unserer unmittelbaren kosmischen Nachbarschaft, erfüllt ist, so sollte der in irgendeine Richtung des Nachthimmels gerichtete Blick früher oder später stets auf eine leuchtende Sternscheibe treffen. Der Sichthorizont sollte demnach dicht mit leuchtenden Sternscheiben ausgelegt erscheinen. Warum erfüllt sich wohl diese Olberssche Erwartung nicht? Inzwischen sind viele Gründe erkannt worden, die zunächst einmal klarmachen können, warum diese Olberssche Erwartung sich nur erfüllen kann, wenn das Weltall nicht nur unendlich ausgedehnt ist, sondern auch unendlich alt ist und wenn es zudem keine allgemeine Expansionsbewegung verbunden mit einer Anfangssinguláriät durchführt. Letzteres hängt damit zusammen, daß unser Blick ansonsten gar nicht beliebig weit in den Kosmos hinausreichen kann, unser Sichthorizont also auf endliche, wenn auch anwachsende Weite begrenzt wäre. Wenn man so will, so beweist das Olberssche Paradoxon die zeitliche Endlichkeit unseres Universums: Wir sehen einfach nicht weit genug, entweder weil die Welt einen Anfang hatte oder weil sie durchweg hierarchisch aufgebaut ist. Nun ist die Materie im Weltall *de facto* aber hierarchisch angeordnet, wie die Astronomen feststellen können: Planetensystem, Galaxien, Galaxienhaufen, Systeme von Galaxienhaufen usw. bauen sich in immer größeren Hierarchieskalen aus. Die mittlere Materiedichte sowie die Sterndichte nehmen dabei stets auf jeder größeren Hierarchiestufe um mehrere Größenordnungen ab. Im Weltall herrscht demnach die hierarchisch organisierte Leere, die aus einem trivialen Grunde die Olberssche Erwartung nicht erfüllt: Die Sterndichte in jeder Hierarchiestufe definiert nämlich jeweils eine hierarchie-eigene Olbersschen Blickweite, die aber jeweils größer als die Hierarchiedimension selbst ist. Somit kann keine der Materiehierarchien uns den Blick in die große Ferne verstellen; unser Blick kann also kaum behindert aus jeder dieser kosmischen Materiehierarchien hervortreten.

Eine diesbezüglich genauere Analyse scheint zu zeigen, daß das kosmologische Homogeniätsprinzip nur aufrechtzuerhalten ist, wenn wir bestimmte Tatsachen in der Dynamik und der Makrostruktur des Universums auf ganz neuartige Weise deuten, indem wir etwa sagen: Der Kosmos ist ein Phänomen ewiger Bewegung und ewiger Entwicklung. Es gibt hierin keinen Informationsverschleiß im Rahmen eines kosmischen Evolutionsprozesses, der Anordnung von Materie im Raum permanent in Unordnung umsetzt. Alle Strukturen des Universums müssen sich als skaleninvariant erweisen lassen und sich als morphologische Gegebenheiten über alle Zeiten hinweg durchhalten. Die Welt hat also morphologisch gesehen überhaupt kein Alter, das sich ihr an irgendwelchen Details ansehen ließe. Man könnte eher vielleicht von einem Sein der Strukturiertheit in Ewigkeit hin sprechen. Von einer kosmischen Zeitlosigkeit: Kein Anfang ohne Ende, auch kein Ende ohne Anfang, sondern ein Kosmos, dessen Anfang und Ende identisch sind. Ewiges Werden und Vergehen, ohne daß das Werden jemals angefangen hätte oder das Vergehen jemals enden würde (siehe auch Soucek, 1988; Fahr, 1996).

Dies ließe sich zu folgender physikalischen Forderung an die Beschaffenheit des Kosmos erheben: Gesetze, durch die die Vorgänge dieser Welt bestimmt werden, müssen skaleninvariant formuliert sein. Das Universum kann dann als eine fraktale Struktur erkannt und begriffen werden. Es braucht dann keinen Anfang und kein

Ende zu besitzen, es bewegt sich einfach ständig, ohne dabei jedoch einen irreversiblen Verschleiß von Information herbeizuführen. Die Gesetze der Gravitation, die ein solches Geschehen dabei steuern, müssen dann allerdings so angelegt sein, daß die induzierte Bewegung der vielen gravitierenden Körper im All undissipativ, verschleißfrei und ohne Ordnungsverlust verläuft, so daß wir mit dem Geschehen in diesem Kosmos weder einem Entropiemaximum noch einem allgemeinen Strukturverfall entgegengehen. Alles bleibt vielmehr völlig zeitlos "jung", wie man es ja auch angesichts der immer gleichen kosmischen Welten nah und fern von uns bestätigt finden könnte.

Und doch scheinen alle uns vertrauten Formen aus dem mesoskopischen Erscheinungsbereich einen absoluten geschichtlichen Wandel durchzumachen. So sind etwa Menschen geformte Materie, genau wie Tiere und Pflanzen auch. Die ganze Erde ist überzogen mit vielfältigsten Formen strukturierter und gestalthafter Materie. Auch im weiteren Kosmos ist dies nirgendwo anders. So ist unser Sonnensystem in hohem Maße strukturiert, unsere Galaxie ist eine dynamisch-synergetische Großstruktur aus vielen Subsystemen, und die Strukturierung hin zu immer größeren Hierarchien im Kosmos endet auf keiner Größenskala, soweit wir dies heute beurteilen können. Woher mag eine solche durchgängige Hierarchisierung wohl kommen? Warum herrscht nicht wenigstens auf irgendeiner makrokosmischen Hierarchieebene schließlich und endlich doch die Uniformität vor? Vielleicht, wie wir schon vermuten wollten, weil die Uniformität überhaupt nicht existenzfähig ist? Dann aber müßte sich zeigen lassen, daß diese Uniformität tatsächlich störungsinstabil ist. Das hieße etwa folgendes: Wenn ich eine uniforme Welt nur ganz gelinde, durch einen winzigen Kausalanstoß, stören würde, so würde sie sich womöglich wie von selbst zur hochstrukturierten Welt hin entwickeln, ohne daß noch irgend etwas Weiteres als Veranlassung dazukommen müßte.

Wenn die Welt aus Einheitsbausteinen wie etwa Sandkörnern bestünde, so wäre eine Strukturierung unterhalb der Sandkorndimension wegen des molekularen, atomaren und subatomaren Aufbaues jedes solchen Korns verständlich, jedoch oberhalb dieser Dimension sollte es keine Strukturierung im eigentlichen Sinne mehr zu erkennen geben. Es sollte dann vielmehr nur aussagelose Wiederholungen der immer gleichen Grundeinheit, zum Beispiel des Sandkorns geben. Damit würde die Welt vielleicht als endlose, aber gewiß auch als gestaltlose Sandwüste erscheinen müssen. Was hebt den Kosmos von einer solchen Ödnis ab, wie sie vorliegen sollte, wenn ersterer sich auf solche Grundbausteine wie etwa kosmische "Sandkörner", stützen müßte? In unserer wahren Welt, wenn sie sich denn bis hinauf in die größten Raumdimensionen als strukturiert erweist, gibt es offensichtlich weder eine solche bausteinhafte Grundeinheit der Materie, die nur Vielfachheiten des immer Gleichen zulassen würde, noch gibt es eine alle auftretenden Subgebilde des Weltalls einheitlich erfassende, alles übergreifende und einschließende skalenfreie Kraft. Vielmehr muß es im Kosmos offensichtlich zur Ausbildung von hierarchietypischen, morphogenetischen Kraftfeldern kommen, die ihrer Natur nach hierarchiebildend wirken. Wo setzt hier die Zufälligkeit im kosmischen Werden an, und wohin wird die Unordnung entsorgt, die eigentlich bei jedem physikalischen Prozeß hinzugewonnen werden sollte, wenn der Kosmos Gestalt annimmt? Angesichts des viel diskutierten Weltanfangs in Form des heißen Urknalles in thermodynamischem Gleichgewicht muß die Frage erlaubt sein, warum sich hernach dann überhaupt noch etwas weiterentwickelt hat, wenn doch der Kosmos sich schon im Anfang auf dem Maximum seiner Entropie, also dem höchstmöglichen Maß an Unordnung, befunden hat. Ist es denn verständlich zu machen, daß aus primär gegebener Unordnung so etwas wie Ordnung entsteht?

Es will einem gewöhnlich so scheinen, als ob zu höherer Ordnungsbildung nur komplexe Systeme mit vielen kommunizierenden Freiheitsgraden und mit sehr verzweigten, vielwegigen Wechselwirkungsformen fähig wären, als wäre die Fähigkeit zur Strukturausbildung eine Tugend der komplexen Systeme, welchselbe eigentlich erst einen wirklich evolutionären Weg zu höheren Ordnungsformen des Systems möglich machen. Neuere Ergebnisse aus dem Bereich nichtlinearer Prozeßabläufe belehren hier eines Besseren. Selbst ganz einfache physikalische Systeme sind zu auffälliger Strukturbildung oder Geschichtsbildung in der Lage. Schon ein einfaches Pendel kann die wunderbarsten Formen von Schwingungsabläufen entwickeln, wenn es nur, neben der Gravitationseinwirkung, zusätzlich unter der Einwirkung einer weiteren, störenden Kraft steht, deren Stärke nicht, wie im Falle der Schwerkrafteinwirkung, proportional zur Pendelauslenkung aus der Ruhelage ist, sondern zum Beispiel quadratisch oder kubisch davon abhängt. Ebenso können schon wenige Atomrümpfe - also Atome, denen man eines ihrer Hüllenelektronen durch Ionisation entfernt hat, so daß sie hernach elektrisch geladen sind - in einen gemeinsamen elektrischen Potentialkessel eingesperrt, phantastisch anmutende Strukturen aufbauen, die man sich im Lichte der Laserlichtfluoreszenz sogar direkt ansehen kann.

In diesen beiden Fällen und in praktisch allen anderen Beispielfällen, die wir nennen könnten, geht die Strukturbildung auf das Wirken miteinander konkurrierender Kräfte unterschiedlicher Natur und unterschiedlicher Wirkungslänge zurück. Verbirgt sich hinter dieser Erkenntnis vielleicht auch schon das Geheimnis der Strukturbildung im Kosmos? Eine Antwort auf diese Frage wird man nicht leicht geben können, aber man kann sich zunächst einmal fragen, woran sich denn überhaupt dieser hier befragte Umstand einer augenfälligen Strukuriertheit im Kosmos objektiv nachweisen läßt. Womit läßt sich denn der auf jeder kosmischen Größenskala gegebene Strukturierungsgrad eigentlich objektiv und quantitativ festlegen? Wenn man viele Objekte auf einen vorgegebenen Raum wahllos verteilt fände, also so viele, daß auf die gewählte Volumeneinheit immerhin noch statistisch signifikant viele dieser Objekte entfallen würden, so sollte sich immer zeigen, daß die Wahrscheinlichkeit, in der Nachbarschaft eines bestimmten herausgegriffenen Objektes ein zweites solches Objekt zu finden, nicht vom Abstand zu diesem Referenzobjekt abhängt. Hängt diese Zahl dagegen doch von diesem Abstand selbst in auffälliger Weise ab, so besagt dies, daß die Objekte eben nicht zufällig, sondern in skalierten Strukturen angeordnet im Raum verteilt sind. In kosmischen Dimensionen von Größenordnungen zwischen 10 Millionen und 500 Millionen Lichtjahren erkennt man auf genau diese Weise heute immer mehr dieser stark ausgeprägten, kosmischen Materiestrukturen. Selbst bei solch riesigen Dimensionen des Raumes kann keine Zufälligkeit in der Verteilung der Objekte gefunden werden. Bei kosmischen Tiefendurchmusterungen auf der Suche nach optisch registrierbaren Objekten von galaktischer Qualität wurde erst in jüngster Zeit, insbesondere verbunden mit den Namen der Astronomen John P. Huchra und Margaret J. Geller vom Harvard Smithonian Center for Astrophysics in Cambridge (USA) erkannt, daß es im Universum unübersehbar ausgeprägte Großstrukturen mit Ausmaßen von 300 Millionen Lichtjahren und mehr gibt.

Solche Mammutstrukturen aus Galaxien und Haufen von Galaxien bilden sich zumeist in der Form flächenhaft angeordneter Haufen und Superhaufen kosmischer Lichtquellen aus. Es ergibt sich der Anschein, als ob sich die unzähligen Leuchtobjekte im Weltall am liebsten zu Häuten anordnen möchten, welche riesige Leerräume umspannen, in denen sich, auf den Mittelwert gesehen, weit weniger leuchtende Materie befindet als in den Häuten. Die mittlere Materiedichte in diesen Häuten ist dabei um gut den Faktor 10 bis 50 größer als in den eingeschlossenen kosmischen Vakuolen. Das Weltall nimmt dadurch in gewisser Hinsicht eine Beschaffenheit ähnlich einem wulstigen Seifenschaumgebilde an, bei dem ja auch in den von Oberflächenspannungen bestimmten und geformten Blasenhäuten die alleinige Flüssigmaterie steckt, während die eingeschlossenen Räume nur unsichtbare gasförmige Materie enthalten.

Solche Massenhäufungen werden von den Astronomen nicht nur aufgrund räumlicher Gruppiertheit und topologischer Konstelliertheit erkannt, sie machen oft auch nur durch ihre Gravitationseinwirkung auf ihre weitläufige Umgebung auf sich aufmerksam. Gigantische Massenansammlungen von 10^{15} (1 Billiarde!) Sonnenmassen scheinen so, von ihrer Gravitationswirkung her zu urteilen, irgendwo jenseits des Hydra-Centaurus-Superhaufens in Form eines großen kosmischen Attraktors versammelt zu sein, auch wenn letzterer bisher nicht mit irgend einem entsprechenden Leuchtmuster identifiziert werden konnte. So jedenfalls schließen Astrophysiker heute, wenn sie sich die Eigenbewegungen vieler Galaxien in unserer näheren und weiteren Nachbarschaft genauer anschauen. Dabei tritt als auffälliges Faktum hervor, daß alle diese galaktischen Objekte so etwas wie eine Vorzugsbewegung auf diesen großen kosmischen Attraktor hin durchführen.

So bewegt sich der lokale Schwerpunkt der galaktischen Massen in unserer kosmischen Nachbarschaft, die "lokale Gruppe", mit etwa 300 Kilometern pro Sekunde auf dieses Zentrum zu. Wenn dies jedoch im Rahmen normaler Physik eine kausale Erklärung finden soll, so muß angenommen werden, daß ein von diesem Zentrum her wirkendes Gravitationsfeld solche konzertierten Bewegungen wie Fallbewegungen in eine dort befindliche kosmische Potentialmulde veranlaßt. Eine solche Mulde im kosmischen Gravitationspotential kann jedoch nur durch riesige Massenansammlungen realisiert werden. So gesehen weist dieser mysteriöse kosmische Gravitationsschlund auf eine Gesamtmasse von einer Billiarde Sonnenmassen hin, die jedoch bisher nicht mit irgendeiner Leuchtstruktur identifiziert werden können. Mag vielleicht sein, daß es sich demnach bei diesem Gravitationszentrum um eine Zusammenballung von "dunkler Materie" handelt. In jedem Falle spräche es jedoch für eine gigantische Großstruktur im Kosmos, wie man sie noch vor kurzer Zeit in Astronomenkreisen nicht für möglich gehalten hätte.

Je mehr und je tiefer man ins Weltall blickt, um so eklatanter springt die Tatsache ins Auge, daß es bis hinauf zu den größten Raumskalen Galaxienverteilungen gibt, die ganz und gar nicht einer Zufallsstatistik entsprechen. Das heißt aber gerade, daß die Materie im Kosmos nicht einfach wahllos über den Raum verteilt ist vielmehr beeinflußt die Existenz einer materiellen Struktur an bestimmter Stelle im Kosmos offensichtlich die Wahrscheinlichkeit dafür, daß weitere materielle Strukturen in deren Nachbarschaft zu finden sind. Den profundesten Beweis für diese auffällige Tatsache lieferten die englischen Astronomen Will Saunders und Mitarbeiter vom Astrophysik Department der Universität Oxford (England). Sie stützen sich dabei auf ihr reiches Beobachtungsmaterial im Rahmen einer Ganzhimmelsdurchmusterung nach der kosmischen Galaxienverteilung bis hin zu Rotverschiebungsentfernungen von 500 Millionen Lichtjahren. Diese Durchmusterung weist weit mehr korreliert assoziierte Quellen bei großen Entfernungen aus, als jemals zuvor gesehen werden konnten. Diese konnten erstmalig aufgrund ihrer Infrarotleuchtkräfte mit dem IRAS-Satelliten (Infrared Astronomical Satellite) identifiziert werden. Infrarotlicht wird vom Staub in unserer Galaxie weit weniger absorbiert als optische Strahlung. Mit diesem "Licht" können wir demnach weiter und ungestörter in den Weltraum hinaussehen. Nach sehr sorgfältiger Analyse der in diese Durchmusterung eingegangenen Befunde kommen Saunders und Kollegen zu dem klaren Ergebnis, daß es weit mehr kosmische Strukturiertheit bei großen Raumskalen gibt, als alle derzeit diskutierten Standardmodelle zur kosmischen Strukturbildung trotz der Hilfsannahme der Mitwirkung von Dunkelmaterie in heißer oder kalter Form vorhersagen können.

Bisher muß die Frage nach einer Erklärung solcher Gestaltbildung völlig unbeantwortet im Raum stehenbleiben. Während vielleicht der Strukturierungsgrad bei kleinen (15 Millionen Lichtjahre!) und mittleren (30 Millionen Lichtjahre!) Skalen durch gewisse theoretische Vorhersageversuche zur Strukturbildung unter Annahme von kalter, dunkler Materie im Kosmos einigermaßen zufriedenstellend erklärt werden mag, bleibt der erstaunlich hohe Strukturierungsgrad bei Skalen größer als 60 Millionen Lichtjahre selbst von den exotischsten Theorien völlig unerklärt. Das bestätigen auch die Astronomen Efstathiou, Sutherland und Maddox, ebenfalls vom Astronomie-Department der Universität Oxford in ihren neuesten Publikationen in der Zeitschrift NATURE. Das besagt aber, daß man derzeit den erkannten Großstrukturen im Kosmos gegenüber völlig ohne Erklärung ist, selbst dann, wenn man willkürlich gewählte Mischformen von kosmischer Dunkelmaterie aus heißen und kalten Dunkelteilchen als Strukturierungskatalysator hinzunimmt.

Wie wir in einem vorangegangenen Kapitel dieses Buches bereits hervorhoben, sollte es jedoch eigentlich, entgegen dem oben konstatierten Faktum, gar keine großräumigen Ballungen von gravitierender und strahlender Materie in Form von großen Mauern, großen Vakuolen oder großen Attraktoren geben. Dies nämlich drückt sich deutlich in der Existenz und Beschaffenheit der kosmischen Hintergrundstrahlung aus, der eine Strahlungstemperatur von nur 3 Grad Kelvin gekoppelt mit einer frappierenden Isotropie, zu eigen ist. Die extreme Gleichförmigkeit und Isotropie dieser Strahlung nimmt dabei speziell angesichts der Erklärung wunder, die man für dieses Strahlungsphänomen gibt. Wie wir an früherer Stelle dieses Buches im Detail diskutiert haben, glaubt man in dieser Strahlung ja das sehr späte Abbild einer frühen Phase unseres expandierenden Universums vor sich zu haben. Diese Strahlung rühre her aus der Phase der kosmologischen Evolution, in der sich die unter 5000 Grad Celsius abkühlende kosmische Materie im Weltraum zu elektrisch neutralen Atomen zusammenfügte und damit für die im Weltall vorhandene elektromagnetische Strahlung durchlässig wurde. Wenn es in dieser Phase Ansätze zu einer Strukturierung in Form materieller Verdichtungen im Universum gegeben hätte, so bliebe unverständlich, warum gerade diese sich nicht auch als Intensitätsschwankungen in der Hintergrundstrahlung niederschlagen sollten. Wenn es andererseits nach Aussage der vorliegenden, strengen Isotropie in der kosmischen Hintergrundstrahlung zu dieser Zeit im Kosmos die heute gesehenen Verdichtungen nicht einmal in Ansätzen gab, so bleibt dann aber unverständlich, warum es heute in der Tat diese stark ausgeprägten Strukturierungen aus Sternsystemen überhaupt geben kann.

Auf der Suche nach dem geeigneten Treibmittel für kosmische Strukturbildung wird in neuerer Zeit immer häufiger von sogenannter "dunkler Materie" geredet. Damit bezeichnen die Astronomen eine vermutete Form von Materie im Kosmos, die dem Beobachter im Weltall zumindest im optischen Bereich des elektromagnetischen Wellenspektrums völlig verborgen bleibt und die überhaupt durch keine andere Form der Wechselwirkung im Universum als durch die gravitative auffällt. Es ist aber gerade diese Form der Wechselwirkung, deretwegen man ihre Existenz postuliert. Vereinfacht auf einen Nenner gebracht, heißt das: Man sieht sie nicht, diese dunkle Materie, aber dennoch sollte sie da sein, weil sie dringend als gravitatives Bindemittel für die verschiedenen dynamischen Strukturen auf allen Größenskalen im Weltall benötigt wird. Ohne diese dunkle Materie scheint es aussichtslos, die Strukturen des Weltalls in ihrem Werdegang zu verstehen. Die Elementarteilchentheoretiker schenken den astronomischen Nöten bereits in solchem Umfange Gehör, daß sie darüber nachsinnen, ob es nicht neben den schon entdeckten und bestätigten elementaren Materieteilchen noch ganz andere Arten von Teilchen geben mag, die aus noch zu klärenden Gründen mit den bekannten Teilchen in keiner der üblichen Weisen über bekannte, elementare Kraftfelder wechselwirken. Wegen des Fehlens elektromagnetischer Wechselwirkungen treten diese Teilchen deswegen auch nicht durch ein Leuchten in Erscheinung. Als Kandidaten für solche exotischen Teilchen lassen sich mühelos eine ganze Menge von verschiedenen Spezies aufzählen.

An erster Stelle wird hier gerne an massive Neutrinos gedacht, von denen es nach heutiger Sicht wahrscheinlich sogar drei verschiedene Sorten geben sollte, die Elektron-Neutrinos, die Müon-Neutrinos und die Tau-Neutrinos. Als 1931 Neutrinos von dem italienischen Atomphysiker W. Pauli zwecks Erklärung der genauen Phänomene der Impuls- bzw. Energieverteilung der nachweisbaren Zerfallsprodukte beim normalen Kern-Beta-Zerfall postuliert wurden, schrieb er ihnen zunächst nur eine verschwindende Ruhemasse zu. Die Messungen zur damaligen Zeit waren einfach auch nicht gut genug, um eine geringfügig von Null abweichende Ruhemasse nachzuweisen. Inzwischen aber haben sich Zweifel an der Richtigkeit dieser Annahme eingestellt. Überall in der Welt laufen derzeit Untersuchungen, die auf die Bestimmung des genauen Massenwertes der Neutrinos abzielen. Hierbei ist klar, daß die Massehaftigkeit der Neutrinos einige ganz grundlegende Eigenschaften dieser Teilchen wesentlich verändern würde. Da zum Beispiel die verschiedenen Neutrinotypen dann auch verschiedene Massen haben sollten, so müßten sie wegen der Energiedifferenz zwischen ihnen nach einer allgemeinen Regel der Elementarteilchenphysik folglich auch ineinander übergehen können, sie könnten sozusagen ihr Gesicht wechseln. Zudem folgt auch klar, daß Neutrinos sich um so weniger mit Lichtgeschwindigkeit, also der einzig möglichen Geschwindigkeit für Photonen, bewegen können, je massereicher sie sind. Alles hängt hier also von der Frage nach der Neutrinomasse ab. Wenn sich nun aber bei den derzeit noch laufenden Untersuchungen für die Neutrinos Massen nachweisen lassen sollten, beispielsweise bereits für das leichteste der drei Neutrinosorten, das Elektron-Neutrino, ein Ruhemassenäquivalent von größer oder gleich 5 Elektronenvolt, so würde allein das schon enorme, kosmologie-relevante Auswirkungen haben. Und zwar, weil sich daraus der revolutionierende Umstand ergeben würde, daß zumindest, beurteilt nach der Ruhemassenmenge, der Materieinhalt des Universums nicht von den Atomkernen, sondern von den Neutrinos bestimmt ist. Der Kosmos wäre also gar nicht geprägt von der Materie der Atomkerne, die letzten Endes ja bekanntlich in den Sternen und Sternsystemen durch ihre Kernverschmelzungen für das gesamte Leuchten im Universum verantwortlich sind. Er wäre vielmehr von den Neutrinos dominiert, denen man bisher gar keine kosmische Rolle zugedacht hatte, nicht zuletzt weil ihre nichtgravitative Wechselwirkung mit anderer Materie extrem schwach ist. Wenn Neutrinos also im obengenannten Sinne massiv sind, so diktieren sie gravitativ das evolutionäre Geschehen im Kosmos. Dann aber sind gleichzeitig ihre Schallgeschwindigkeiten, also Geschwindigkeiten, mit denen Neutrinos kosmische Information transportieren können, in allen Epochen der kosmischen Evolution deutlich kleiner als die Lichtgeschwindigkeit. Das hat jedoch zur Folge, daß bereits im frühen Universum, als die schwach wechselwirkenden Neutrinos erst einmal von der restlichen Materie des Kosmos frei wurden, sich gravitativ angetriebene Fragmentationen von Teilbereichen des Neutrinomateriekosmos nach dem in der Astronomie bekannten Modell der Jeans-Instabilität als Neigung zum Kollaps im eigenen Schwerefeld ausbildeten, mit denen dann eine frühe, wenn auch zunächst noch unsichtbare gravitative Feldstrukturierung durch Neutrinos in das bis dahin homogene Weltall hineintrat. Die kosmische Welt hätte sich verästelt und mit einem spinnennetzartigen System aus Gravitationstälern durchzogen. Eine vielleicht davor herrschende, frühe kosmische Epoche der Homogenität wäre damit dann endgültig aufgehoben!

Wenn jedoch die normale Materie im Grunde nur einen verschwindenden Anteil zur Gesamtmasse des Universums beiträgt, so ist das Leuchten dieser normalen Materie auch nur ein trügliches Zeichen für die echten und wahren Gravitationsstrukturen im All. Eine Struktur wie die des "großen Attraktors" müßte dann vielmehr von dunkler, exotischer Materie wie zum Beispiel von massiven Neutrinos konstituiert sein. Dann aber stellt sich die Frage, nach welchen Kriterien sich wohl das Neutrinogas strukturiert und ob sich für ein solches Gas überhaupt eine Kollapsinstabilität nachweisen läßt, also die Neigung, sich im eigenen Gravitationsfeld zu verdichten. Ein Neutrinogas verhält sich wegen seiner schwach ausgeprägten Wechselwirkung mit anderen Teilchenspezies in vieler Hinsicht ganz anders als ein normales Gas. Gravitationsinstabile Verdichtungen können in einem solch exotischen Gas schon anwachsen, sobald dieses Gas sich vom elektromagnetischen Strahlungsfeld dynamisch befreit. Das geschieht jedoch viel früher in der kosmischen Evolutionsgeschichte, als dies im Falle normaler Materie eintritt. Und zwar geschieht es um so früher - und folglich bei umso höheren Temperaturen - je größer die Ruhemasse der Neutrinos ist, das heißt, je schwerer es fällt, solche Neutrinos auf dem Wege der Paarerzeugung aus elektromagnetischen Photonen nachzubilden. Die nach diesem Abkopplungszeitpunkt dann möglich werdenden Neutrinogasverdichtungen führen zu Gesamtmassen im Universum, die folglich sehr empfindlich von der Ruhemasse der Neutrinos abhängen.

Hieran erkennt man deutlich, was die dunkle Materie mit der Strukturbildung im Kosmos eigentlich überhaupt zu tun hat. Zwar ist in der Tat dieser Zusammenhang nicht ganz geradwegig und unmittelbar einsichtig. Er beginnt sich schon kurz nach dem allgemein zitierten Urknall und der sich damit einleitenden kosmischen Expansion herzustellen. Wenn der Kosmos gemäß dem, was wir in ihm zu sehen bekommen, nur aus normaler, leuchtender Materie, also Atomkernen und Elektronen, sowie aus elektromagnetischer Strahlung besteht, so ist klar, daß der Kosmos in seiner frühesten Phase, nachdem Teilchen und Antiteilchen sich restlos in Photonen umgewandelt haben, energetisch vom Strahlungsfeld dominiert sein muß. Erst nach etwa zehntausend Jahren, wenn die Photonen dieses Strahlungsfeldes durch die kosmische Expansion entsprechend stark kosmologisch gerötet worden sind und sie dadurch stark an Energie verloren haben, würde die normale Materie die beherrschende Energieform im Kosmos darstellen, welche sodann das weitere kosmische Geschehen determiniert, wenn denn nicht doch die dunkle Materie vorherrschend ist. Kleine Dichtefluktuationen können in der normalen Materie, die mit dem elektromagnetischen Strahlungsfeld stark wechselwirkt, jedoch erst anwachsen, wenn erstere sich im Zuge der Expansion genügend weit abgekühlt hat, so daß sie sich in Form von Atomen elektrisch neutralisieren kann. Wegen der vorher gegebenen starken Kopplung zwischen Strahlung und Materie kann folglich erst danach eine gravitativ angetriebene Verdichtung normaler Materie zu gravitationsinstabilen kosmischen Substrukturen einsetzen, wie sie zuerst 1929 von dem englischen Astrophysiker J. H. Jeans beschrieben worden ist.

Gehen wir einmal kurz der Frage nach, wie und warum sich die Materie im Kosmos eigentlich verdichtet. Wichtig ist hier, daß zwischen den freibewegten Gasatomen im Kosmos ein selbsterzeugtes Gravitationsfeld wirkt, das die Gasatome bei ihrer Bewegung beeinflußt und in ihrer Ausbreitung auf größere Räume behindert. In einem kritischen, von den thermodynamischen Rahmenbedingungen bestimmten Fall sorgt dies dafür, daß eine gewisse Untermenge von Gasatomen durch diese interatomaren Gravitationsfelder veranlaßt wird, einen gebundenen Verband zu bilden, aus dem die beteiligten Gasatome nicht mehr heraustreten können, so, als wären sie von einer Ballonhaut umschlossen. Auf der Basis der Newtonschen Gravitation hatte sich 1929 als erster der englische Astronom J. H. Jeans mit der Frage der Stabilität von zufällig sich bildenden kosmischen Gasansammlungen beschäftigt, die unter der Wirkung eines durch die eigene Masse erzeugten, lokal dem globalen Feld des Kosmos überlagerten Gravitationsfeldes stehen. Dabei hatte sich ergeben, daß es eine kritische Massengrenze einer solchen Gasansammlung oder auch Dichtefluktuation gibt, oberhalb derer das lokal verdichtete Gas unter seiner eigenen Schwere unwiderruflich kollabieren sollte. Diese Grenzmasse hängt vom mittleren thermodynamischen Zustand des ungestörten, uniformen, kosmischen Gashintergrundes selbst ab, und zwar erweist sie sich als proportional zur Wurzel aus der dritten Potenz der Gastemperatur T und als umgekehrt proportional zur Wurzel aus der Gasdichte ρ (d.h. $M_c \cong \sqrt{T^3/\rho}$). Das heißt nun, daß zufällige Dichtefluktuationen im kosmischen Gas instabil gegen Gravitationskollaps werden, wenn sie insgesamt mehr Masse repräsentieren, als der kritischen Grenzmasse entspricht, die durch das Jeanssche Gesetz angegeben ist.

Diese Grenzmasse vergrößert ihren Wert erheblich im frühen Kosmos, wenn Strahlung und Materie noch eng aneinandergekoppelt sind und wenn anstelle der Schallgeschwindigkeit die Lichtgeschwindigkeit als Reaktionsgeschwindigkeit des kosmischen Materiesubstrates fungiert. Diese Grenzmassenveränderung ergibt sich schon wegen des sich im Zuge der kosmischen Evolution stark verändernden Wertes für die Dichte des kosmischen Gashintergrundes und dessen Temperatur. Diese Grenzmasse wächst mit wachsendem Weltradius und fallender Dichte in der frühesten Weltphase ständig bis auf Werte von einer Billiarde Sonnenmassen. Wenn jedoch schließlich normale Materie und Strahlungsfeld nach genügend vorangeschrittener Abkühlung voneinander frei werden, so fällt zunächst einmal der Wert der Jeansmasse fast schlagartig von einigen Billiarden auf einige hunderttausend Sonnenmassen ab und fällt dann von diesem stark reduzierten Wert aus während fortschreitender Expansion auch noch weiter ab. Die für normale Materie definierte Jeanssche Grenzmasse fällt von einem Anfangswert dann weiter ab, weil Materietemperatur und -dichte sich im expandierenden Kosmos gerade so verändern, daß die sich für diese Weltphase errechnende Jeansmasse mit dem Weltradius $S(t)$ wie $S(t)^{-3/2}$ verhält. Dies bedeutet, daß von diesem Zeitpunkt an nur noch Massensysteme von dieser oder kleinerer Größenordnung, also von weniger als 200000 Sonnenmassen, aus dem unstrukturierten kosmischen Gashintergrund durch Eigengravitation auskondensieren oder fragmentieren könnten. Massensysteme von der Größenordnung von Galaxien oder Galaxienhaufen mit 10 bis 1000 Milliarden von Sonnenmassen können sich folglich nur vor dem Zeitpunkt der Rekombination der Materie gebildet haben. Anders verlaufen allerdings all diese Folgerungen, wenn man davon ausgehen muß, daß sich Verdichtungen dunkler Materie wie etwa massiver Neutrinos ergeben können.

Dennoch bleibt die Theorie der sich selbst erzeugenden Strukturen sehr schwierig, wie in Arbeiten der Astrophysiker McCrea und W. B. Bonnor aus dem Jahre 1954 gezeigt werden konnte. Hier wurde betrachtet, daß der ungestörte Grundzustand des kosmischen Gases durch die kosmische Expansion des Universums beschrieben wird. Die Frage stellt sich dann, wie sich geringfügige zufällige Dichtefluktuationen, aufgesetzt auf ein expandierendes kosmisches Hintergrundgas, in der Zeit verhalten. Es ist klar, daß unter diesen Umständen ein Anwachsen der lokalen Dichtestörung nur dann erfolgen kann, wenn die durch die Eigengravitation der Dichtestörung betriebene lokale Dichtezunahme stärker ist als die expansionsbedingte, allgemeine kosmische Dichteabnahme im Hintergrundgas. Die typische Zeitskala des Anwachsens lokaler Dichtefluktuationen hängt von der räumlichen Ausdehnung dieser Fluktuation, von der Schallgeschwindigkeit und von der Dichte des Hintergrundgases in der jeweiligen Phase der kosmischen Entwicklung ab. Bei räumlich sehr ausgedehnten Fluktuationen berechnet man diese Zeitskala mit der Freifallzeit, welche nur durch die Dichte des Hintergundgases bestimmt wird. Sie gibt an, binnen welcher Zeit die Dichtestörung im eigenen Gravitationsfeld frei in ihr Schwerezentrum hineinfallen würde.

Während der Rekombinationsphase würde diese Zeit sich auf etwa eine Million Jahre belaufen. Das besagt, daß solche Fluktuationen überhaupt nur dann anwachsen können, wenn in dieser Phase die typische Rate der Weltexpansion (gegeben durch die Zeitdauer $\tau_{ex} = S(t)/(dS/dt)$) deutlich größer als eine Million Jahre ist. Letzteres ist nun stark vom verwendeten kosmologischen Expansionsmodell abhängig, welches ja gerade die Abhängigkeit des Weltradius $S(t)$ von der Weltzeit t darzustellen hat. In einem der hier üblicherweise diskutierten Friedman-Modelluniversen (dezelerierte Expansion: Alexander Friedman, 1922) beläuft sich diese kosmische Expansionszeitskala jedoch nur auf etwa hunderttausend Jahre. Damit würde klar, daß zumindest in solchen Universen nach der Rekombinationsphase praktisch überhaupt keine Dichtefluktuationen mehr anwachsen können. Die eigentliche Strukturbildung im Universum sollte demnach also früher angesetzt haben, wenn sie denn überhaupt im Bilde der heutigen Theorie Erfolg haben wollte. In einem von normaler Materie dominierten Kosmos wachsen, wenn überhaupt, zunächst vor dem Rekombinationszeitpunkt Verdichtungen nur bei sehr großen Skalen und erst danach im Zuge einer Subfragmentation größerer Verdichtungen auf sukzessive kleineren Skalen. Das Problem ist jedoch dabei, daß in den meisten kosmologischen Modellen, ausgenommen solche mit genügend großer, kosmologischer Konstante Λ, vom Zeitpunkt der Rekombination zu kosmischer Neutralmaterie an bis heute bei weitem zu wenig Zeit zum Anwachsen solcher Verdichtungswellen bleibt, als daß der Grad der heutigen Strukturiertheit im Weltall damit verständlich wäre.

Als ein Ausweg aus diesem Problem der Strukturbildung ist schon bei den Astrophysikern McCrea und W. B. Bonnor 1956, und dann noch expliziter bei den Astrophysikern K. Brecher und J. Silk 1969, ein Universum nach dem Modell von Abbé Lemaitre diskutiert worden, einem belgischen Theologen und Astronomen, der oft auch als der Urvater des Urknalls bezeichnet wird. Diesem Modell von Lemaitre liegen die Einstein'schen Feldgleichungen, jedoch mit der von Einstein selbst zunächst vorgeschlagenen und dann aber wieder verworfenen Erweiterung um eine sogenannte "kosmologische" Konstante Λ zugrunde. Solche Modelle beschreiben zusätzlich zur normalen anziehenden Gravitation eine jenseits eines bestimmten Abstandes wirksam werdende gravitative Abstoßung im Kosmos. Dadurch ergibt sich die Möglichkeit, daß einige dieser Modelle mit einer geeignet gewählten Materiedichte ihre Expansion praktisch bis auf eine ganz geringe Rate reduzieren können und damit für eine recht lange Zeit den Weltradius konstant halten, bevor sie letztendlich dann eine weitere inflationäre Expansion einleiten, ohne diese jemals danach wieder zu beenden.

In einer solchen Phase der kosmischen Expansionsstagnation kann Strukturwachstum auch in einem von normaler Materie dominierten Kosmos ermöglicht werden, jedoch nur, wenn diese Phase bereits nach dem Rekombinationspunkt liegt. Brecher und Silk erkennen jedoch auch für diesen Fall große Probleme: So analysieren sie in einer genauen Rechnung, wie sich ein stagnierender Kosmos verhalten sollte, wenn er begänne, gravitative Verdichtungen entstehen zu lassen. Bei solchen Verdichtungen würde nämlich Gravitationsbindungsenergie frei, die in Form von elektromagnetischer Strahlung aus den sich bildenden Verdichtungsstrukturen in die Umgebung hinausdränge und die kosmische Strahlungsenergiedichte in dieser Phase stark vergrößerte. Da diese von den sich bildenden Strukturen in den Kosmos verstreute Energie jedoch einen neuen Zusatz zur allgemeinen gravitativen Bindung im Kosmos darstellt, so würde der bis dahin stagnierende Kosmos durch diesen Zugewinn an interner Bindungskraft wieder zum Kollaps veranlaßt werden, wenn nur die Stagnationsphase lange genug anhielte. Wenn wir wollen, daß es uns und alle Galaxien im Weltall heute gibt, so darf ein Universum in der Phase der Strukturbildung nur kurzzeitig stagnieren, um danach weiter zu expandieren. Das Fortschreiten des Fluktuationswachstums wäre ansonsten also selbst in einem solchen Weltall unmöglich!

Weil kein anderer Weg zum Ziel führt, verfällt man auch an dieser Stelle wieder auf die Idee der dunklen Materie. Man hegt die Hoffnung, das Problem der Strukturierung im Kosmos durch sie besser lösen zu können. Stellt man sich nämlich unter ihr eine Form der Materie vor, die nur sehr schwach mit normaler Materie oder elektromagnetischer Strahlung wechselwirkt, also weitgehend davon physikalisch unberührt bleibt wie zum Beispiel massive Neutrinos oder sogenannte WIMPs (**W**eakly **I**nteracting **M**assive **P**articles), so läßt sich von solcher Materie erwarten, daß sie sich schon viel früher von den restlichen Energieformen im Universum frei macht und also schon früh über selbsterzeugte Gravitationsinstabilitäten für sich alleine zu kosmischen Dunkelstrukturen verklumpen kann und nichtleuchtende Gravitationsmulden wie Attraktoren im Universum ausbildet.

Hierbei spielt eine entscheidende Rolle, ob es sich um eine "kalte" oder "heiße" Form von Dunkelmaterie handelt. Je massiver nämlich diese schwach wechselwirkenden Teilchen der dunklen Materie sind, um so früher können sie im thermischen Milieu des Kosmos nicht mehr über den Prozeß der Paarerzeugung aus alternativen Energieformen nacherzeugt werden. Um so früher können sie sich folglich vom restlichen Materiegeschehen entkoppeln. Nur wenn die Temperatur im Kosmos ausreicht, "dunkle" Teilchen bestimmter Masse m aus thermischer Energie nachzubilden (wenn gilt: $K \cdot T \geq m \cdot c^2$), dann verhalten sich ihre Dichtefluktuationen adiabatisch, sie reagieren also auf Volumenverkleinerungen durch starke Druck- und Temperaturerhöhungen. Sie können dann überhaupt nur auf den allergrößten kosmischen Raumskalen anwachsen. Danach verhalten sie sich isotherm und können dann auch auf kleineren Skalen anwachsen. Besonders wichtig in diesem Zusammenhang ist jedoch, daß sich die dunkle WIMP-Materie, insbesondere wenn sie aus massiven Neutrinos mit Äquivalentmassen größer als 5 Elektronenvolt besteht, sehr viel früher zu verklumpen beginnen kann, als dies für leuchtende Materie der Fall ist. Schon lange vor der kosmologischen Rekombinationsphase würde sich ein strukturierter Kosmos - in Form von Dunkelmateriestrukturen und einem dazugehörigen, strukturierten Dunkelgravitationsfeld - herausbilden können. Die Strukturiertheit des heutigen Universums wäre also somit einfach Folge dieser Vorstrukturierung. Dazu muß man sich jetzt ja nur noch verständlich machen, warum später dann die normale Materie, die wir ja heute schließlich strukturiert leuchten sehen, auf dieses vorstrukturierte Gravitationsfeld entsprechend in erzwungener Strukturbildung reagiert.

Allerdings ergibt sich noch ein neues Problem: Wenn die dunkle Materie im Kosmos wesentlich zur Gesamtmasse im Universum beitrüge und sie sich vor dem Rekombinationspunkt der normalen Materie bei Rotverschiebungen von $z \leq 1000$, also noch vor der Entstehung der kosmischen Hintergrundstrahlung, bereits verklumpt hätte, so sollte sie ja das Raumzeitverhalten im damaligen Weltall ganz wesentlich mitgeprägt haben. Das müßte heißen, daß die Raumzeitexpansion dann eigentlich lokal inhomogen und anisotrop verlaufen sein sollte. Die Weltexpansion hätte von Ort zu Ort verschieden und auch unterschiedlich je nach der Himmelsrichtung stattfinden müssen. Damit würden normale Materie und das elektromagnetische Strahlungsfeld in lokal unterschiedlichen Gravitationsfeldern expandieren. Aus dieser so erzwungenen inhomogenen Art der Expansion sollte dann aber auch die heutige 3 Grad Kelvin - Hintergrundstrahlung in entsprechend stark inhomogener Form hervorgehen. Nach den heutigen Messungen des COBE-Satelliten kann jedoch gerade dies überhaupt nicht bestätigt werden. Im Gegenteil, diese kosmische Hintergrundstrahlung erweist sich, wie wir schon in einem vorhergegangenen Kapitel besprochen haben, als viel zu perfekt homogen und isotherm.

Neben all diesen angesprochenen Problemen der kosmischen Strukturbildung bleibt jedoch noch ein ganz anderes Problem zu lösen, das mit der Frage nach der Möglichkeit überhaupt zu tun hat, in einem physikalischen System wie dem des Kosmos Ordnungen entstehen zu lassen, wo doch eigentlich, aus thermodynamischen Weisheiten gefolgert, immer mehr Unordnung, vielerorts auch Chaos genannt, entstehen sollte. Als Chaos bezeichnet man gemeinhin einen Zustand der Unordnung und Ineffizienz in einem System. Als Struktur dagegen bezeichnet man die Ordnung, Organisation, Information oder die hierarchisch angelegte Funktionalität eines Systems mit den wohl abgestimmten, konzertierten Aktionen all seiner Teile. Doch das präzise Reden über solche Dinge fällt schwer, wenn Begriffe wie Chaos und Ordnung unklar gefaßt sind. Gehen wir erst einmal von der physikalischen Definition der

Begriffe "Information" und "Entropie" aus. Im allgemeinen weiß man, daß die Entropie in der Physik als Größe zur Bezeichnung des Unordnungsgrades in einem thermodynamisch-physikalischen System benutzt wird. Woran man jedoch im Einzelfall diesen Grad der Unordnung erkennen kann, wird gemeinhin nicht sehr klar verstanden. Genau gesagt, ist dies in manchen konkreten Fällen selbst für die geübtesten Physiker nicht leicht faßbar oder gar quantisierbar zu machen. Klar zu sein scheint aber, daß Zunahme von Entropie, also von Unordnung, in einem physikalischen System zumeist nachweislich mit einer Abnahme von Information über den Zustand dieses Systems einhergeht. Wirft man zum Beispiel ein Stück Würfelzucker in den Kaffee, der sich in einer Tasse befindet, so ist zunächst der Aufenthaltsort jedes Zuckermoleküls dieses Würfelstückes nach unserer Systemkenntnis hochspezifiziert relativ zum Gesamtvolumen der Tasse, weil er ja auf das Teilvolumen des Würfelstückes selbst eingeschränkt ist. Entwickelt sich dann aber der eigentliche Lösungsvorgang, so nimmt die spezielle Kenntnis über den Aufenthalt der einzelnen Zuckermoleküle im Gesamtvolumen der Tasse ständig ab, weil der Aufenthaltsort der Zuckermoleküle immer weniger auf das ursprüngliche Teilvolumen des Würfels eingeschränkt ist. Je weiter der Lösungsvorgang also voranschreitet, um so mehr wird das Volumen, in dem man mit Sicherheit jedes einzelne dieser gelösten Zuckermoleküle antreffen kann, mit dem Gesamtvolumen der Tasse identisch. Das kommt aber dann einem kompletten Informationsverlust gleich. Denn nur zu wissen, daß die vorhandenen Zuckermoleküle irgendwo in der Tasse sind, ist nicht mehr als das Wissen um die Gesamtzahl der Zuckermoleküle dieses Systems. Alles spezifischere Wissen um die Plazierung der letzteren ist damit im Zuge des Lösungsprozesses verlorengegangen. Die anfangs vorhandene spezielle Aufenthaltsinformation geht somit im Laufe der Zeit, und so auch im Laufe des natürlichen Lösungsvorganges, restlos verloren.

Aus dieser Erfahrung gewinnt man die Merkregel, daß alle physikalischen Systeme die Erhaltung der Summe aus Entropie und Information beachten. Bei entsprechender Definition der Größen S = Entropie und I = Information drückt sich dies mathematisch also in der Form $S(t) + I(t)$ = const. aus, wenn t die Zeitkoordinate bezeichnet. Wie die Entropie, so ist allerdings auch die Größe I nicht immer leicht faßbar. Nur in den einfachsten Systemen ist ihre Definition relativ leicht einsichtig. Eines wird aber durch obigen Zusammenhang sofort klar: Wenn aus irgendwelchen höheren thermodynamischen Gründen gefordert ist, daß die Entropie eines Systems mit der Zeit zunimmt, so macht dies offenbar eine Abnahme der Information des Systems mit der Zeit bei natürlichen Abläufen zwangsläufig.

Boltzmanns Formulierung der Entropie leitet mathematisch auf einen etwas anderen Zusammenhang hin und erlaubt auch letzten Endes die Größe "Information" in etwas spezifischerer Weise zu fassen. Dies geschieht, indem Boltzmann eine thermodynamische Wahrscheinlichkeitsfunktion W als die Wahrscheinlichkeit der Realisierung eines Makrozustandes aus Permutationen der Mikrozustände des Systems einführt, also eine Größe, die die Wahrscheinlichkeit der Realisierung eines äußeren Systemzustandes (Makrozustandes) aus den möglichen Permutationen innerer Systemzustände (Mikrozustände) angibt. Erwin Schrödinger setzt in seinem Buch: "Was ist Leben?" diese Boltzmannsche Realisierungswahrscheinlichkeit $W(t)$ mit dem Begriff $U(t) = $ "Unordnung" gleich und fragt sich dann, wie man wohl das ganz besondere Vermögen der lebenden Systeme, wie etwa der Pflanzen oder der Tiere, "boltzmann-statistisch" begreifen soll, nämlich dauerhaft auf niedrigem oder gar sich erniedrigendem Entropieniveau zu operieren. Bei dieser Frage muß man zunächst einsehen, daß biologische Organismen keine thermodynamisch abgeschlossenen Systeme sind, sondern Teilsysteme, die im Rahmen eines größeren Systems in ein kompliziertes Wechselwirkungsgefüge eingebaut sind. Nach Schrödingers Mutmaßung nimmt ein lebender Organismus aus seiner Außenwelt dauernd Information oder *negative* Entropie auf. Er bekommt bestimmte Direktiven oder Weisungen für sein weiteres physiko-chemisches Verhalten über den "Umweltdruck" zugespielt. Das kann man nun andererseits auch als Abgabe von Entropie an die Außenwelt verstehen, und es bedeutet somit, daß sich das innere Entropieniveau dieses Einzelorganismus trotz Waltens des zweiten Hauptsatzes der Thermodynamik nicht erhöhen muß, sondern sich sogar vermindern kann. Letzteres kann daraus verstanden werden, daß dieser Organismus mehr Entropie nach außen abführt, als er selbst thermodynamisch beim Überleben erzeugen muß. Es läßt sich sagen, daß die jeweilige Ordnung in einem System um so höher ist, je mehr Information in einem System steckt, also je mehr Information man benötigen würde, um ein System in dem jeweils vorliegenden Ordnungszustand zu beschreiben - zum Beispiel, um es nach einem vorliegenden Bauplan Detail für Detail nachzubauen.

Information ist eine quantisierbare und demnach meßbare Bestimmungsgröße eines Systems, die unabhängig von dem Medium existiert, durch das sie dem System zugeführt wurde. Sie besitzt geradezu physikalische Eigenrealität. Die Frage mag sich stellen, wie sich diese besondere Realität im Verhalten eines physikalischen Systems auswirkt. Solche Information als eine dem System innewohnende Größe zu sehen, der eine echte Wirkpotenz im physikalischen Sinne zukommt, läuft gewöhnlich unserer Neigung zuwider. Glaubt man doch eigentlich nicht so recht, daß es eine Rolle spielen könnte, ob Information real und materiell manifestiert in einem System existiert oder ob sie sich nur bei dem beobachtenden Physiker einfindet. Was bewirkt denn die Information, die in einem System steckt, an diesem System? Der intuitive Widerstand, Information als eine physikalische Größe mit Realitätswert und intrinsischer Eigenschaftlichkeit für die physikalische Welt anzunehmen, mag daher rühren, daß wir einer solchen Größe nur eine für den über das Weltsystem nachdenkenden Menschen Relevanz einräumen, jedoch keine Relevanz für das Geschehen selbst. Das erweist sich aber als gravierender Fehlschluß, wie man genauer an selbststrukturierenden Systemen nachweisen kann. Hier legt der intrinsische Informationsgehalt des Systems nämlich das Verhaltensmuster fest - und damit die Art und Weise, wie das System auf innere und äußere

Anstöße hin reagiert.

Bedeutung kommt der Entropie insbesondere bei der Beschreibung des Wechselwirkungsverhaltens einer großen, statistisch relevanten Zahl von Teilsystemen zu, da sich in solchen makrophysikalischen Systemen durch die gegebene Großzahl von Subsystemen so etwas wie eine Evolutionsfähigkeit automatisch einstellt, die sich stets in einer Irreversibilität des in einem solchen System ablaufenden Makroprozesses äußert, also desjenigen Prozesses, der den äußeren, mit sicheren Meßgrößen faßbaren Gesamtzustand des Systems verändert. Trotz Reversibilität der dem Makroprozeß zugrundeliegenden Mikroprozessen er-gibt sich für ein solches System ein völlig einsinniges, unumkehrbares Verhalten in der Zeit. Hierfür gibt es zahllose Beispiele, von denen nur eines zur Verdeutlichung des Sachverhaltes näher analysiert werden soll.

Typische Vorgänge wie etwa die Ausbreitung von Rauch von einer Rauchquelle her in die Umgebung verlaufen immer zum gleichen Ergebnis hin, nämlich in die Richtung auf Schaffung einer gleichmäßigeren Verteilung der Rauchpartikel in der Umgebungsluft des zur Verfügung stehenden Gesamtraumes eines zugänglichen Systems, niemals in die Gegenrichtung. Und dies, obwohl die zugrundeliegenden Vorgänge, nämlich das freie Fliegen der Rauchpartikel durch den Raum und das gelegentliche Zusammenstoßen mit anderen frei fliegenden Partikeln, Gasatomen der Umgebung oder mit Wänden, völlig in sich umkehrbare Prozesse sind. Das heißt somit, daß die dem Gesamtgeschehen unterliegenden Teilprozesse sich im ersten Hinblick als völlig reversibel und zeitindifferent zu erweisen scheinen, obwohl der durch sie getragene Makroprozeß irreversibel und zeitorientiert verläuft. Bei genauer Analyse der gegebenen Sachlage würde sich allerdings zeigen, daß zwar der einzelne Stoßablauf als aus dem Ensemble isolierter, herausgegriffener Elementarprozeß zeitlich umkehrbar ist, daß jedoch in dem Geflecht von Stoßgeschicken für ein einzelnes Rauchteilchen eine zeitliche Geschichte liegt, die die Umkehrbarkeit der gesamten Stoßgeschichte dieses Rauchteilchens völlig in Frage stellt.

Diese prinzipielle Unumkehrbarkeit jedes Ausgasvorganges hängt nämlich mit der Wahrscheinlichkeit der jeweils benötigten Ausgangsbedingungen zusammen, durch deren Realisierung ein Makroprozeß angestoßen wird - oder eben nicht wird. Damit der bekannte, natürliche Prozeß des Ausgasens nach vertrauter Art abläuft, bedarf es lediglich als Anfangsbedingung der Unterbringung gewisser Testmoleküle in einem Unterraum wie etwa der Rauchquelle, gleichgültig wo und mit welchem Impuls dort. Die Impuls- und Impulsrichtungsverteilung ist dabei völlig unerheblich. Der diesem natürlichen Prozeß des Diffundierens entgegengesetzte Prozeß, nämlich derjenige des Zurückdiffundierens der Moleküle in die Quelle, ist im Prinzip physikalisch ebenso möglich und verstieße nicht gegen physikalische Grundgesetze. Um einen solchen Prozeß jedoch *realiter* ablaufen lassen zu können, bedarf es der Realisierung derart unwahrscheinlicher, im Detail festgelegter Anfangsbedingungen bezüglich Orts- und Impuls-Verteilung der Moleküle, daß dieser Vorgang in Wirklichkeit offensichtlich aus dem Grunde seiner Unwahrscheinlichkeit, also der Unwahrscheinlichkeit der Realisierung solcher Anfangsbedingungen nicht vorkommen kann. Ein Rücklauf des Geschehens über einen einzelnen Zeitschritt ist zwar per Gesetz immer möglich, aber die "negentropischen" Anfangsbedingungen für die komplette Impulsumkehr zu einem solchen Geschehensschritt sind immens viel unwahrscheinlicher als diejenigen für die entropische Impulsverteilung. Zu jedem Ort der Moleküle im Außenraum müßte man mit einer schon allein von der Unschärferelation her völlig verbotenen Genauigkeit einen Impuls zuordnen, damit solchermaßen garantiert werden könnte, daß trotz der vielen Zwischenereignisse wie der Stöße an die Gefäßwände und die Stöße mit anderen Molekülen sich jedes Molekül im Vorwärtslauf der Zeit einer dynamischen Bahn unterwirft, die schließlich in der Quelle endet.

Mit der Unwahrscheinlichkeit solcher Anfangsbedingungen in der Natur wird es wohl auch zusammenhängen, daß reale, natürliche Prozesse immer nur in Richtung auf höhere Unordnung, auf größere Entropie und kleineren Informationsgehalt hinarbeiten. Diese Zwangsläufigkeit in der natürlichen Entwicklung eines physikalischen Makrosystems hängt auch mit der für den jeweils erreichten Zustand sich ergebenden Zahl von Realisierungsmöglichkeiten aus Mikrozuständen zusammen. Diese Zahl stellt die Menge der verschiedenen Mikrozustände dar, die mit dem gleichen gegebenen Makrozustand kompatibel sind oder konform gehen. Unter dem Makrozustand wird hierbei immer ein nur durch die von außen erfahrbaren physikalischen Eigenschaften festgelegter Zustand des Systems verstanden wie zum Beispiel durch Dichte, Temperatur und Druck des Gases. Dagegen läßt sich bei rein gedanklicher Zulassung der Individualität der einzelnen Geschehnisträger, wenn auch ohne jeden Erfahrungswert und ohne physikalisch-pragmatische Bedeutung, eine Vielzahl von Mikrozuständen zugehörig zum gleichen Makrozustand vorstellen, die selbst aber keine Observabilität besitzen, das heißt, sich ihrer Natur nach überhaupt nicht als verschiedene Zustände beobachten und so voneinander unterscheiden lassen. Es zeigt sich nun, daß der Prozeßablauf in einem System aus statistisch großen Mengen von Untersystemen dadurch ausgezeichnet ist, daß mit ihm neue Makrozustände in kommender Zeit realisiert werden, denen eine vergrößerte Realisierungswahrscheinlichkeit, bedingt durch eine größere Zahl kompatibler Mikrozustände, zukommt. Da man von solchen Mikrozuständen auf physikalische Weise keine Kenntnis gewinnen kann, so wächst der Grad von Unwissen dem Zustand des Gesamtsystems gegenüber bei der Vermehrung der dem übergeordneten Makrozustand konformen, möglichen Mikrozustände stets an, das heißt, der Informationsgehalt des Systems nimmt ab. Mit der Zunahme der Realisierungswahrscheinlichkeit des Makrozustandes geht also eine Zunahme des Grades von Unordnung in dem betreffenden Makrosystem einher.

Wie kann man nun die Ordnungsentwicklung im Kosmos verstehen, wenn gleichzeitig die Gültigkeit des Entropiesatzes bestehen soll? Wird da nicht aus dem anfänglichen Materie- und Energiechaos des *big bang*, aus dem nach und nach mehr hierarchische Strukturen gravitativ organisierter Materie hervortreten, eine wachsende

Ordnung aus zunächst gegebener Unordnung geschaffen? Wie läßt sich dies dann mit dem Gebot der Entropievermehrung bei natürlichen Abläufen und, damit verbunden, mit der Informationsverminderung dieses kosmischen Makrosystems vereinbaren? Die Tendenz zur Selbststrukturierung in nichtlinearen Systemen, also solchen Systemen, die in nichtlinearer Weise auf Abänderungen der Anfangszustände reagieren, läßt sich anhand sogenannter Lyapunov-Funktionen L erfassen (siehe dazu z.B. Prigogine 1980, Schuster 1984, Zaslavski 1986, Haken 1988). Mit ihnen beschreibt man den integralen Entwicklungseffekt resultierend aus unterschiedlichen nichtlinearen Entwicklungsprozessen am System. Diese Lyapunov-Funktion ist sowohl eine Funktion der Zeit als auch des momentanen Informationsstandes $I = I(t)$ des Systems. Sie wird auch die "dynamische Entropie" des Systems genannt und charakterisiert die Rate des Informationszuwachses im System. Interessant ist nun die Feststellung, die Ilya Prigogine und Hermann Haken treffen, daß diese dynamische Entropie L mit der im System steckenden Information I positiv korreliert ist, in dem Sinne, daß größere Werte von L mit größeren Werten von I zusammengehen. Je höher der Informationszustand I in einem nichtlinearen System, um so größer auch die zugehörigen dynamischen Entropien, also $L = L(I)$ mit $\partial L/\partial I \geq 0$. Diese Lyapunov-Funktionen L jedoch determinieren, indem sie die Vehemenz des nichtlinearen Strukturierungsdranges im System bestimmen, die Rate der Erniedrigung der inneren Entropie (dS/dt) durch Bildung neuer Kollektive oder neuer funktionaler Einheiten und damit durch

Abb. 1: Koexistierende Nichtgleichgewichtssysteme im Kosmos in einem kosmischen Umgebungsmilieu, welches den Entropieexport und die Ordnungsbildung bis hin zur Bildung von Sonnen, Planetensystemen und menschlichem Leben erlaubt.

Versklavung und Reduktion mikroskopischer Freiheitsgrade im System: Plötzlich kann nicht jedes Gasmolekül im Rahmen der ihm zugebilligten lokalen Freiheiten einfach mehr tun, was es möchte, sondern es muß sich dem Diktat neuer, höherfunktionaler Einheiten unterwerfen. Gleichlaufend damit erhöht sich die Rate der Qualitätsvermehrung und Informationsbildung (dI/dt) im System. Hierbei erweist sich folgende Relation als gültig: $(dI/dt) = L\{I(t)\}$, was soviel bedeutet wie die direkte Gegebenheit des Informationszuwachses pro Zeiteinheit durch den jeweilig aktuellen Wert der Lyapunov-Funktion $L(I)$.

Diese obige Differentialbeziehung zwischen zeitlicher Informationsvermehrung und Lyapunov-Funktion läßt sich nun aber auch so deuten, daß die Erzeugung eines gewissen Informationszuwachses ΔI in Systemen unterschiedlicher Informationsstufe I wegen $L = L(I)$ unterschiedlich viel Zeit in Anspruch nimmt. Vergleicht man also etwa zwei Systeme auf unterschiedlicher Informationsstufe, so sollte sich hier gemäß Treumann (1992) die folgende Relation als gültig erwarten lassen:

$$\Delta I = L_1(I_1) \cdot \Delta t_1 = L_2(I_2) \cdot \Delta t_2.$$

Diese interessante Beziehung läßt sich folgendermaßen deuten: Ein "*intelligenteres*" System "2" mit höherem Informationsstand, also mit $I_2 \geq I_1$, benötigt für den gleichen Informationsfortschritt ΔI vergleichsweise weniger Zeit als das "*dümmere*" System "1". Andererseits sollte man nun aber auch schließen dürfen, wenn man denn einfach einmal Zeitintervalle Δt nach derjenigen

Zeit mißt, die nötig ist, damit in einem System ein elementarer Informationsfortschritt erzielt wird, daß dann auch logischerweise die Zeit in unterschiedlich intelligenten Systemen unterschiedlich schnell voranschreitet. Man brauchte, um diesem Umstand gerecht werden zu können, folglich jeweils eine systemeigene Zeittaktung, wenn elementare Vorgänge der Selbststrukturierung in solchen Systemen miteinander verglichen werden sollen.

Interessant ist hier der Extremfall eines Systems, das überhaupt keine intrinsische Information erzeugt. Wenn nämlich die Lyapunov-Funktion L und damit die dynamische Entropie dieses Systems verschwindet, so sollte die intrinsische Zeit dieses Systems sozusagen stillstehen, denn jeder Informationsfortschritt dauert hier unendlich lange, bzw. er stellt sich erst gar nicht ein. Derartiges liegt aber gerade in einem Gleichgewichtssystem vor. Da ein solches System keine interne Information erzeugt, sollte es auch keine innere Zeit erzeugen, da kein Zustand des Systems von irgendeinem nachfolgenden Zustand unterschieden werden kann. Letzteres macht gerade bei einem Gas im thermodynamischen Gleichgewichtszustand eklatanten Sinn, weil kein Zeitmoment von einem nachfolgenden durch den zu ihm gehörigen makroskopischen, äußeren Zustand des Systems unterschieden werden kann. Mikroskopisch mag zwar immer etwas nach unserem naiven Grundverständnis geschehen, indem Einzelteilchen als die mikroskopischen Geschehnisträger sich von hier nach dort bewegen und dabei miteinander stoßen, für das Makrogeschehen wird hierbei jedoch immer nur die eine Teilchenidentität durch die andere ersetzt. Der gleiche Makrozustand wird nur einfach unendlich oft auf sich selber abgebildet. Es findet einfach keine echte Qualitätsänderung auf makroskopischer, also von außen beobachtbarer Stufe statt. Geschehen im eigentlichen Sinne, begleitet von intrinsischer Zeiterzeugung, liefe nach obigen Bemerkungen jedoch nur dann wirklich ab, wenn Information gebildet würde, wenn sich der Makrozustand des Systems in Richtung auf Qualitätsverbesserung oder Mehrwertbildung verändern würde. Dabei muß man auch den Prozeß einer Qualitätsverminderung und eines Informationsverfalles wie im Falle negativer Lyapunov-Funktionen und sich auflösender Subsysteme mit einbeziehen. Zeit und Reifung werden sozusagen in einem nichtlinearen, selbststrukturierenden System auswechselbar identisch, so, wie in letzter, aber wichtigster Konsequenz dann natürlich auch beim Menschen selbst anwendbar in der Form: Ohne Bewußtseinsreifung erzeugt der Mensch sich keine innere Zeit! Er steht förmlich auf der Stelle, sein Bewußtsein ändert schlicht seinen Makrozustand nicht.

8.

Die "blaue Periode" der Erde: Wann wurden die Weichen des Lebens gestellt?

Wer die Erde mit freudigem und wachem Auge erlebt, begeistert sich an ihrer schillernden Farben- und Formenpracht. Das Licht der Sonne läßt das irdische Seinsgut in hochzeitlichem Glanze aufgehen und erfreut immer wieder das Herz des freien Menschen auf dieser Erde. Selbst vom nahen Weltraum her gesehen, zeigt sich unser

Erdplanet als ein staunenswert schönes Himmelsjuwel. Man könnte alle Erdentage in der Freude der Anschauung dieses Juwels zubringen, man kann jedoch auch schließlich und endlich einmal diese uns bereitgestellte Schönheit auf ihre Entstehung hinterfragen. Wie soll sich denn aus dem weiten, diffusen und willenlosen Kosmos ein in so prachtvollem Blau leuchtendes und lebendes Juwel herausbilden können? Wer hatte hier die Absicht, solche Schönheiten zu schaffen, und wie mag er dies in die Tat umgesetzt haben? Wenn wir den Kosmos und seine Gebilde anschauen, so läßt sich feststellen, daß auch die Erde nichts anderes als eines dieser aus der diffusen Materiesaat hervorgetretenen Weltgebilde darstellt. Daß wir solche Weltgebilde, und mit ihnen auch die Erde, einem interessierten Studium überhaupt unterziehen können, ist dabei einem wichtigen Umstand zu verdanken, nämlich, daß diese Weltengebilde über gewisse Zeitperioden hinweg eine Beständigkeit ihrer Form und Funktion aufweisen müssen.

Alle bei der Evolution eines Gesamtsystems formmäßig als eigenständige Ganzheiten in Erscheinung tretenden Teilsysteme können nur dann überhaupt von uns wahrgenommen und studiert werden, wenn deren Existenz zumindest für eine angemessen lange Zeitspanne gewährleistet wird. Wenn es sich überhaupt lohnen soll, daß wir Teilsysteme von ihrer Morphologie her studieren, so muß schon garantiert sein, daß diese in ihrer vorliegenden Form für eine entsprechend lange Weile bestehen können. Sie müssen sich für die Dauer dieser für die Beobachtung verfügbaren Existenzspanne als "quasi-stationäre" Zustände eingerichtet haben.

Für die Dauer dieser Spanne muß sich demnach in einem solchen System auch eine Quasi-Kontinuität der Energieflüsse eingerichtet haben, d.h.: Die Menge von Energie, die pro Zeiteinheit von außen in das Subsystem einströmt, muß in etwa auch pro Zeiteinheit wieder von diesem System nach außen abgegeben werden. Was das Subsystem unter solchen Voraussetzungen eines ausbalancierten Energiedurchflusses dann schlicht überhaupt nur tun kann, ist, die Form - oder den Nutzbarkeitsgrad - der durch sie durchfließenden Energie abzusenken, das heißt, geordnete, niederentropische Energie aufzunehmen und dafür mengengleich weniger geordnete, höherentropische Formen der Energie wieder abzugeben.

Hierbei gilt als Prinzip: Ausnutzung der durchfließenden Energie geschieht durch Verteilung derselben Menge von Energie auf mehr Freiheitsgrade, also durch Energiezerstückelung auf mehr tragende Untereinheiten! Hierzu wollen wir uns zunächst zur Klärung kurz das Thema "Entropie der Energie" und danach das Paradesystem "Erde" als ein Vorzeigebeispiel für die Entropisierung der Energie näher ansehen.

Wie ordentlich ist Energie? Ist jede Form von Energie immer gleich ordentlich oder unordentlich? Oder liegen eben gerade hierin die entscheidenden Unterschiede, aufgrund derer gewisse Energieformen als wertvoll und andere als minderwertig eingestuft werden können? Davon unabhängig bleibt die Gesamtenergie, ob ordentlich oder unordentlich, jedoch nach allgemeiner Vorstellung bei irgendwelchen physikalischen Prozessen immer erhalten. Man kann jedoch bei genauerem Hinsehen oft erkennen, daß sich bei solchen Prozessen dennoch die Formen der auftretenden Energie - die Art und Weise also, wie die Energie repräsentiert erscheint - verändern. Man kann nämlich das der jeweiligen Repräsentanzform der Energie innewohnende Arbeitsvermögen, also die Wirkpotenz der Energie, immer nur zu Teilen nutzbar machen und somit den immanenten Verhältniswert von: "Arbeitsvermögen pro Energieeinheit" verändern. Letztlich geht dann aus einer Kette von Energienutzern die Energie in einer Form hervor, der gar kein realisierbares Arbeitsvermögen mehr innewohnt. Es bleibt schließlich nur eine Energieform übrig, mit der sich nichts mehr anfangen oder bewirken läßt! - Hochenttropische Energieformen gehen dabei im Rahmen einer Prozeßkette also aus niederentropischen hervor.

Die wesentlichste Kontrollgröße bei diesem Progreß ist letztlich die Energiekonzentration: Wichtig für die Wirkpotenz der Energie ist, wie konzentriert diese Energie auftritt, also in welcher Packungsdichte. - Ein skurriles Beispiel macht dies augenfällig: Eine Atombombe enthält in Form der in ihr gespeicherten Nuklearenergie so viel Energie wie z.B. die gesamte Lufthülle über Bayern. Dennoch kann erstere, wegen der extremen Konzentriertheit der Energie in dem kleinen Volumen der Bombe, die weit höhere, allseits gefürchtete Wirkung - oder im physikalischen Sinne gesprochen: die höhere Arbeitsleistung - entfachen.

Bei der Arbeitsleistung, die eine Energie vollbringt, wird Energie, die vorher konzentriert vorliegt, nunmehr im Raum und auf eine größere Zahl neuer Freiheitsgrade weiter verteilt, sie wird dabei thermodynamisch, also "entropisch" entwertet. In natürlichen Prozeßabläufen wird demnach stets Energie dissipiert, verschlissen oder in kleine Portionen aufgelöst, das heißt, sie wird irreversibel de-konzentriert. Im Maximum ihrer Zerstückelung kann die Energie dann aber schließlich überhaupt nichts mehr bewirken, obwohl sie im Prinzip der Menge nach unverändert nach wie vor präsent ist.

Hier ist es interessant festzustellen, daß die Energienutzungskette aufgrund der nach unserer derzeitigen Kenntnis der Nutzung zugrundeliegenden Physik im Prinzip stets deswegen fortgesetzt werden kann, weil die Physik bei der Entropisierung der Energie auf immer kleinere Energiequanten zurückgreifen kann. Das aber kann *ad infinitum* geschehen, weil bei solchen Nutzungsprozessen die Energie schließlich auf elektromagnetische Feldquanten, also sogenannte Photonen, übertragen oder verteilt werden und damit "minimalportioniert" werden kann. Photonen haben nämlich bekanntlich keine Ruhemasse, und ihre Energie wird allein durch ihre Frequenz dargestellt, eine Größe nämlich, die jedoch beliebig klein sein kann. Indem also nur die Frequenz der beim Energietransport beteiligten Photonen immer weiter heruntergesetzt wird, repräsentieren solche Photonen immer kleinere Energiequanten. Wenn jedoch durch sie der immer gleiche Energiestrom getragen werden soll, so kann dies nur durch eine immer größere Zahl immer energieärmerer Photonen, also durch die Erschließung immer neuer Freiheitsgrade, geschehen. Die vorhandene und erhaltene Energie wird einfach auf immer mehr Quanten verteilt. Die Sonne ist ein Paradebeispiel dafür: Die in ihrem Inneren durch nukleare

Fusion von Wasserstoff zu Helium freigesetzte Energie tritt zunächst im Zentrum als elektromagnetische Energie hochenergetischer Gammastrahlung in Erscheinung, die sich dann durch die Materie des Sonnenballes nach außen ausbreitet und schließlich als Strahlung im optischen Spektralbereich die Sonnenoberfläche verläßt. Von der innen im Sonnenzentrum freigesetzten Energie geht dabei nichts verloren, jedoch die anfangs auf hochenergetische Gammaphotonen verteilte Energie tritt schließlich in Form von niederenergetischen, optischen Photonen aus dem Sonnenball aus und breitet sich in den weiteren Kosmos aus. Die Sonne stellt also somit nichts anderes dar als ein friedliches System zur Dekonzentration von nuklearer Energie.

Erst in neuester Zeit stellt sich, unter diesem Gesichtspunkt betrachtet, heraus, wie wichtig die Eigenschaften normaler, gewöhnlicher, uns vertrauter Materie im Gegensatz zur sogenannten dunklen Materie für Geschehensverläufe nach diesem Prinzip der Energiedekonzentration sind. Hierbei spielt eben eine ganz wesentliche Rolle, daß die sogenannte "normale" Materie wie Elektronen, Protonen, Neutronen und die daraus aufgebauten Atome - also diejenige Materie, aus der unsere alltägliche, uns nahe Umwelt aufgebaut ist - mit elektromagnetischer Strahlung sehr effektiv wechselwirken kann. Das bedeutet zum Beispiel, daß elektromagnetische Strahlung von solcher Materie absorbiert werden kann, daß sie aber auch ebenso gut von letzterer bei gegebenen Bedingungen emittiert werden kann. Unter Physikern bezeichnet man diese Formen der Wechselwirkung als Ankopplung von Strahlung an Materie; Photonen des elektromagnetischen Strahlungsfeldes können also in dem Sinne an Elektronen oder Protonen ankoppeln, daß bei Wechselwirkungsprozessen zwischen ihnen Impulse, Drehimpulse und Energien ausgetauscht werden können. Es kommt hier zu einer Eigenschaftsübertragung.

Neutrinos hingegen koppeln zum Beispiel sehr schlecht an normale Materie an, sie wechselwirken also praktisch nicht mit ihr, was zur Folge hat, daß solare Neutrinos den gesamten Erdball praktisch ungehindert durchdringen können, weil sie in keine oder fast keine Wechselwirkung mit der Materie des Erdballes eintreten. Neuerdings wird nun sogar unter Physikern und Astronomen mehr und mehr eine in dieser Hinsicht noch exotischere Form nichtwechselwirkender Materie diskutiert, die sich überhaupt nicht um elektromagnetische Strahlung kümmert oder daran ankoppeln kann. Diese Materie wird, weil sie überhaupt kein Licht erzeugen oder streuen kann, als "dunkle Materie" bezeichnet, und ihr schreibt man neuerdings immer mehr Bedeutung für den Aufbau des Universums zu. Wenn man den Astronomen glauben will, so sollte das Weltall, auf großen Skalen betrachtet, fast ausschließlich, zu mehr als 98 Prozent, aus dunkler Materie bestehen. Wenn dem so wäre, lebten wir sozusagen in einer im wesentlichen "dunklen Welt"! Oder anders gesagt: Das Wesentlichste der Welt, das sähen wir überhaupt nicht und können es auch gar nicht sehen!

Würden nun aber die materiellen Träger der von uns zu studierenden thermodynamischen Prozesse nicht über elektromagnetische Wechselwirkung, im obengenannten Sinne, an elektromagnetische Photonen koppeln können, also sich der Photonen zu ihrem Ablauf bedienen können, so wäre das zuvor angesprochene Energienutzungsspiel dadurch einem jähen und frühen Ende unterworfen, weil die Möglichkeit der weitergehenden Energieverteilung ja auf eine klare Grenze aufliefe. Das hängt damit zusammen, daß die möglichen Energiequantelungen der materiellen Teilchen, wie etwa der sogenannten Baryonen, Mesonen oder Elektronen, durch deren endliche Ruhemassen festgelegt sind, und letztere könnten folglich als eine natürlich gegebene Grenze nicht weiter unterlaufen werden. Schließlich gibt es keine halben Materieteilchen, es gibt vielmehr nur ganze Baryonen, Mesonen und Elektronen. Das Spiel der Energienutzung funktioniert also nur deswegen so problemlos, weil die Energie auf Photonen verteilt werden kann, die selbst beliebig kleine Energiemengen tragen können, wenn nur ihre Frequenz entsprechend reduziert wird.

Von diesem Verteilungsprinzip profitiert auch die Erde als eines der uns am meisten interessierenden thermodynamischen Untersysteme im Kosmos. Das mag sich auf den ersten Blick ein wenig wundersam anhören. Tatsächlich aber macht es Sinn, die Erde - als Planet der Sonne - als ein thermodynamisches Energienutzungssystem ganz im obigen Sinne anzusehen. Sie macht sich letzten Endes das Prinzip der Entropisierung der Energie durch Heruntersetzung der energietragenden Photonen auf kleinere Energiequanten zunutze. Als ein Untersystem des Sonnensystems, welches die zentrale Sonne im Abstand von einer "Astronomischen Einheit" ($= 1,5 \cdot 10^{13} cm$) mit einer Umlaufperiode von einem Jahr umkreist, muß die Erde als ein thermodynamisch offenes

Subsystem des Sonnensystems und des weiteren Kosmos angesehen werden. Dabei stellt sie in ihrer Funktionsweise ein quasi-stationäres Nichtgleichgewichtssystem dar, also den Fall eines im bilanzierten Energieaustausch mit dem restlichen Kosmos befindlichen Systems, welches immerhin über Zeiten von einigen 10 bis 100 Millionen Jahren hinweg eine Energieflußkontinuität mit der kosmischen Umwelt unterhält. Um es anders zu sagen: Dieses System muß energieerhaltend angelegt sein. Es nimmt pro Zeiteinheit eine gewisse von der Sonne herkommende Energie auf und gibt im wesentlichen die gleiche Menge von Energie pro Zeiteinheit auch wieder in den Weltraum ab. Jedoch eines hat sich geändert: Die Entropie dieser abgegebenen Energie ist dabei deutlich angewachsen; aus hochwertiger ist dabei minderwertige, also unordentliche Energie geworden!

Man kann sich von diesem Energieentwertungsprozeß sogar leicht ein quantitatives Bild machen: Die Erde lebt energetisch von der Energiezustrahlung durch die Sonne. Die für diese Zustrahlung maßgebliche Energie steckt im optischen Sonnenspektrum, welches sich zumindest im optischen Spektralbereich gut durch einen sogenannten Planckschen Strahler der Temperatur von $T_S \cong 5600$ Grad Kelvin beschreiben läßt. Die von der sonnenzugewandten Erdoberfläche absorbierte Strahlungsenergie wird im Gleichgewicht von der gesamten Oberfläche der Erdkugel wieder in den Weltraum abgestrahlt, wodurch eine gut bilanzierte Energiesituation erreicht wird. Wenn man mit gutem Grund davon ausgeht, daß diese Albedoemission der Erde auch wiederum als Plancksche Strahlung erfolgt, so läßt sich eine Gleichgewichtstemperatur T_E der Erde über folgende Formel errechnen:

$$T_E^4 \cong (1/4) \cdot (r_S/R_E)^2 \cdot T_S^4.$$

Hierbei bezeichnet r_S den Radius der Sonne und $R_E = 1AU$ den Abstand der Erde von der Sonne. Aus der obigen Beziehung errechnet sich dann eine Erdkörpertemperatur von $T_E \cong 270^0 K \cong 0^o C$. Die Tatsache, daß die Erdoberfläche im Mittel etwas wärmer als $0^o C$ ist, verdanken wir einem mäßigen Treibhauseffekt der irdischen Atmosphäre, der dafür sorgt, daß ein Teil der Gleichgewichtsabstrahlung nicht vom Erdkörper direkt, sondern von der ihn umlagernden Erdatmosphäre erfolgt.

Allein an dieser Tatsache, daß die von der Sonne kommenden und von der Erde aufgenommenen Photonen energiereicher bzw. "heißer" sind als die von ihr abgestrahlten, zeigt sich klar, daß die Erde Entropie in den Weltraum abgibt. Sie verbreitet sozusagen durch die Art ihres thermodynamischen Funktionierens Unordnung im Kosmos. Sie gibt nämlich in jeder Sekunde viel mehr Photonen in den Weltraum ab, als sie aus dem Weltraum aufnimmt, und zwar beziffert sich dieser Zahlenunterschied, wenn man es genau wissen will, auf:

$$dN/dt \cong (\pi r_E^2) \cdot (S_S/h\bar{\nu}_S) \cdot \left[\sqrt{2(R_E/r_S)} - 1\right],$$

wobei r_E der Erdkugelradius, $S_S = 1,37 \cdot 10^6 erg/cm^2/s$ die Solarkonstante, und $(h\bar{\nu}_S)$ die mittlere Energie der von der Sonne kommenden Photonen ist. Um die damit verbundene sekundliche Entropieänderung des Erdsystems auszudrücken, müssen wir aber eigentlich nicht von den reinen Photonenzahlen, sondern von den Photonenentropien, gegeben durch $\sigma_\nu = (h\nu)/T_\nu$, ausgehen und erhalten damit dann die Aussage, daß die Erde die folgende sekundliche Nettoentropieabgabe realisiert:

$$d\sigma_E/dt \cong (\pi r_E^2) \cdot (S_S/T_s) \cdot \left[\sqrt{2(R_E/r_S)} - 1\right].$$

Die Tatsache, daß dieser Ausdruck positiv ist, besagt somit, daß die Erde durch ihre Abstrahlung sekundlich eine bestimmte Menge Entropie, nämlich $d\sigma_E/dt$, effektiv loswird. Sie gibt Unordnung an den Kosmos ab und entsorgt sich dabei von unordentlichem Unrat. Das würde sogar erlauben, daß das Subsystem Erde insgesamt seine Entropie erniedrigt, wenn nur die innere Entropieerzeugung $[d\sigma_i/dt]$ bei thermodynamischen Prozessen auf der Erde entsprechend gering bleibt, so daß gilt: $[d\sigma_i/dt] \leq d\sigma_E/dt$. Die Erde kann also demnach unter dem kosmischen Umweltdruck, unter dem sie steht, "ordentlicher" werden, sie kann ohne Verstoß gegen die Thermodynamik und deren *zweiten* Hauptsatz neue Strukturen und Ordnungen entwickeln oder entstehen lassen.

Nicht nur die Erde, sondern auch der Mensch, als thermodynamisches System angesprochen, und ebenso jedes andere Lebewesen auf diesem Planeten leben von diesem Prinzip der entropischen Entwertung der durchfließenden Energie. Der Mensch stellt ein quasistationäres Nichtgleichgewichtssystem dar: Er steht im Energieaustausch mit seiner Umwelt, hält sich dabei aber in einem gleichbleibenden Zustand auf, wenn man Kurzzeitschwankungen einmal ausmittelt. Aus seiner Umwelt nimmt er

einerseits Energie in Form von Nahrung und Wärme
auf, und er gibt andererseits in Form von entwerteter
Nahrung und Körperwärme zeitlich eine etwa gleiche
Menge an Energie an seine Umwelt wieder ab. Dies
Spiel läßt sich so ausbalancieren, daß entweder ein Entropiestillstand auf gleichgewichtsfernem Niveau eintritt
oder gar eine Entropieerniedrigung realisiert wird. In
einem solchen System können sich folglich Selbststrukturierungsprozesse entwickeln, durch die eine optimierte
Entwertung der durchströmenden Energien erreicht werden kann. Thermodynamisch sind dabei immer diejenigen Selbstorganisationen oder Materiedifferenzierungen
möglich, durch die das Prinzip der Energiestromentwertung bei geringster Eigenentropieproduktion erfüllt wird.
Dies gilt gleichermaßen für himmlische wie für irdische
oder menschliche Strukturen.

Das heißt aber, daß die innere Entropieproduktion
bei der entropischen Entwertung der durchgeschleusten
Energie minimiert werden muß, und bedeutet im allgemeinen konkret folgendes: Das Subsystem muß dahin
tendieren, die ihm zugeführte Energie bei möglichst geringer Temperatur in ausgeglichener Bilanz wieder abzuführen, d.h., die "Entropie pro Erg" muß in der abgeführten Energie besonders großwerden. Es muß möglichst
hochentropische, unordentliche Energie abgegeben werden. Wie hat sich die Erde nun auf dieses Spiel im Laufe
ihres Werdens allmählich einrichten können? Welche
Funktionsformen sind der Erde im Laufe des Erwachsenwerdens der Sonne aufgezwungen worden?

Dem Buch *Genesis* folgend sprach Gott: "Es werde
Licht!" Und es ward Licht. - Jedoch das Licht der

frühen Erde muß nach jüngsten Erkenntnissen ganz anders gewesen sein als das heutige, denn die Sonne hat seit ihren ersten Tagen eine bedeutsame Entwicklung in ihrer Abstrahlungscharakteristik durchgemacht. Wir wollen dieser Entwicklung ein wenig nachzuspüren versuchen und dabei fragen, welche Auswirkungen dies auf die Erde gehabt haben sollte. Über welchen Entwicklungsweg ist die Erde schon allein durch die Entwicklung des Zentralgestirns "Sonne" hinweggezwungen worden? Junge Sterne von sonnenähnlichem Standard haben unter Astronomen neuerdings immer größere Beachtung gefunden, denn man sieht solche jungen Sternkandidaten allenthalben im Kosmos in der Form von sogenannten Herbig-Haro-Objekten oder T-Tauri-Objekten. An vielen Stellen in unserer Galaxis, insbesondere Stellen, die dunklen und dichten interstellaren Gaswolken assoziiert sind, scheinen solche Jungobjekte typischerweise aufzutauchen. Wenn man diese Objekte als typische Repräsentanten für die frühe Sonne nimmt, so läßt sich anhand dieser Beispiele gut aussagen, wie denn wohl das in diesen stellaren Frühphasen aktuell auftretende Emissionsspektrum, also auch das unserer jungen Sonne, ausgesehen haben muß. Das könnte dann aber zu klären helfen, wie sich ein solches Emissionsspektrum im Falle des frühen Sonnensystems auf die frühe Umwelt der Protosonne, etwa also auf die frühe Erdumgebung, ausgewirkt haben sollte.

Um es einmal auf eine Kurzformel zu bringen, läßt sich bereits voranstellen, daß die Sonne im Anfang ihrer Existenz als Stern sehr viel "blauer" gewesen sein muß. Das heißt, ihre Emissionen im kurzwelligen blauen, insbesondere im ultravioletten Spektralbereich müssen sehr viel stärker als die heutigen gewesen sein. Dies weisen gerade satellitengestützte Beobachtungen von Emissionsspektren junger T-Tauri-Sterne in auffälligem Maße nach, solcher Sterne also, die unserer frühen Sonne typologisch nah verwandt sein müssen. Zu der Zeit also, als die Erde sich langsam an ihrer Oberfläche verfestigte, sollte nach heutiger Erkenntnis die Sonne noch wesentlich stärker im blauen Teil des optischen Spektrums gestrahlt haben. Der Ultraviolettanteil des Sonnenspektrums kurzwellig von 2000 Å sollte damals, wenn man die heutigen Spektralmessungen an T-Tauri Sternen als Vergleichsbasis heranzieht, gut 10000fach stärker als heute ausgeprägt gewesen sein. Dies läßt schließen, daß das Leben auf dem Erdplaneten folglich unter ganz anderen Umweltbedingungen seinen Gang zu beginnen hatte, als dies von den heutigen Gegebenheiten her suggeriert wird.

Eine der wichtigsten Folgen dieser frühen, "blauen" Periode der Sonne betrifft die Sauerstoffentwicklung in der Erdatmosphäre: Sauerstoff konnte nach neuesten Erkenntnissen so zum Beispiel zur Überraschung der Evolutionsbiologen in der frühen Erdatmosphäre auch ganz ohne vorhergehende pflanzliche Photosynthese direkt und in hohen Raten auf photodissoziative Weise aus atmosphärischem Wasserdampf (H_2O) oder Kohlendioxyd (CO_2) gebildet werden. Damit ermöglicht sich jedoch auch die Bildung einer sehr frühen Ozonschicht in der irdischen Uratmosphäre. Somit sollte schon in frühesten erdgeschichtlichen Zeiten die Entwicklung von Lebensformen auch oberhalb der Wasseroberfläche möglich gewesen sein, weil die Erdoberfläche genügend

Schutz vor zu starker, lebenschädigender Ultravioletteinstrahlung erfuhr. Bevor diese Konsequenzen aber noch genauer bedacht werden sollen, wollen wir uns zunächst die Ergebnisse der heutigen Spektralbeobachtungen an Sternen vom Typ unserer frühen Sonne näher ansehen.

In der frühesten Geburtsphase, der sogenannten Protosternphase, ist der werdende Stern noch von einer weit ausgedehnten, optisch dichten Scheibe aus Gas und Staub umgeben. Es ergibt sich aufgrund der Existenz einer solchen Scheibe ein stark ausgeprägter Emissionsüberschuß im infraroten Bereich des Sternspektrums. In dieser Phase, als auch unsere Sonne noch von einem dichten primordialen Scheibennebel umgeben war, sollte folglich für einige 100000 Jahre ebenfalls ein stark ausgeprägter Überschuß in den infraroten Emissionen verglichen mit denjenigen der heutigen Sonne vorgeherrscht haben. In diesen ersten 100000 Jahren der Geschichte des Sonnensystems hat es jedoch die Erde als Planeten noch nicht gegeben. Die allmähliche Agglomeration des heutigen Erdkörpers aus Materiebrocken in Meteoriten- und Asteroidenformat im erdbahnnahen Scheibenbereich sollte sich jedoch nach Rechnungen kompetenter Wissenschaftler wie Safronov oder Wetherhill über mehr als 20 Millionen Jahre hingezogen haben. Somit sollte sich schließen lassen, daß der schließlich fertig akkumulierte Erdkörper von diesem allerfrühesten, noch sehr hohen protosolaren Infrarotstrahlungsmilieu eigentlich nichts mehr mitbekommen haben kann.

Nach einer Periode von 500000 Jahren sollte sich vielmehr der anfängliche Infrarotüberschuß wegen des optisch dünner werdenden protoplanetaren Scheibennebels

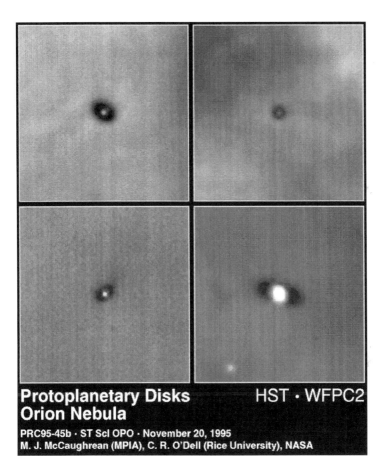

Abb. 2: Sterne, gesehen in ihrer Protophase, mit einem protostellaren Kern, von dem intensive Ultraviolettstrahlung ausgeht, und einem den Kern umgebenden Ring aus Staub und dichtem Gas.

verflüchtigt haben, wogegen zu dieser Zeit jedoch die Protosonne bereits in ihre Adoleszenzphase, astronomisch gesprochen in die Phase ihrer Vorhauptreihenentwicklung, eingetreten ist, also in die Existenzphase, die der eigentlichen Lebensphase der erwachsenen Sonne unmittelbar zeitlich vorgelagert ist. In dieser Phase sollte die Sonne dann immer stärker ausgeprägte Ultraviolett- und Blauexzesse in ihrem Spektrum entwickelt haben. Diese "ultrablaue Periode" der Sonne dauerte nun interessanterweise vergleichsweise lange an, und zwar sollte sie über rund 10 Millionen Jahre vorgeherrscht haben. Während dieser Periode zog sich der Photosphärenradius auf etwa ein Zehntel, nämlich auf den heutigen Sonnenradius, zusammen, und die Emission im Ultraviolettbereich, also im Spektralbereich zwischen 1000 und 2500 Å, wuchs in der gleichen Zeit auf das 500fache der heutigen Sonnenemission an. Während dieser Lebensphase wurde der Ultraviolettexzeß der Emission im wesentlichen aus der Energieumwandlung in dem die junge Sonne umgebenden Akkretionsschock gespeist, wo die mit Überschallgeschwindigkeit auf die Protosonne aufströmenden Gase kurz vor Erreichen der solaren Photosphäre auf Unterschallgeschwindigkeit abgebremst und dabei stark erhitzt wurden.

Die darauffolgende, photosphärisch-radiative Post$-T-$Tauri-Phase, in der die Sonne immerhin 80 Prozent ihrer gesamten Evolutionszeit verbringt, bevor sie schließlich in ihre eigentliche Lebensphase eintritt, also zur Hauptreihe des Hertzsprung-Russel-Phasendiagramms, zu ihrem eigentlichen Stammplatz als Stern hingelangt, ist beobachtungsmäßig nicht so gut gestützt wie die davor liegende T-Tauri-Phase. Dennoch hat der Astronom Herbig schon 1973 versucht, die Grundcharakteristiken für das protostellare Spektrum in dieser Phase anzugeben. Inzwischen geht man auch davon aus, daß bereits der *EINSTEIN*-Satellit in Form von auffälligen Röntgenstrahlungsexzessen im Spektrum einiger ungewöhnlicher Sterne in den Jahren nach 1980 klare Kandidaten für solche Post−T-Tauri-Sterne identifiziert hat. Während die Effektivtemperatur dieser Post−T-Tauri-Photosphäre kaum höher lag als diejenige der Sonne heute, sollte jedoch die Gesamtleuchtkraft der Sonne in dieser Phase immer noch um einen Faktor 1,5 größer sein als an ihrem eigentlichen Hauptreihenstammplatz, an dem sie schließlich dann den Hauptteil ihres Lebens zu fristen haben wird.

Besser gesichert von der Beobachtung her ist jedoch die eigentliche T-Tauri-Phase junger Sterne vom Sonnentyp. Zahlreiche Kandidaten dieses Typs konnten spektral mit dem Spektrometer des International Ultraviolet Explorer (IUE) vermessen werden. So sind praktisch alle helleren T-Tauri-Sterne aus der näheren Sonnenumgebung in ihrem Spektrum bis herab zu Wellenlängen um 1000 Å erfaßt worden. Amerikanische Astronomen wie Canuto und Mitarbeiter haben aus diesen Messungen ein zusammengesetztes Spektrum unter Verwendung von Daten der prominentesten Vertreter dieser T-Tauri-Gruppe erstellt und haben dann dieses Spektrum mit demjenigen unserer heutigen Sonne ins Verhältnis gesetzt. In einer von diesen Autoren erstellten Abbildung wird das Verhältnis der spektralen Energieflüsse dieses synthetisierten T-Tauri-Spektrums zu denen der

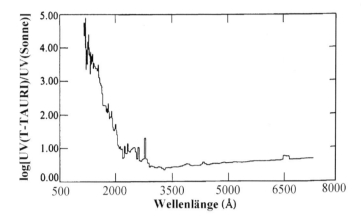

Abb. 3: Emissivität der frühen Sonne (T-Tauri Sonne) im Verhältnis zu derjenigen der heutigen Sonne. Die halblogarithmische Darstellung zeigt, daß die frühe Sonne im Ultraviolettspektrum (1000-2000 Å) die 10- bis 1000-fache spektrale Intensität besessen hat.

heutigen Sonne gezeigt. Hierbei zeigt sich klar, daß zwar die Emissionen der T-Tauri-Sonne im Bereich oberhalb von 2500 Å sogar geringfügig unter denen der heutigen Sonne gelegen haben, daß jedoch die Emissionen bei kürzeren Wellenlängen unter 2000 Å dafür aber deutlich höher gewesen sind. - Aufregendes Fazit daraus ist: Der Gesamternergiefluß unterhalb von 2000 Å sollte in der kulminierenden T-Tauri-Phase der jungen Sonne denjenigen der heutigen Sonne um Faktoren von 10000 und mehr übertroffen haben. Selbst in der anschließenden, haupttreihennahen Post−T-Tauri-Phase sollte die Emission in diesem Bereich noch immerhin um Faktoren bis zu 1000 größer als die der heutigen Sonne gewesen sein.

Es ergibt sich von daher nun die Frage, wie diese protosolare Phase mit der Periode der Strukturierung der protoplanetaren Scheibe, und insbesondere der Bildung des Erdkörpers darin, zeitlich aufeinander abgestimmt war. Für die Zeitskala der Strukturierung der protoplanetaren Scheibe, in der sich ja unter anderem das Saatkornmaterial für die Agglomeration des Erdkörpers in Erdbahnnähe gebildet haben muß - also das Festkörpermaterial, aus dem die Erde letztlich aufgebaut wurde - , erhält man in weiten Grenzen offene Werte. Man kann diese Zeiten nur sehr ungefähr einschätzen. Die hierin verborgene Ungewißheit hängt besonders mit der unsicheren Erfassung der turbulenzbedingten Viskosität des primordialen Scheibengases zusammen. Mit den aktuellsten Überlegungen zu dieser Frage gelangt man hier heute zu Werten von 2 bis 8 Millionen Jahren. Wenn wir zusätzlich nach dem Rat astronomischer Experten wie Wetherhill oder Safronov für die Agglomeration oder das Zusammenwachsen des Erdkörpers etwa 50 Millionen Jahre ansetzen, so läßt sich sagen, daß nur für etwa 10 Prozent dieser letzteren Zeitperiode das erdformende Material noch vom Gas der protoplanetaren Scheibe umgeben war. Für rund 40 Millionen Jahre danach war der sich bildende Erdkörper dann jedoch dem Ultraviolettexzeß der jungen T-Tauri-Sonne noch voll ausgesetzt. Wie mag sich die über diese Zeitspanne andauernde "blaue Periode" der frühen Sonne wohl auf die terrestrische Umwelt ausgewirkt haben? Anders gefragt: Wie sah die damit einhergehende "blaue Periode" der Erde aus?

Zur Zeit der Entstehung der erdähnlichen Planeten wird deren Uratmosphäre nicht einfach aus den lokal in der Scheibe vorhandenen Gasen des protoplanetaren Nebels aufgebaut. Vielmehr fraktioniert zunächst im Scheibenbereich von 3,5 AE (1 AE = 1 Astronomische Einheit = Abstand der Erde von der Sonne = $1,5 \cdot 10^{13}$ cm) um die Protosonne geeignetes, chemisches Material aus der Gasphase in die Flüssig- und Festkörperphase und bildet danach kleine erkaltende Festkörper, aus denen sich durch sukzessive Agglomerationsprozesse dann die planetaren Körper zusammenbauen. Die primitiven Uratmosphären, die zu diesen frühen Planetenkörpern gehören, bilden sich jedoch hierbei gestützt auf drei beitragende Prozesse. Dazu gehören zum ersten, daß die in dieser Zeit noch sehr häufig kometare Eiskörper auf den planetaren Rumpfkörper einschlagen und anschließend an der Oberfläche in Wasserdampf und Kohlendioxyd verdampfen. Des weiteren tragen Aufschläge von bereits verfestigtem Material in Form von Asteroiden und Planetesimalen auf die planetare Oberfläche mit einer nachfolgenden Teilverdampfung zu den Uratmosphären bei. Ein weiterer, wahrscheinlich sogar wesentlicherer Beitrag, wird von Gasausbrüchen aus dem geschmolzenen magmatischen Material des Planeteninneren in Verbindung mit vehementer Vulkaneruptionstätigkeit geleistet. Die im flüssigen Erdmagma enthaltenen Gasanteile sollten dabei bereits vor der Verfestigung der Erdoberfläche in den umgebenden Weltraum entwichen sein, weil sie bei den herrschenden Temperaturen nicht vom Gravitationsfeld des Erdkörpers gehalten werden konnten. Erst hernach, als die Erdoberfläche bei stark gesunkenen Temperaturen sich bereits verfestigt hatte, konnten durch im

Erdinneren ablaufende chemische Umwandlungsprozesse freigesetzte schwerere Gase wie Wasserdampf, Kohlendioxyd, Methan und Ammoniak nur noch bei Gelegenheit von Vulkaneruptionen aus der Erdoberfläche austreten und oberhalb des Erdkörpers im Erdschwerefeld gebunden werden.

Zusammenfassend kann man absehen, daß das Geschehen vom Kollaps des solaren Nebels über die Dissipation des protoplanetaren Nebels, die Agglomeration des primitiven Erdkörpers, die Verfestigung der Erde an ihrer Oberfläche sowie die Bildung der primitiven Uratmosphäre aufgrund von Einschlägen und Ausgasung aus dem Erdinneren einen Zeitraum von 50 bis 100 Millionen Jahren umfaßt haben wird. Somit sollte dies die gleiche Zeit erfordert haben, die die Protosonne brauchte, um sich über das T-Tauri- und Post$-T$-Tauri-Stadium hinweg bis zur Hauptreihe im Hertzsprung-Russell-Diagramm, also bis zu dem Platz ihrer längsten Lebensdauer, hin zu entwickeln, wo sie über einige Milliarden Jahre hinweg ihre sonnentypische Leuchtkraft bei einer festen Oberflächentemperatur von 5600^0K aufrechterhält. Damit kann aber klar davon ausgegangen werden, daß die frühe Erdatmosphäre und die von ihr umhüllte Erdoberfläche tatsächlich auch der noch enorm hohen Ultraviolettemission der frühen "blauen Sonne" in dieser Phase ausgesetzt gewesen sein müssen. Welche Folgen sollte dies gehabt haben?

Die aus dem Erdinneren ausgeschwitzte Uratmosphäre war nach heutiger Auffassung primär eine abiophile Atmosphäre ohne freien Sauerstoff, im wesentlichen aus molekularen Gasen wie H_2O (Wasserdampf), CO_2

(Kohlendioxyd), CH_4 (Methan), und NH_3 (Ammoniak) bestehend. Ein ganz entscheidender Grundstoff für das heutige Leben auf dieser Erde ist bekanntlich jedoch der freie Sauerstoff. Seine Rolle für das Leben auf der Erde ist vielfältig, sehr komplex und auch kontrovers. Mensch und Tier benötigen ihn auf der einen Seite zur Atmung und zur aeroben Energiefreisetzung (Energieerzeugung über Stoffverbrennung mit Sauerstoff), denn die von diesen Lebewesen benötigte Energie wird gerade eben durch Verbrennungsreaktionen dieser Art realisiert. Hierbei wird letztlich der Sauerstoff zur Verbrennung von Stärke und Zucker zu Wasserdampf und Kohlendioxyd herangezogen. Auf der anderen Seite erzeugen die chlorophylltragenden Pflanzen unter Lichteinwirkung freien Sauerstoff. Mit Hilfe der Energie des Sonnenlichtes setzen sie bei der Photosynthese von Zucker aus Wasser und Kohlendioxyd über den katalytischen Effekt des Chlorophylls Sauerstoff frei.

Durch die vehemente Ultravioletteinstrahlung der Sonne werden nun in der Erdatmosphäre die Moleküle, etwa die des Wasserdampfes oder des Kohlendioxyds, photodissoziiert, also in atomare Bestandteile zerlegt, wobei freie Sauerstoffmoleküle, Atome oder Hydroxylradikale (OH) entstehen. Bei Kollisonen dieser letzteren Gasbestandteile kann daraus das dreiatomige Ozongas (O_3) entstehen. Dieses Molekülgas bildet heute in einem Höhenbereich von 30 bis 50 Kilometer Höhe eine für das Leben extrem wichtige Schutzschicht, in der gerade die für zell-biologisches Leben zerstörerischen Anteile des ultravioletten Sonnenspektrums im Bereich zwischen 1500 und 3000 Å absorbiert und in unschädliche Strahlungen im Infrarotbereich verwandelt werden.

Ohne freien Sauerstoff in der Atmosphäre könnte sich keine solche lebensschützende Ozonschicht entwickeln. Leben der uns vertrauten Form könnte sich demnach nicht auf der Erdoberfläche, sondern allenfalls darunter oder im Wasser entwickeln. Auch müßten Menschen und Tiere selbst bei Vorhandensein einer Ozonschicht ohne zugänglichen atmosphärischen Sauerstoff ersticken. Wenn etwa in der heutigen Atmosphäre nicht über die pflanzliche Produktion ständig Sauerstoff nachgebildet würde, so könnte tierisches und menschliches Leben auf der Erde höchstens noch über die nächsten 300 Jahre weiterexistieren. Andererseits hängt das pflanzliche Leben selbst aber auch empfindlich von der gegebenen Sauerstoffdotierung der Atmosphäre ab. Eine nur geringfügige Erhöhung des Sauerstoffanteils in der heutigen Atmosphäre würde beispielsweise das pflanzliche Leben auf der Erde schon stark beeinträchtigen, denn eine zu stark sauerstoffhaltige Atmosphäre wirkt wie ein Umweltgift auf die Pflanzenwelt. Schon der heutige Sauerstoffanteil von etwas über 20 Prozent ist für die Pflanzen dieser Erde längst nicht mehr optimal. Bei nur 10 Prozent könnten irdische Pflanzen nämlich wesentlich besser gedeihen; sie könnten, wie Treibhausuntersuchungen beweisen, größer werden und ertragreicher sein.

Auf dieses heikle Wechselspiel zwischen dem Leben auf der Erde und atmosphärischer Sauerstoffbalance wirkt die aktuell gegebene Ultravioletteinstrahlung auf die Erde wesentlich ein. Einerseits führt eine erhöhte Ultravioletteinstrahlung zu erhöhter Gefährdung des Lebens. Andererseits aber führt sie auch zu verstärkter Photolyse atmosphärischer Molekülgase. Durch die UV-Photolyse (Moleküldissoziation durch Licht) der atmosphärischen Urgase wie H_2O und CO_2 treten freie Sauerstoffmoleküle und Sauerstoffatome auf, die in den Höhen zwischen 30 und 50 km die Ozonschicht aufbauen konnten. Bei den niedrigen Ultraviolettflüssen, die die heutige Sonne unterhält, würden jedoch die Raten für photolytische Erzeugung von Sauerstoff viel zu gering sein. Deshalb glaubte man bisher, Sauerstoff sei in der Uratmosphäre der Erde erst nach dem Einsatz der pflanzlichen Photosynthese zu erwarten, die bei Abwesenheit einer Ozonschutzschicht wegen der dann lebensfeindlichen Umwelt an der Erdoberfläche demnach nur durch das Plankton unter der Oberfläche des Meeres hätte ablaufen können. Bei den enorm hohen Ultraviolettintensitäten, die man für die T-Tauri-Phase der Sonne laut neuesten Messungen an Sternen in vergleichbarem Entwicklungsstadium erwarten darf, sieht dies jedoch ganz anders aus. Zum Zwecke des Beweises dieser Vermutung gehen die Astronomen Canuto und Mitarbeiter von einer irdischen Uratmosphäre mit einem Stickstoff-Partialdruck am Boden von 0,8 bar und Partialdrucken von 0,01 bar für Wasserdampf und 0,028 bar für Kohlendioxyd aus. Wie sie dann zeigen können, bildet sich unter der photolytischen Wirkung der UV-Einstrahlung der T-Tauri-Sonne im Bereich von 10 bis 50 km Höhe eine Ozonschicht aus, deren optische Dichte um mehr als den Faktor 100 größer ist als diejenige der heutigen erdatmosphärischen Ozonschicht. In diesem Höhenbereich ist auch das Verhältnis von Kohlenmonoxyd zu Kohlendioxyd um zwei bis drei Größenordnungen höher als das heutige. Mit der gesteigereten Präsenz von CO und der gegebenen photolytischen Prozessaktivität steigt auch die Rate der Bildung höherer polyaromatischer Kohlenwasserstoffe stark an, sowie gerade auch des für die Polymerisation von organischen Bestandteilen so immens wichtigen Ausgangsmoleküls CH_2O, des Formaldehyds.

In der heutigen Erdatmosphäre ist Formaldehyd ein Spurengas mit verschwindendem Partialdruck, das aus der Oxydation von biologisch erzeugtem Methan (CH_4) hervorgeht. Die Lebensdauer von Methan gegen photochemische Zersetzung ist jedoch in der vorbiologischen Erdatmosphäre extrem kurz, was bisher immer die Frage aufwarf, wie ohne ständige Nachproduktion von Methan in der vorbiologischen Erdphase überhaupt eine Bildung des so wichtigen, für die Bioevolution unverzichtbaren Formaldehyds ablaufen konnte. Hierzu haben nun Kosmochemiker wie Canuto und Kollegen zeigen können, daß die hohe Ultravioletteinstrahlung der T-Tauri-Sonne in die frühe Erdatmosphäre gerade die geeigneten Voraussetzungen für die Bildung von Formaldehyd in der vorbiologischen Phase schaffen konnte, und zwar, indem zunächst ein genügender Ozonschirm gegen Ultraviolettstrahlung kurzwellig von 3000 Å aufgebaut wurde und im Zusammengang damit sich die Häufigkeit des Kohlenmonoxyds in Höhen zwischen 10 und 50 km um mehrere Zehnerpotenzen anhob. Über Reaktionen zwischen dem dort bereitgestellten Kohlenmonoxyd (CO) und Wasserstoffgas (H_2) wurde dann zunächst das Zwischenprodukt CHO produziert, ein Gas, welches sich selbst durch intermolekulare CHO-CHO-Stoßreaktionen zu Formaldehyd (CH_2O) weiterprozessiert. Dieses sich dadurch in größeren Höhen bildende Formaldehydgas wird zum Teil am Oberrand der Troposphäre in Wassertröpfchen gelöst und konnte als Formaldehydregen auf den Erdboden gelangen. Protobiotische Moleküle regneten demnach in dieser Zeit förmlich vom Himmel auf die Erde nieder.

Der Sauerstoffanteil sollte in dieser frühen Erdatmosphäre aufgrund der hohen UV-Emission der T-Tauri-Sonne und den damit verbundenen, intensivierten photolytischen Prozessen an H_2O und CO_2 schon deutlich über ein Prozent angewachsen sein, als das Meeresplankton gerade erst damit begann, photosynthetisch Sauerstoff zu produzieren. Das führt zu der aufregenden Folgerung, daß schon vor rund vier Milliarden Jahren ein Ozonschirm die Erde umgeben haben könnte, der dem Leben am Erdboden von Anfang an einen ausreichend biophilen Strahlungsschutz gegen das lebensfeindliche solare Ultraviolettlicht geboten hat. Damit gerät aber alles ins Wanken, was bisher als Dogma der Evolution des Lebens auf der Erde gegolten hat. Das Leben auf der Erde mußte sich folglich nicht zuerst unter Wasser entwickeln und dort auch für die ersten drei Milliarden Jahre der Erdgeschichte bis zu einem schließlich spät erfolgenden Aufbau eines biogen angestoßenen Ozonschutzschirmes auch verbleiben. Vielmehr ermöglichte der frühe abiogene Sauerstoffgehalt der Erdatmosphäre von frühesten Zeiten her bereits die Entstehung primitiver aerober Lebensformen auf dem Festland. Die Geschichte der Darwinschen Evolution des Lebens und der Lebensformen muß also noch einmal geschrieben werden!

9.

Wieviel Chaos oder Willkür herrscht im Kosmos?
Wieviel Wahrheit ist überhaupt erfahrbar?

Es heißt doch immer so schön, die Natur befolge Gesetze. Und wir meinen doch auch: Was immer da vor unseren Augen erfolgt, das geschieht streng nach einer Ursachenvorgabe und nicht nach Zufallsbestimmung. Und diese Ursachenvorgabe arrangiert sich anscheinend aus dem Laufe des Geschehens wie zwangsläufig. Heißt das nun, daß nichts geschehen kann, was nicht im Lauf des bereits Geschehenden schon fest beschlossen wäre? Gibt es denn die Zukunft im eigentlichen Sinne, auf die wir immer hoffen und vorausblicken wollen, gar nicht? Und alles stellt sich im Grunde nur als Vollzug innerhalb eines vorgegebenen Geschehenskorridors dar? Vielleicht könnte es ja sehr wohl sein, daß dieser Korridor nicht einfach einen geradwegigen Gang vom vorangehenden Zustand A zum nachfolgenden Zustand B darstellt, sondern eher ein synergetisches, labyrinthisch angelegtes Wirkgeflecht wie ein kompliziert gewobenes aktionistisches Netzwerk, in dem von einer Ursache viele Wirkungen und somit noch viel mehr weiterwirkende Ursachen ausgehen. Wie sollte denn dann aber jemals etwas Neues passieren können? Dann wäre ja die ganze Welt nichts anderes als ein Kanon von vorbeschlossenen synergetisch erwirkten Notwendigkeiten! Und dennoch wäre das Erleben der Welt in der Zeit nicht einfach wie das Abreihen der festplazierten Kugeln auf einer Gebetskette!

Wenn andererseits nur das Kismet herrschen würde, wie sollen wir dann den Zufall, das sogenannte Wunder, das Ereignis, das Chaos und die vielen Unabsehbarkeiten in der Weltentwicklung einordnen? Wenn man die Naturwissenschaftler fragt, so verhält sich die Natur in ihrem Verlauf vollkommen gesetzestreu. Vielleicht könnte man als Unbefangener insofern dieser naturwissenschaftlichen Hypothese zustimmen, als in unserer unmittelbaren räumlichen und zeitlichen Nachbarschaft ja wohl tatsächlich bestätigbar alles absehbar und determiniert verläuft, jedenfalls zumeist. Und das heißt soviel wie: Das Geschehen ist linear extrapolierbar aus vorgegebenen, aus der Vergangenheit überkommenen Tendenzen. Wie aber steht es mit Vorhersagen für räumlich und zeitlich entlegenere Bereiche des Naturgeschehens, deren Ausläufer aber dennoch auf uns zukommen und uns betreffen? Wie steht es mit derjenigen Natur, die uns selbst ganz eklatant leiblich und schicksalshaft betrifft? Unwettereinbrüche, Orkanschicksale auf den Meeren, Hungersnöte und Seuchen, Erdbeben, Flugzeugkatastrophen, Kriege? Sind denn hierfür überhaupt klar extrapolierbare Tendenzen angelegt? Muß es diese Künftiges bestimmenden Tendenzen auch dann geben, wenn wir selbst sie, wie so oft, auch nicht zu erkennen vermögen? Oder vollzieht sich in der Natur parallel zu Gesetz und Ordnung auch noch so etwas wie ein Willkürgeschehen? Ein Geschehen neben dem unterstellten gesetzmäßigen Geschehen? Gibt es eine Willkür in der Natur, die den monotonen Gesetzesgang gelegentlich empfindlich stört? Wenn jedoch Willkür in der Natur einen Platz hat, wie soll dann die Natur beides, Gesetz und Willkür, als duale Antreiber ihres Waltens vereinigen und respektieren können? Wann also geschieht etwas nach Willkür, wann vollzieht sich ein Geschehen streng nach einem Gesetz? Läßt sich hier dem Geschehen etwas von außen ansehen, was eine Entscheidungshilfe sein könnte?

Wenn das, was die Natur essentiell ist und tut, sich vollständig in Naturgesetze bannen ließe, die sich außerdem auch noch in mathematischer Sprache ausdrücken lassen, so erhöbe sich vehement die Frage, ob dann nicht auch zwingend angenommen werden muß, daß bereits die Natur selbst schon mathematisch sein muß. Widrigenfalls, also wenn solches nicht naturimmanent angelegt ist, so liefert unsere Naturbeschreibung uns letztlich nichts anderes als ein schieres Spiegelbild unseres Geistes und kein authentisches Bild der Natur. Wir sagen zwar: **So ist** die Natur! Doch im Grunde sollten wir sagen: **So** sieht die Natur aus, **wenn** wir sie denn mit unserem Geiste verstehen wollen!

Diese Vermutung müßte sich bis auf ihre Wurzeln hinunter analysieren lassen. Wir könnten nachfragen, wie unser täglicher leiblicher und unser gnostisch geistiger Bezug zur Natur eigentlich angelegt sind. Wie, also mit welchen Werkzeugen sensueller, intellektueller und eidetischer Art, gehen wir etwa auf die Natur zu? Und was trägt uns dieser Zugang dann als Resultat ein? In welche genuine Form gepackt kommt andererseits diese sogenannte Natur auf uns zu? Hat sie überhaupt eine Form? Ist das Werkzeug dem Werkstück überhaupt angemessen? Es wird sich erkennen lassen, daß wir zwischen den verschiedenen Begegnungsformen mit allen

Bereichen der Realität, wie Mikrokosmos, Mesokosmos und Makrokosmos sorgfältig unterscheiden müssen. So, wie die sogenannte Affektlogik der modernen Psychologie uns aufzeigt, daß es kein Denken ohne eine Affekttönung und keine kognitiven Vorstellungen ohne begleitende Emotionalität gibt, so wird sich auch finden lassen, daß die Natur, die wir verstehen, Grundelemente sowohl affektbesetzten, qualifizierenden Fühlens als auch logisch-abstrakten, quantifizierenden Denkens enthält. Begriffene Natur ist sicher wohl nicht *nur* ihre physikalische Beschreibung, aber doch immerhin eben *auch*, selbst wenn sie nicht darin aufgeht. Indem wir diese archetypischen Wertungen und Affektbesetzungen in unserem Naturverständnis aufspüren, werden wir schließlich unsere eigene Realität in der Natur dingfest machen können. Die Frage wird sich dann beantworten lassen, wieviel Natur a priori in uns ist - und wieviel Verstand in der Natur ist. Das läßt sich andererseits aber auch in die Beantwortung der für unsere naturwissenschaftlich geprägte Kulturepoche eminent wichtigen Frage übertragen: Wieviel Natur können wir überhaupt mit der Wissenschaft erkennen, und wieviel bleibt daneben eher den mystischen, intuitiven und poetischen Erlebniszugängen vorbehalten? Gibt es etwas an der Natur, das die Naturwissenschaft wohl niemals erfassen können wird? Ist vielleicht sogar das Eigentliche der Natur eben gerade das, was die Naturwissenschaft nicht erfaßt?

Wenn wir dem Geschehen um uns herum sowie auch dem in den großen kosmischen Fernen auf die Finger schauen, so erkennen wir zum Teil dahinter nur blindes, grundloses Wirken, zum Teil aber dann auch immer wieder einen intelligiblen Wesenszug der Natur. Ist dieser vermutete Wesenszug nur eine Illusion, mit der wir uns als Verstand eine wesensfremde Welt heimatlich machen wollen? Wie erfahren wir denn überhaupt das Naturgeschehen, wenn dieses doch als ein aus unserem Bewußtsein ausgelagertes, selbständiges Sein auftritt? Alle Philosophen, unter ihnen zuvorderst vielleicht Descartes, Leibniz, Hume, Kant, Schopenhauer, Sartre oder Heidegger, verfangen sich immer wieder in der Frage, wie wir eigentlich von dem Für-sich-Sein unseres Geistes die Brücke schlagen zum An-sich-Sein der Naturrealität. Tritt letztere nämlich in eigener Prägung und Würde auf, so sollten wir sie eigentlich nicht im Erfahrbaren vereinnahmen können. Sie bliebe stets unser Jenseits und wäre nicht erfahrbar, sondern nur erahnbar.

Tritt sie jedoch nur als Anschauungsgegenstand für unsere Kontemplation auf, so repräsentiert sie damit eben nicht die Welt an sich, sondern nur die Welt in uns. Damit wäre die Natur ein reines Binnenphänomen des Verstandes. Wenn diese Zerfallenheit im Sein nicht tatsächlich gegeben sein soll, so müssen drei Dinge eins werden, nämlich die Natur des Bewußtseins, die bewußt gemachte Natur und die Natur an sich. Wie sonst sollte von der Natur die Rede sein können, wenn darin nicht mitbedacht ist, daß die davon Redenden ja selbst auch die Natur sind? Es wird sich herausfinden lassen, daß wir die Natur zum einen als einen "Gegenstand für sich" erfahren und erklären können, zum anderen aber auch als einen "Gegenstand für mich, das Subjekt" oder, noch provokativer gesagt, einen Gegenstand durch mich, nämlich durch mein Bewußtsein als Eigenwesen zur Erscheinung gebracht. In der mystischen Vereinigung unseres Bewußtseins mit der uns umbettenden und tragenden Natur erleben wir schließlich sogar die "Natur als Ich". Alle diese Erlebnisweisen werden dem eigentlichen Gegenstand "Natur" durchaus gleichermaßen gerecht, und also dürfen wir keine dieser Erlebnisweisen, zumindest nicht auf Dauer, ganz auslassen, wenn wir denn das Wahre an der Natur erfahren wollen.

Wer einmal auf der Achterbahn mitgefahren ist, der wird wissen, daß in den dabei abwechselnd aufkommenden Verzückungs- und Entsetzensmomenten das Gesetz der Natur nicht aus der kontemplativen Distanz, sondern allenfalls aus der schieren Unmittelbarkeit seiner Macht erfahren wird. Die meteorologischen Gesetze, die das Geschehen in der Atmosphäre beschreiben, wären wohl kaum erfahrbar, wenn der forschende Meteorologe nur von einem wettergetragenen, windgetriebenen Ballon aus beobachten könnte und dabei selbst ein Spiel des Wetters wäre. Im Inneren dieses in elementarer Weise wetterbestimmten Ballons, sowie in der direkten Angriffszone eines Orkans mit seinen jähen, ungeschminkten Unbilden für Mensch, Tier, Hab und Gut wäre die Natur des Geschehens nur in ihrer dionysischen, brachialen Art zu erfahren. Jede Kenntnis von Gesetzen der Natur würde vor dieser Situation zu völliger Bedeutungslosigkeit verblassen. Dem Wetterwirken, Kräftewirken, Hitze- und Kältewirken unmittelbar ausgesetzt, erführe man die sich manifestierende Natur gleichsam als einen unvorangekündigt, unmotiviert und spontan auftretenden Willen der Natur, der in gesetzloser Weise und voller Willkür wertfrei agiert, um sich nur immer wieder neu in Geschehen umzusetzen, nicht endendes Geschehen um des Geschehens willen. Ein dionysisches Walten, das auch die Basis des betroffenen Naturbeobachters selbst ständig aufs neue in Frage stellt und in ihren Grundfesten erschüttert. Das elementare Betroffensein läßt einfach keine Beschreibung des Geschehenden nach Naturgesetzen zu, weil gegenüber dem so erlebten Geschehen keine kontemplative Distanz eingenommen werden kann. Der Naturbeschauer ist selbst zum Element des Geschehens gemacht worden, und sein Betroffenheitsrahmen läßt sich nicht abgrenzen gegenüber dem zu Beschreibenden. Die Basis der Kontemplation wird zur Natur selbst und wird als Willensvollzug erlebt. Naturgeschehen hat daher einen dualen Charakter, es ist Gesetz und Willkür zugleich, je nachdem, ob nun in seinem Außen- oder in seinem Innenaspekt wahrgenommen.

Wo steckt nun einerseits dieser Wille, andererseits das Gesetz im kosmischen Geschehen? Irgendwo zwischen den ganz einfachen und den ganz komplexen Vorgängen in der Natur beginnt die sogenannte "nichtlineare Dynamik" zu ihrem Recht zu kommen. Hier beginnt so etwas wie die chaotische Willkür der Natur ihr Recht zu fordern und eine langfristige Geschensvorhersage de facto unmöglich zu machen. Auch hier aber gilt weiterhin, daß sich sowohl lineares als auch nichtlineares Geschehen in seinen einzelnen Etappen mit Hilfe zugrundeliegender Gesetze fassen läßt. Man versteht "vom Prinzip" her, wie sich auf der Basis verstandener, aber inkohärent scheinender Einzelprozesse, genannt: Mikroprozesse, aber eben durch die Konzertierung und Kollektivierung derselben, die makrophysikalischen, äußeren Strukturen mit qualitätsverbesserten Funktionen ausbilden können. Die Trägheit des Geschehens drückt sich dabei in ihrer stückweisen Vorhersagbarkeit aus und läßt normalerweise nicht den schroffen Sprung in das Unabsehbare zu, ähnlich wie die Trägheit der Masse eines Körpers es nicht zuläßt, daß dieser Körper jäh und unvermittelt seine Bewegung ändert.

So läßt sich mit den Theoremen der nichtlinearen Thermodynamik offener Systeme - Systeme also, die im Energieaustausch mit Nachbarsystemen stehen - zumindest von den Grundsätzen her verstehen, wie Galaxien, Sonnensysteme, Planeten, Organismen oder menschliche Wesen entstehen können. Unklar bleibt immer nur die Quelle der zwingenden, karmatischen Kraft zum Ereignis selbst, die mit solchem Werden verbunden ist. Ob, wann und wo ein Sonnensystem tatsächlich entsteht, wann ein solches einen erdartigen Planeten besitzt, dem es einfällt, den Menschen hervorzubringen, das bleibt vollkommen unfaßbar in unserem Erklärungssystem! Daß ein über chinesischem Boden aufsteigender Schmetterling im Bermuda-Dreieck einen Hurrikan hervorrufen kann, wird von den heutigen Wissenschaften als Möglichkeit eingeräumt und ist in der von ihnen angebotenen Naturerklärung mitbedacht worden. Wann denn aber genau sich ein solch auslösendes Moment ergibt und ob überhaupt zum Beispiel ein solcher Schmetterling tatsächlich einen Hurrikan auslöst, das bleibt dabei immer noch ein völliges Rätsel. Denn wenn jeder auffliegende Schmetterling gleich einen Hurrikan auslösen würde, so wäre die Welt dann ja wohl voller Wirbelstürme. Verheerend, aber zum

Glück eben nicht wahr!

Heißt dies letzten Endes, daß sich die Natur doch als ein Willkürgeschehen manifestiert? Zwar vielleicht gebunden an erklärbare Ereignisbausteine, jedoch nicht an Ereignisrealisierungen zu bestimmten Ereignismomenten? Wie sollte eine Welt mit solchem Willkürcharakter dann aber aussehen? Wo im Kosmos sehen wir das Gesetzmäßige, wo sehen wir das Willkürliche? Wie sieht die moderne Naturwissenschaft das Phänomen der Strukturbildung? Spielt sich hier etwas Erklärbares oder etwas Karmatisches ab, etwas aus der unerschöpflichen Poesiedynamik der Natur wie aus künstlerischer Intuition zufällig und unvorangekündigt Hervorgehendes? Warum denn ergeben sich nicht, wie nach klassischer Thermodynamik zu erwarten wäre, nur immer Strukturauflösungen? Mit dem "zweiten Hauptsatz" der Thermodynamik wird doch allgemein verheißen, daß die natürlichen Systementwicklungen immer nur in Richtung auf Unordnungsmehrung, also Ordnungsverminderung, angelegt sind. Wenn dann in der Tat an vielen Stellen unserer natürlichen Umwelt spontan höher organisierte Materiezustände entstehen, so will man sich immer wieder fragen, warum die klassische Thermodynamik gerade hier die richtige Vorhersage schuldig bleibt.

In der klassischen Thermodynamik wird ja immer die Nähe zu einem Gleichgewichtszustand des Systems vorausgesetzt. Das heißt: Das System muß sich schon ganz nahe an dem sogenannten "relaxierten" Zustand befinden, in welchem es unter den gegebenen äußeren Randbedingungen stationär verbleiben kann. Außerdem wird ein solches System stets als abgeschlossen betrachtet: Weder wirkt die Außenwelt in dieses System hinein, noch wirkt das System selbst aus sich heraus in die Außenwelt! Aber diese "Quasi-Abgeschlossenheit" des zu beschreibenden Systems ist im Falle vieler uns sichtbarer Umweltrealitäten leider nicht gegeben. Vielmehr handelt es sich bei diesen Systemen, die uns als Studienobjekte dienen - und dies ist im weiten Kosmos nicht anders - zumeist um Nichtgleichgewichtssysteme, die in starker, meist nichtlinearer Wechselwirkung mit ihrer Umwelt stehen; Energie und Entropie werden zwischen solchen Systemen und ihrer Außenwelt hin und her getauscht. Es läßt sich interessanterweise auch an solchen wechselwirkenden Systemen feststellen, daß, wenn alles zusammengenommen wird, das Ganze aus dem Innen und dem Außen vereint sozusagen, daß selbst dann die hier spontan ablaufenden Prozesse den physikalischen Unordnungsgrad des *Gesamt*systems trotz vielleicht gegebener Bildung höherer Ordnungen an lokalen Stellen dennoch insgesamt global erhöhen. Dies allerdings mit der Folge, daß sich der speziell wachsende Ordnungsgrad des neu entstandenen Struktursystems dabei ganz eigennützig auf Kosten der totalen Weltordnung erhöht. Das thermodynamische Weltdiktat an den Kosmos heißt: Die Weltordnung im Ganzen sollte sich immer verringern. Das neu herausgebildete Struktursystem schafft es dennoch, sich zu ordnen, indem es den Nutzbarkeitsgrad der durchfließenden Energie mittels interner Energieverwendungsprozesse absenkt. Oder anders bilanziert: Es nimmt Formen von besser geordneter Energie auf und gibt mengengleiche Formen von minder geordneter Energie wieder ab. Dies geschieht nach dem Prinzip der Informationsausbeutung der durchfließenden Energie, indem die zufließende Energiemenge einfach nur durch die intern ablaufenden Prozesse im System auf mehr Freiheitsgrade umverteilt und dann nach außen wieder abgegeben wird.

Wir haben uns schon an anderer Stelle des Buches gefragt, wie der Ordnungsgrad in einem mit Energie versorgten System festgelegt werden kann, das aus vielen einzelnen, voneinander unabhängig agierenden und lokal freien Geschehnisträgern wie etwa den Atomen aufgebaut ist. Im Falle eines räumlich fest beschränkten Gasvolumens bestehen diese einzelnen Geschehnisträger ja einfach in den Gasatomen, die über endlich lange Wegstrecken hinweg frei fliegen können, bis sie auf Partneratome oder auf die Volumenwandungen treffen. Auf ihrem Weg zwischen zwei Stößen führen solche Gasmoleküle ein vom Rest des Systems völlig unabhängiges Eigenleben, das vom Gesamtzustand des Systems nicht beeinflußt ist. Faßt man jedoch die vielen *Eigenleben* der einzelnen Moleküle in dieser Gasversammlung unter dem Bild eines Gesamtgeschehens zusammen, so zeigt sich, daß dieses Geschehen ganz strengen Vorgaben folgt, wodurch es aber gerade einer klaren thermodynamischen Bestimmung genügt.

Betrachten wir noch einmal ein Beispiel: Nehmen wir an, eine verschlossene Flasche mit Alkohol befinde sich in einem abgeschlossenen Raum mit dem Volumen V. Die Anfangskenntnis über den vorliegenden Anfangszustand besteht sozusagen im Wissen um die Tatsache, daß alle Alkoholmoleküle sich in der Flasche befinden, die einen Unterraum des gesamten Raums des Systems darstellt. Der Informationsgehalt des Systems in diesem Zustand läßt sich abbilden in der Zahl der notwendigen Angaben, mit der Raum- und Geschwindigkeitskoordinaten aller Alkoholmoleküle bezeichnet werden könnten. Denn außer Orten und Geschwindigkeiten muß ja die Thermodynamik weiter nichts unterschiedliches von den einzelnen Molekülen berücksichtigen, was entropiemäßig von Belang wäre. Nur in diesen Angaben unterscheiden sie sich voneinander. Ohne irgendwelche Untersuchungen an dem vorliegenden System vornehmen zu müssen, kann in diesem genannten Anfangszustand von vornherein gesagt werden, welcher Geschwindigkeitsverteilung die Moleküle aufgrund der vorliegenden Temperatur genügen, und in welchem Unterraum v des Gesamtvolumens V, nämlich dem Volumen v der Flasche, sich die Moleküle befinden. Der Informationsgehalt bezüglich des Aufenthaltsortes jedes der Alkoholmoleküle beträgt hierbei $I = (V-v)/V$ und betrüge demnach genau $I = 1$, wenn der Ort jedes Moleküls exakt bekannt wäre, bzw. wenn der Unterraum v verschwindend klein wäre, wenn man also somit ganz genau wüßte, wo jedes Molekül sich befindet. Er betrüge dagegen jedoch im Gegenteil $I = 0$, wenn der Aufenthaltsort nur in einem so beschränkten Sinne bekannt wäre, daß man von jedem Molekül nur einfach wüßte, daß es sich schlicht einfach irgendwo im Gesamtvolumen $(V = v)$ des Systems aufhielte.

Die Ordnung in diesem System mit geschlossener Flasche besteht also darin, daß von allen Alkoholmolekülen anfangs ihr Aufenthalt in dem Unterraum v der Flasche feststeht. Wird nun der Verschluß der

Flasche geöffnet, so werden sich die Alkoholmoleküle aufgrund ihres Eigenlebens in Form der Brownschen Molekularbewegung in der Gasumgebung diffusiv in den ihnen nunmehr zugänglichen, größeren Raum V des Gesamtsystems ausbreiten, und zwar mit einer typischen mittleren Diffusionsgeschwindigkeit, wenn der Außenraum von irgendeinem Hintergrundgas, wie zum Beispiel "Luft", erfüllt ist. Dabei geht anfängliche Ordnung des Systems in Unordnung über. Kenntnis geht in Unkenntnis über. Der Informationsgehalt geht von $I_0 = N(V - v)/V$ auf $I_\infty = 0$ zurück, was die Kenntnis der Aufenthaltsorte der N Alkoholmoleküle anbelangt, und die Entropie wächst entsprechend.

Solche Abläufe wie dieser des Ausgasens von Alkohol aus einer Alkoholflasche verlaufen immer orientiert auf Schaffung einer gleichmäßigeren Verteilung der Moleküle über den zur Verfügung stehenden Gesamtraum V hin, niemals in die dazu benennbare Gegenrichtung. Und das, obwohl die zugrundeliegenden Vorgänge, eben das freie Fliegen der Moleküle durch den Raum und das gelegentliche Zusammenstoßen mit anderen frei fliegenden Partikeln, völlig in sich umkehrbare Prozesse sind. Die das Geasamtgeschehen tragenden Teilprozesse sind also völlig reversibel und indifferent gegenüber einer Zeitumkehr. Keinem einzelnen Mikroprozeß sieht man an, daß das System als Ganzes dabei ist, seinen Zustand in irreversibler Weise zu ändern. Der durch die Mikroprozesse getragene äußere Makroprozeß, charakterisiert durch die sich wandelnde Qualität der Verteilung aller Moleküle im Raum, ist dennoch irreversibel und klar zeitorientiert. Jedoch liegt in dem Geflecht von Stoßgeschicken für jedes einzelne Teilchen eine zeitliche Geschichte, die die Umkehrbarkeit der gesamten Stoßgeschichte des Teilchens weitgehend in Frage stellt.

Die Unumkehrbarkeit dieses Ausgasvorganges ergibt sich aus der Betrachtung der Wahrscheinlichkeit der benötigten Ausgangsbedingungen, durch deren Realisierung ein etwaiger Makroprozeß angestoßen werden könnte. Damit der bekannte natürliche Prozeß des Ausgasens nach vertrauter Art abläuft, bedarf es lediglich als Anfangsbedingung der Unterbringung der Alkoholmoleküle im Unterraum v der Flasche, gleichgültig, wo in der Flasche und mit welchem Impuls die Moleküle dort untergebracht sind. Auch der diesem natürlichen Prozeß des Ausgasens entgegengesetzte Prozeß, nämlich derjenige des fast geisterhaft anmutenden Zurückdiffundierens der Moleküle in die Flasche, ist im Prinzip physikalisch völlig legitim und auch möglich. Er verstieße zumindest nicht gegen physikalische Erhaltungsgesetze. Um einen solchen Prozeß jedoch tatsächlich ablaufen zu lassen, bedürfte es der Einrichtung extrem unwahrscheinlicher Anfangsbedingungen bezüglich Orts- und Geschwindigkeitsverteilung der Moleküle im Gesamtraum. Dieser Vorgang kommt in Wirklichkeit offensichtlich gerade wegen der Unwahrscheinlichkeit solcher Anfangsbedingungen eben praktisch nicht vor. Ein Rücklauf des Geschehens über einen einzelnen Zeitschritt ist per Gesetz zwar möglich, aber die widernatürlichen, negentropischen Anfangsbedingungen für die komplette Umkehr aller momentanen Geschwindigkeiten an allen momentan molekülbesetzten Orten, die zu einem vollständig rückläufigen

Makrogeschehen führen würden, sind immens viel unwahrscheinlicher als diejenigen für die natürliche, entropische Impulsverteilung unabhängig von Ortspositionen.

Wieviel Zufall und wieviel Notwendigkeit , wieviel Reversibilität oder Irreversibilität herschen also im Geschehen auf kleinen und großen Raumskalen des Kosmos vor? Kann man also behaupten, man verstehe die Entwicklungen im Kosmos schon eigentlich recht gut, wenn doch gleichzeitig die Gültigkeit des Unordnungsgebotes über allem Geschehen vorgegeben zu sein scheint? Wird denn nicht hier aus dem anfänglichen Materie- und Energiechaos des Urknalls im Heraufkommen von immer mehr hierarchisch geordneten Strukturen gravitativ gebundener Materie eine wachsende, prachtvolle Ordnung aus einer zunächst gegebenen minderwertigen, wüsten Unordnung geschaffen? Wie läßt sich dies also vor dem Gebot der generellen Weltentropievermehrung bei natürlichen Abläufen, oder der Informationsverminderung in diesem kosmischen Makrosystem verstehen?

Wie wollen wir verstehen, was die Natur in ihren Geschehnisabläufen will? Vollbringt sie dabei nur, was ihr durch Gesetze befohlen ist? Mit einer Antwort müssen wir zögern: Kennen wir doch einfach die dynamische Seele der Natur nicht, zumindest nicht so, wie wir unsere eigene Natur kennen oder zu kennen glauben. Um zu einem besseren Verständnis der Natur zu gelangen, könnten wir einmal zunächst von unserer eigenen, uns vertrauten Natur als Subjekt und Mensch ausgehen. Wir könnten uns fragen, wie denn in dieser Natur des Subjektes, und verallgemeinert in der Natur des Menschen überhaupt, der Gang der Dinge auf dem Weg aus der Vergangenheit in die Zukunft geregelt ist. Schließlich kann ein solches heuristisches Unterfangen schon insofern gar nicht so unvernünftig sein, als ja der Mensch ein Teil der Natur ist. Kurz: Alles, was sich mit ihm und durch ihn abspielt, ist auch ein Spiel der Natur selbst, letzten Endes von denselben Gesetzen oder Zufällen regiert wie das physikalische Naturwalten eben auch. Es heißt zwar immer, der Mensch zerstöre die Natur; als integrierter Bestandteil der Natur gesehen, ist er jedoch in seinem Tun nur ein Werkzeug der Natur selbst. Auch durch den Menschen vollstreckt die Natur ihren Willen zum Geschehen.

Der Vorteil der Selbst- und Menschheitsanalyse zum Zwecke einer besseren Naturerkenntnis besteht sicher darin, daß uns zumindest ein Teil des Waltens der menschlichen Natur bewußt ist, so daß wir hier in die Beweggründe dieses Waltens Einblick nehmen können. Schauen wir also aus vermuteten Analogiegründen auf die Motorik des Waltens der menschlichen Natur. Wir haben doch den Eindruck, daß die Menschheit, zumindest soweit es ihre soziologisch-selbstorganisatorische, vielleicht nicht, soweit es ihre hygienisch-genetische Zukunft angeht, sich auf einem kalkulierbaren Wege befindet. Ist dieser Weg nun genügend gut von den unter den vielförmigen Menschengemeinschaften vereinbarten Gesetzen und Moralkonventionen vorgegeben, so daß dem Zufall und der Geschehniswillkür keine Chance zum Eingriff in das Schicksal verbleibt? Und wenn dem denn so wäre, wie ist es dann zu diesen in die Zukunft führenden Gesetzen und Konventionen gekommen? Gehörten sie vielleicht schon immer zur Natur des Menschen wie seine genetische Basis selbst, oder begleiten sie lediglich des Menschen erzwungene Reaktionen bei seiner unausbleiblichen Selbstorganisation in immer dichter werdenden Völkergemeinschaften? Warum kommt es zu internationalen Regelwerken wie Nichtangriffspakten, Atomwaffensperrverträgen, Genfer Konventionen, KSZE-Vereinbarungen und anderem? Das alles sind doch Gesetzesvorgaben für das Verhalten der organisierten Menschheit auf ihrem Wege in die Zukunft. Woher kommen solche Richtlinien und Verhaltensvorgaben - und wie verbindlich sind sie, wenn sie erst einmal existieren? Entfaltet sich da etwas aus der Natur des Menschen, das schon immer latent in ihr verborgen war, oder geschieht dies alles in einem Akt übergeordneter Weisheit und setzt sich sozusagen der Natur des Menschen als Qualitätsbildung von oben neu auf? Kommt denn hier etwas völlig Neues auf die Menschheit nieder?

Betrachten wir hier einmal testweise zur Erhellung der wahren Sachlage eine Art Antirealität: Wie wäre es denn, wenn die Menscheit die Erde allmählich überbevölkerte, ohne sich regulierende und übergreifende Konventionen zu geben und sich diesen zu unterwerfen? Es ergäbe sich ein unorganisierter, unkonzertierter und formloser Haufen von Menschheit mit artfolglich höchstem Zerfleischungsgrad, Frustrationsdrang, Vereitelungswahn und Instabilitätsdruck - kurz ein System mit unendlich viel innerer Reibung und unglaublicher Ineffizienz - die einen wären sozusagen der Sand im Getriebe der anderen! Es wäre der gedachten Situation vergleichbar, wenn Wasser in einem Kessel auf einer heißen Herdplatte nicht, wie in der Tat geschehend, durch organisierte Bewegungen auf die von unten zufließende Energie reagieren wollte. Hier bilden sich vielmehr in Wirklichkeit die nach dem französischen Physiker Bénard benannten, organisierten Konvektionsturbulenzen aus, die für einen kontinuierlichen und effizienten Wärmedurchgang bei minimaler innerer Reibung und Entropieerzeugung sorgen. Wenn hier jedes Wassermolekül nach wie vor tun wollte, was ihm als einzelnem, freiem Geschehnisträger und allein aufgrund der thermodynamischen Randbedingungen zukäme, so führte dies zur Hitzekatastrophe: Am Boden des Kessels würde sich eine Glocke aus überhitztem Wasserdampf bilden, während das Wasser am Oberrand kalt bliebe. In Wirklichkeit wird die Individualität der Einzelmoleküle im Interesse eines besser adaptierten Funktionierens des Gesamtsystems eingeschränkt - "Freiheitsgrade des Systems werden versklavt" wie man auch physikalischer sagt. Das einzelne Wassermolekül, ob nun unten oder oben im Kessel, muß sich einer organisierten Konvektionsbewegung unterordnen, durch welche gerade die Hitzekatastrophe jedoch effizient unterbunden wird und die zu einer optimal gleichmäßigen Wärmeverteilung im Wasser führt mit nur geringfügigem Temperaturgradienten von unten nach oben. In diesem adaptierten Zustand der Selbstorganisation ergibt sich ein sehr effizienter Wärmedurchgang durch das Wasser mit minimaler innerer Entropieentwicklung.

Auch das Individuum "Mensch" muß sich in dem sich selbst organisierenden System "Menschheit" gewissen Beschränkungen seiner Freiheitsgrade unterwerfen. Es muß sich der effizienteren Funktionsweise des Gesamtsystems zuliebe von groß angelegten konzertierten Bewegungen versklaven lassen, mit denen das System dem äußeren Druck am besten Rechnung trägt. Nur so kann erreicht werden, daß das System sich nicht an seiner inneren Ineffizienz total aufreibt. Der Wirkungsgrad des Systems Menschheit wird dadurch immens gesteigert. Es bildet sich eine Funktionsweise des Systems nach dem *Prinzip maximaler Effizienz bei minimaler Entropieentwicklung* heraus. Sind nun die Gesetze dieser Konzertierung von lokal freien Einzelgeschehnisträgern bei der sich vollziehenden Optimierung des Systemverhaltens vorgegeben - oder ist nur vorgegeben, daß das System seine Effizienz, oder seinen Wirkungsgrad, irgendwie steigern muß? Wie dies im Einzelfall jeweils geschieht, das findet das System vielleicht über den Weg des kleinsten Widerstandes oder, anders gesagt, über das Prinzip der Wirkungsminimierung dann schon selbst heraus. Die begleitenden Gesetze dafür sind in dem Sinne nicht der Beweggrund des Geschehens, sondern das Epiphänomen oder das Resultat einer *ertasteten Optimierung*. Man könnte sich das vielleicht so vorstellen, daß gleichzeitig viele Verhaltensmöglichkeiten in ersten Ansätzen vom System ausprobiert werden, wovon sich letzten Endes dann im Laufe kürzerer Zeit nur diejenige durchsetzt, die als die den Gegebenheiten optimal adaptierte erscheint.

Kommen wir nun zurück von der Optimierung des Menscheitssystems auf kosmische Struktursysteme wie Planetensysteme, Kugelsternhaufen, Galaxien oder Galaxienhaufen. Die hier verfolgbare Tendenz zur Optimierung in Verbindung mit Selbststrukturierung in nichtlinearen Systemen des Kosmos, also solchen kosmischen Systemen, die in empfindlicher, nichtlinearer Weise auf Abänderungen der ihnen vorgegebenen Anfangszustände reagieren, läßt sich anhand von bestimmten systemspezifisch festgelegten Funktionen, den sogenannten Lyapunov-Funktionen erfassen. Mit ihrer Hilfe vermag man den aus vielen Einzelprozessen integral zusammengefaßten Entwicklungseffekt an einem sich strukturierenden System zu erfassen. Gibt es mehrere an der Strukturierung des Systems beteiligte Entwicklungsprozesse, so muß man jeden von diesen mit einer Lyapunov-Funktion zu einem jeweils eigenen Index "i" separat kennzeichnen. Die integrale Lyapunov-Funktion K, die die totale Strukturbildungsrate im System beschreibt, wird dann einfach als die Summe über alle Einzelfunktionen K_i, also durch $K = \Sigma K_i$, erfaßt. Diese integrale Lyapunov-Funktion K ändert sich nun interessanterweise im Laufe der Zeit und im Zuge der fortschreitenden Strukturierung, Ordnungsbildung und Informationsdeposition im System. Diese Funktion K ist jedoch nicht nur eine direkte Funktion der Zeit, sondern auch, wie dies ja schon der Nobelpreisträger Ilya Prigogine herausgestellt hatte, eine Funktion des momentanen oder aktuellen "Bildungstandes" oder, anders ausgedrückt, des Informationszustandes I des Systems. Je informationshaltiger, also geordneter ein solches System ist, je größer also der Wert I ist, um so mehr Entwicklungsdynamik steckt erstaunlicherweise auch in diesem System. Diese integrale Lyapunov-Funktion wird auch als die "dynamische Entropie" des Systems bezeichnet, und sie charakterisiert die zeitliche Rate des Informationszuwachses im System: Größere Werte von K gehen einher mit größeren Werten von I. Je höher der Informationszustand I in einem nichtlinearen System ist, um so größer sind auch die zugehörigen dynamischen Entropien $K = K(I)$. Indem letztere aber die Vehemenz des nichtlinearen Strukturierungsschubes im System bestimmen, determinieren sie auch die Rate der Erniedrigung der inneren thermodynamischen Entropie durch Bildung neuer Organisationsformen, neuer Kollektive und Funktionseinheiten mit delegierten Teilaufgaben. All das geschieht durch fortschreitende Versklavung mikroskopischer Freiheitsgrade des Systems.

Das alles läßt, wie schon gesagt, als Deutung zu, daß die Erzeugung eines gewissen Informationszuwachses in Systemen unterschiedlicher Reifestufe oder Informationsstufe sich unterschiedlich vollzieht. Und zwar nimmt, weil die dynamische Entropie, die den Informationszuwachs steuert, eine monoton wachsende Funktion der Information oder des Reifegrades selbst ist, die fortschreitende Reifung der Systeme unterschiedlich viel Zeit in Anspruch. Im Vergleich zweier nichtlinearer kosmischer Struktursysteme sollte sich also zeigen lassen, daß das ohnehin schon "intelligentere" System auch obendrein noch einen schnelleren Informationszuwachs durchmacht, also ein bestimmtes Quantum an Reifezuwachs in kürzerer Zeit realisiert.

Wir wollen einmal das oben Gesagte an einem konkreten Beispiel überprüfen und nehmen uns zu diesem Zwecke ein uns sehr vertrautes kosmisches Struktursystem, nämlich unser Sonnensystem vor. Ist dieses System im obigen Sinne ein Gleichgewichtssystem? Dann müßte ja zu schließen sein, daß dieses System weder Information enthält noch solche heranbildet. Auch die intrinsische Zeit sollte in einem solchen Sonnensystem stillstehen. Tatsächlich könnte man auf den ersten Blick hin auch dieser Meinung sein, in diesem System verginge keine Zeit. Denn den meisten Astronomen sowie erst recht den allermeisten Normalbürgern erscheint unser Sonnensystem mit seinen auf kreisähnlichen Bahnen umlaufenden Planeten wie ein himmlisches Uhrwerk von phantastisch ewiger Gangtreue und ewiger Beständigkeit. Planeten und Monde ändern zwar ihre Positionen mit der Zeit, aber sie scheinen sich dabei auf stabilen Bahnen zu bewegen und immer wieder nach einer festen Umlaufsperiode an die gleiche Position zurückzukehren. Das System als Ganzes verbleibt also in einer festen Gestalt. Es bildet, zumindest heute, keine neuen Strukturen mehr aus.

Wie es ja wenigstens nach oberflächlichem Studium der Gegebenheiten über Zeiträume von Jahrhunderten hinweg aussieht, läuft in diesem Sonnensystem alles reibungsfrei in ehernem Gleichtakt und in idealer Gestaltpermanenz ab. Ein System also zusammengesetzt aus störungsfreien Bewegungen einzelner Massen. Man denkt doch: Wie es heute uns vor Augen tritt - als das heutige Sonnensystem - so sollte es auch auf ewig verbleiben können! Es ist jedoch interessanterweise nicht so, wie man noch vor Jahrzehnten vermutete. Heute läßt sich dies eindeutig zeigen: Und zwar ist die für garantiert gehaltene Stabilität dann nicht mehr gewährleistet, wenn man über Zeiträume von einigen Millionen Jahren in die Zukunft des Sonnensystems vorausschaut. Das liegt letzten Endes daran, daß die einzelnen Planeten strenggenommen sich nicht nur im Gravitationsfeld der zentralen Sonne bewegen, sondern bei ihren Bewegungen auch durch die chaotischen Gravitationsfelder der anderen Planeten beeinflußt werden. Als Basis der Beschreibung des hieraus resultierenden Geschehens einer wechselseitigen Beeinflussung der einzelnen Planetenbahnen dient nach wie vor erstens das Newtonsche Bewegungsgesetz und zweitens das Newtonsche Gravitationsgesetz. Isaac Newton (1643-1727) hatte zunächst die einfach zu beschreibende Natur der wirkenden Gravitationskräfte erkannt, die ja stets in die Richtung der sich anziehenden Massen wirken mit einer Stärke, die dem Produkt der Massen direkt und dem Quadrat der jeweiligen Massenabstände umgekehrt proportional ist. Die dadurch herbeigeführten Bewegungen, die von den Massenkörpern des Sonnensystems ausgeführt werden, sind allerdings nicht ganz so einfach darstellbar. Wegen der chaotischen Natur dieser interplanetaren Kräfte, die zu gewissen Zeiten nach vorne, zu andern Zeiten nach hinten ziehen, von der ungestörten Bahnbewegung des Planeten aus beurteilt, sind die resultierenden Bewegungen nicht immer integral-algebraisch repräsentierbar; das heißt, die resultierenden Planetenbewegungen sind nicht in einer mathematisch geschlossenen Form repräsentierbar! Für diese Bewegungen gelten keine Erhaltungsgrößen wie Gesamtenergie oder Drehimpuls, sondern sie sind nur hinsichtlich ihrer Augenblickstendenzen über Differentialgleichungen numerisch verfolgbar: Sie sind stückweise durch nur momentan in ihrem Wert festgelegte Bewegungsgrößen determiniert. Aus numerischen Rechnungen lassen sich lediglich durch Integration solcher Differentialgleichungen von Zeitschritt zu Zeitschritt Lösungen für die jeweils zu erwartenden Ortskoordinaten der Planetenkörper als Funktion einer voranschreitenden Absolutzeit gewinnen.

Allein jedoch die Tatsache, daß solche Bewegungen im Prinzip berechenbar und somit offensichtlich ja kausal vollkommen vorgegeben sind, bestärkte in den Zeiten nach Newton die Astronomen in dem unerschütterlichen Glauben an einen strengen Determinismus im Geschehen unseres Planetensystems. Die Körper des Sonnensystems bewegen sich demnach niemals *willkürlich*, sondern nach einer strengen und eindeutigen Vorschrift, weil aus der momentan gegebenen Bewegung diejenige in der unmittelbar nächsten Zukunft als klar bestimmt hervorgeht. Damit schien aber auch erwiesen, daß alle Bewegungen in einer noch so entlegenen Zukunft, weil aus allen vorhergegangenen Bewegungsmodi deterministisch hervorgehend, wohl definiert erscheinen und festgelegt sind.

Wenn dies auch nach wie vor prinzipiell als richtig gelten kann, so zog schon der französische Mathematiker und Physiker Pièrre Simon Laplace (1749-1827) daraus dennoch den falschen Schluß: Er behauptete nämlich, eine ausreichend große Intelligenz, die zu irgendeinem Zeitpunkt alle Kräfte und alle momentanen Bewegungszustände der von diesen Kräften beeinflußten Planetenkörper kennt, müßte in einer einzigen Formel die Bewegungen aller Planetenkörper und gleichermaßen diejenigen aller Körper im Universum für alle Zeiten erfassen und vorausberechnen können. Zukunft und Vergangen-

heit würden sozusagen in einer einzigen algebraischen
Formel vor ihm liegen. Diese Erwartung wird heute trotz
aller Weiterentwicklungen in der Mathematik und in der
Computertechnik für irrig gehalten. Nur in den aller
einfachsten Ausnahmefällen nämlich, durch die sich die
Realität jedoch garnicht wiedergeben läßt, erhält man
als Lösung der Bewegungsgleichungen eine algebraisch
geschlossene Formel, in der Vergangenheit und Zukunft
gleichermaßen enthalten sind. In allen anderen Fällen
aber, die die astronomische Wirklichkeit darstellen, ist
solches jedoch nicht möglich. Dies ergibt sich, obwohl
man aus den zugrundeliegenden Bewegungsgleichungen
an sich stets auch in diesen Fällen die Existenz und die
Eindeutigkeit einer Lösung erkennen kann. Man kann
nur eben die Lösung für die Bewegung nicht geschlossen
angeben, man kann sie nicht "zeitfrei" machen, sondern
muß sie vielmehr sozusagen stückweise mathematisch erstellen.
Die Zukunft des Systems läßt sich, wenn man so
sagen soll, nur stückweise erschließen. Nur die unmittelbare
Zukunft ist demnach vorhersagbar.

Daß hier keine geschlossenen Lösungen existieren, ergibt
sich aus der Tatsache, daß die Bewegungen der Planetenmassen,
wie wir schon betonten, nicht nur vom
zentralen Gravitationsfeld der Sonne, sondern auch vom
Gravitationsfeld der Nachbarplaneten bestimmt werden.
Diese nehmen aber ihrerseits eine gerade von solchen
Kräften bestimmte, zeitveränderliche Lage im Raum
ein. Solche interplanetaren Kräfte besitzen zum Beispiel
keinen Zentralkraftcharakter, das heißt, ihre Wirkung
in einem sonnenzentrierten Koordinatensystem ist nicht
durch nur eine einzige Raumkoordinate wie den solaren

Abstand zu beschreiben. Dieser Umstand erlaubt es nicht, einfache Integrationskonstanten wie die Gesamtenergie und den Gesamtdrehimpulses einzuführen. Die Kräfte beeinflussen vielmehr jeden Planeten an dessen jeweiliger Position aus zeitlich veränderlichen Richtungen und mit zeitlich stark veränderlicher Stärke, ohne daß dafür eine geschlossene Darstellung gefunden werden könnte. Die wirkenden Kräfte sind explizit zeitabhängig. Diese Erkenntnis löste schon am Anfang des 19.Jahrhunderts große Bestürzung unter den Wissenschaftlern aus und ließ sogleich die brennende Frage nach der Stabilität des Sonnensystems über größere Zeiträume hinweg entstehen. Weiß man denn überhaupt, ob das Sonnensystem, so, wie wir es kennen, noch im kommenden Jahrtausend existiert?

Erste Studien in dieser Richtung wurden von Mathematikern wie J. L. Lagrange und S. D. Poisson durchgeführt. Dabei ließ sich seinerzeit nur zeigen, daß das uns heute vor Augen stehende Sonnensystem ohne äußere Störungen über die nächsten 300000 Jahre stabil bleiben sollte. Über größere Zeiträume hinweg konnten die damaligen Rechnungen jedoch keine verläßliche Aussage machen. Insbesondere die periodisch auftretenden Störungen geben hierbei besonderen Anlaß zur Sorge, weil sich bei ihnen die Störeffekte systematisch akkumulieren und somit im Laufe der Zeit zu substanziellen Bahnveränderungen führen müssen. Deswegen galt die Aufmerksamkeit immer besonders der Stabilität des Jupiter-Saturn-Systems. Beim Blick auf das Sonnensystem ist deswegen immer zuerst nach den Zahlenverhältnissen zwischen den Umlaufzeiten dieser

Großplaneten geschaut worden.

Es herrscht nämlich ein besorgniserregend rationales Zahlenverhältnis (5:2) zwischen den Umlaufsperioden der beiden Großplaneten Jupiter und Saturn. Während Jupiter also fünfmal um die Sonne läuft, vollendet Saturn gerade zwei Umläufe. Das besagt aber, daß nach 5 Jupiterumläufen, also nach 5 mal 11 Jahren = 55 Jahren, Jupiter und Saturn bei ungestörtem Umlauf um die Sonne immer wieder in die gleiche räumliche Konstellation eintreten. Wegen der schnelleren Orbitalbewegung des Jupiter im Vergleich zum Saturn überholt ersterer letzteren, was seine Winkelage anbelangt. Dabei werden interplanetare Gravitationskräfte wirksam, die ein negatives Drehmoment auf den Jupiter, ein positives Drehmoment auf den Saturn ausüben. Die Ausübung eines positiven Drehmomentes auf den Saturn prägen diesem Planeten jedoch einen größeren Bahndrehimpuls auf. Aufgrund dieses Umstandes muß Saturn also systematisch auf immer neue Keplerbahnen mit immer größerer Halbachse ausweichen. Dies ließ J. B. Biot bereits 1860 voraussagen, daß durch diese resonante Störung der Saturnbahn der Saturn schließlich ganz aus dem Sonnensystem entfernt werden würde.

Letzteres Schicksal kann jedoch nicht allein von der Rationalität des Verhältnisses der Umlaufsperioden beider Planeten abhängen, denn in der Nähe jeder rationalen Zahl sind beliebig viele irrationale Zahlen, von denen einige den wahren Wert des heute gegebenen Verhältnisses sogar besser wiedergeben. Um solche offenen Fragen besser beantworten zu können, hat man heute hochentwickelte Verfahren der Störungstheorie zur Verfügung, mit denen sich das Langzeitverhalten chaotischer Mehrkörpersysteme studieren läßt. Das Augenmerk ist auch hier meist auf die Ermittlung einer sogenannten Lyapunov-Funktion K gerichtet, deren Bedeutung im Zusammenhang mit Informations- und Ordnungsbildung wir zuvor schon angesprochen hatten. Diese Funktion gibt ein Maß für die Geschwindigkeit der Entwicklung eines solchen Systems ins Unberechenbare, ins "Chaos", an. Bezeichnet man Δx_0 als den Ortsunterschied zwischen zwei frei gewählten Koordinatenanfangswerten bei der Integration der Bewegungsgleichungen, dann ergibt sich daraus ein exponentiell wachsender Ortsunterschied in der Zeit. Bei der Analyse der gestörten Bewegungen ermittelt man dann im Fortgang der Zeit auf folgende Weise den resultierenden Koordinatenunterschied $\Delta x(t) zu$ irgendeiner späteren Zeit t : $\Delta x(t) = \Delta x_0 \cdot \exp[Kt]$. Hieran mag man erkennen, daß nach einer typischen Lyapunov-Zeit von $t \geq 1/K$ folglich kein Planet mehr an seiner ursprünglichen Bewegung festhalten kann, sondern sich nunmehr auf einer völlig von der ursprünglichen abweichenden Bahn bewegt und womöglich jetzt ganz andere, ihm vorher fremde Gebiete des Sonnensystems frequentiert. Angesichts dieses Umstandes würde man nun gerne wissen, wo denn genau nach dieser Lyapunov-Zeit die einzelnen Planeten wirklich verblieben sind. Genau das aber läßt sich eben nicht in analytisch algebraischer Form aussagen. Dies ergibt sich vielmehr aus numerischen Rechnungen, die über entsprechend lange Zeiträume fortgesetzt werden. Binnen welcher typischen Zeit die einzelnen Planeten ihre Bahnen relevant ändern, kann durch moderne Verfahren der obigen Art heute recht gut angegeben werden.

Solange die sich akkumulierenden Drehimpulsstörungen der Planeten klein gegen die ursprünglichen Drehimpulse bleiben, erweisen sich die Bahnen der Planeten immerhin noch als quasiperiodisch, das heißt, sie sind wenigstens im Zeitmittel stabil, indem sie nur um stabile Bahnen herum oszillieren. Die Planeten schwingen bei ihren Bewegungen förmlich um ihre Originalbahn herum. In diesem Falle läßt sich die Bewegung der Planeten als eine Überlagerung unendlich vieler Schwingungen auffassen, nur sind hier die Frequenzen dieser Schwingungen nicht mehr wie im echtperiodischen Fall Vielfache einer Grundfrequenz, sondern es sind mehrere Grundfrequenzen ohne ein gemeinsames Vielfaches. Die unter diesen Gegebenheiten resultierenden, quasiperiodischen Bahnen erweisen sich in dem Sinne als stabil, als die Planeten auf ewige Zeiten innerhalb fester Abstände zur Sonne verbleiben. Dasselbe gilt für ihre Bahndrehimpulse und ihre Bahnenergien bei der Bewegung auf solchen schwingenden Bahnen; auch sie verbleiben also, wiewohl periodisch oszillierend, innerhalb fester Grenzen.

Das alles hängt allerdings auch noch am gewählten Anfangszustand, von dem an man die Betrachtung der gestörten Bahnen beginnt. Hier gibt es nämlich sowohl Anfangszustände, die zu einer ungefähren, nur marginal beeinträchtigten Stabilität und also zu quasiperiodischen Bahnen im obigen Sinne führen, als auch andere, die zu neuralgisch großen Drehimpulsstörungen führen und die ein chaotisches Verhalten des Systems zur Folge haben. Für den heutigen Zustand des Sonnensystems läßt sich

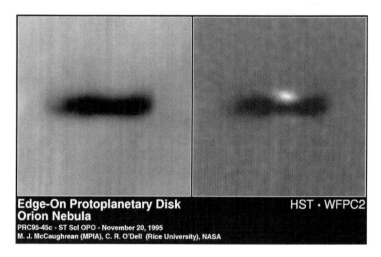

Abb. 4: Entstehung junger Planetensysteme, wie etwa demjenigen, das mit unserer Sonne verbunden ist. Der junge Zentralstern ist noch von einer dichten Scheibe aus Gas und Staub umgeben, aus der sich in der Folgezeit die planetaren Objekte herausbilden werden.

tatsächlich in diesem Sinne eine nur marginal beeinträchtigte Stabilität nur über einen Zeitraum von 10 Millionen Jahren nachweisen. Innerhalb dieses Zeitraumes verändern sich die Bahnen der Planeten nur geringfügig quasiperiodisch und die Elemente ihrer Bahnen verbleiben in engen Grenzen. Dies darf jedoch nicht leichtsinnig so gedeutet werden, als bestünde die Einzigartigkeit des Sonnensystems gerade darin, daß sich bei ihm eben dieser marginal gestörte, quasistabile Zustand, wie man sagen könnte, per Zufall eingestellt hat. Vielmehr muß man annehmen, daß aus der ursprünglichen, protoplanetaren Gasscheibe, die die Protosonne damals noch umgeben haben muß, eine Aussaat planetarer Körper hervorgegangen ist, die in der Anfangsphase unmittelbar nach ihrer Entstehung sicher nicht in einem solchen dynamischen Zustand annähernder Stabilität waren, sich vielmehr erst über nichtperiodische Strukturbildungswege sehr viel später dann unter Entfernung gewisser Massen aus dem inneren Sonnensystem, unter Herbeiführung von Kollisionen, und unter Abtauchen gewisser planetoider Massen in den protosolaren Kern in einen solchen, quasistabilen Zustand hineinentwickelt haben, der aber dann heute immerhin, so wie er nun einmal geworden ist, für einige hundert Millionen Jahre überdauern kann.

Den derzeit vorliegenden Zustand unseres Sonnensystems hat der Astrophysiker Laskar mit den angedeuteten Störungsmethoden genauer auf sein zu erwartendes Langzeitverhalten hin untersucht. Hierbei setzt er den sich nach gewissen Zeitintervallen herausbildenden quasiperiodisch gestörten Zustand immer wieder aufs neue als einen jetzt gültigen, neuen Anfangszustand ein. Danach nimmt er an diesem neuen Zustand dann erneut Störungsuntersuchungen vor. Auch hierbei kann er im Sinne der vorangegangenen Definition eine typische Lyapunov-Zeit des heutigen Sonnensystems von $\tau_{Lya} = (1/K_{Lya}) \cong 5$ Millionen Jahre bestimmen. Darin drückt sich aus, daß nach einigen Millionen Jahren sich kein einziger Planet des heutigen Sonnensystems mehr auf seiner derzeitigen Bahn oder auch nur in der Nähe derselben um die Sonne bewegen wird. In der Zwischenzeit treten zudem langzeitige Resonanzen großer Amplitude bei der gestörten Bewegung der inneren, erdähnlichen Planeten des Sonnensystems auf, so also bei Merkur, Venus, Erde, und Mars. Die gestörten Bewegungen dieser terrestrischen Planeten sind folglich über die nächsten 10 Millionen Jahre hinweg nicht einmal mehr quasiperiodisch, sondern unabsehbar chaotisch.

Für die äußeren Planeten haben die Astrophysiker Sussman und Wisdom 1992 unter Anwendung verschiedener numerischer Verfahren Lyapunov-Perioden von 3 bis 30 Millionen Jahren errechnet. Über derart langen Zeiträumen beurteilt, kann das Sonnensystem also nicht mehr als stabil bezeichnet werden. Nach der Deutung von Laskar ist dies Ergebnis allerdings noch nicht spruchreif. Die aufgezeigten Ergebnisse sprechen in seinen Augen nicht für eine starke Instabilität der Bahnen der beiden Großplaneten Jupiter und Saturn. Deren Bahnen sollten nach ihm vielmehr über Zeiträume von der Größenordnung des Alters des Sonnensystems, also über 4,5 Milliarden Jahre, auf ziemlich geringe Abweichungen von ihren heutigen Bahnen beschränkt bleiben. Obgleich also das heutige Sonnensystem nicht als stabil bezeichnet werden kann, erweist es sich doch in der Sicht dieses Astrophysikers zumindest insofern als annähernd stabil, als starke Instabilitätsphänomene - wie etwa Planetenkollisionen oder Planetenauswürfe aus dem Sonnensystem - innerhalb der kommenden 5 Milliarden Jahre nicht vorkommen sollten. Über solche Zeiträume hinausgehend, läßt sich jedoch dann zeigen, daß gerade ein Planet wie der Merkur schließlich auf eine hyperbolische Bahn oder auf Kollisionskurs mit Venus oder Erde getrieben werden kann. Erde und Venus selbst werden wegen ihrer größeren Massen und Drehimpulse kaum ein solches Schicksal erfahren. Wenn ihre Bahnen auch nicht als langfristig quasiperiodisch erwiesen werden können, so sollten die Bahnelemente ihrer Bewegungen sich dennoch nur in engen Grenzen um die jetzigen herum entwickeln.

Hieran zeigt sich nun nachträglich noch einmal die annähernde Stabilität des heutigen Sonnensystems, die nach heutiger Auffassung sicher nicht aus Zufall vorliegt. Die derzeitig gegebenen, nach einem einfachen mathematischen Algorithmus durch die berühmte Titius-Bode'sche Beziehung berechenbaren Planetenabstände von der Sonne können in Verbindung mit den tatsächlichen Planetenmassen sicher nicht als Zufallserscheinung eines einmaligen Entstehungsprozesses eingestuft werden, sondern müssen wohl als das Ergebnis eines langen Selbstfindungsprozesses oder Evolutionsprozesses einer zwischenzeitlich immer wieder instabilen Massenanordnung und Drehimpulsverteilung in der frühen, der protoplanetaren Scheibe gesehen werden. Insbesondere die kleineren Massenkörper im frühen Sonnensystem hatten nur geringe Chancen, in ihren ursprünglichen Bahnen über lange Zeiten zu verweilen. Die anderen, massereicheren Körper suchten sich schließlich im Zuge einer dynamischen Adaption des Gesamtsystems solche Bahnen, in denen sie für lange Zeiten in weitgehender Stabilität verbleiben konnten. Damit ein Körper wie die Erde sich dabei in einer biogenen Entfernung von der Sonne für entsprechend lange Zeiten aufhalten kann, muß er jedoch eine genügend große Masse verbunden mit einem genügend großen Drehimpuls als stabilisierende Verankerungsmomente besitzen. Eine Erde mit der Masse des Merkur würde solche Voraussetzungen zum Beispiel nicht erfüllen. Sie könnte zwar zunächst auch mit geringerer Masse durchaus in der gleichen Bahn wie die tatsächliche Erde die Sonne umlaufen - denn alle Körper fallen bekanntlich gleich schnell, auch um die Sonne herum -, sie würde aber bei diesem Umlauf zu starken Störungen unterworfen sein, so daß sie schon sehr bald aus dieser Bahn verdrängt würde.

Wegen eines ganz anderen Umstandes ist das Sonnensystem auch noch zusätzlichen Instabilitäten ausgesetzt. Dies hängt damit zusammen, daß alle Planeten ja nicht nur einen mit ihrer Umlaufsbewegung um die Sonne verbundenen Bahndrehimpuls, sondern zusätzlich auch einen körpereigenen Spin-Drehimpuls besitzen, der mit ihrer Rotation um die eigene Körperachse verbunden ist. Wenn man so will, stellt die Erde wie auch alle anderen Planeten so etwas wie einen freien Kreisel im Weltraum dar. Jeder solche Kreisel ist gemäß seiner physikalischen Natur bemüht, seinen Spin-Drehimpuls konstant zu halten, und zwar von seinem Betrag und seiner Richtung her. Das bedeutet, daß er seine Kreiselachse, trotz seiner Bewegung um die Sonne herum, in einer immer gleichen Ausrichtung zur Himmelskugel zu halten versucht. Die Kreiselachse der Erde ist zum Beispiel stets in einem Winkel von 23,3 Winkelgraden gegenüber der Ekliptik geneigt, also gegenüber der Planetenebene. Das hat in Verbindung mit der Wanderung der Erde um die Sonne zur Folge, daß die Erde über ein Halbjahr hinweg stärker ihre Nordhemisphäre auf die Sonne ausrichtet und im darauffolgenden Halbjahr dafür stärker ihre Südhemisphäre. Diese Grundsituation, die wir an unserer Erde seit Menschengedenken kennen und als die kosmische Vorgabe für den klimatischen Jahresablauf auf unserem Planeten schätzen, ist nun leider dennoch nicht so stabil, wie man aus einfachsten physikalischen Grundüberlegungen ableiten würde. Das hat damit zu tun, daß auf den Kreisel "Erde" äußere Drehmomente einwirken, welche gewisse Präzessions- und Nutationsbewegungen der Erdachse bewirken, die man zumindest über die jüngere Erdgeschichte hinweg auch nachweisen kann. Man mag sich fragen, wie eine solche äußere Drehmomenteinwirkung auf den Erdkörper überhaupt zustandekommen kann. Denn wenn die Erde eine perfekte Kugel wäre, so könnte gar kein äußeres Drehmoment durch Gravitationskräfte auf sie übertragen werden, denn alle äußeren Kräfte müßten nettomäßig im Massenzentrum der Erde angreifen und könnten folglich mangels eines Krafthebels kein Drehmoment auf den Erdkörper ausüben. Die Erde rotiert bekanntlich aber und erfährt deswegen eine zentrifugale Ausbeulung zu einer ihren Polen abgeplatteten Kugel oder, wie man auch sagt, zu einem Geoid oder Ellipsoid.

Dieser "verbeulte" Erdkörper besitzt nun jedoch nicht nur allein ein Massenzentrum, also ein Massenmonopolmoment, wie man auch sagt, sondern auch höhere asymmetriebedingte Massenmultipolmomente. Die wesentlichsten dieser Massenmomente der rotierenden Erde sind dabei das sogenannte "Massenquadrupolmoment" und das zur Sonne ausgerichtete Massendipolmoment. Diese repräsentieren als Superposition die tatsächliche asymmetrische Erdmassenverteilung durch eine hantel- und eine doppelhantelartige Massenverteilung dar. Auf diese höheren Massenmomente üben nun andere Massen im erdnahen Kosmos wie zum Beispiel die Sonne oder auch der Erdmond durch ihr Gravitationsfeld ein Drehmoment aus. Über das wirkende Drehmoment wird nun in erster Linie eine stabile und regelmäßige Präzessionsbewegung der Erdachse ausgelöst, die eine nachweisliche Periode von 26000 Jahren hat. Innerhalb dieser Zeitperiode wandert die Erdachse einmal auf einem Konusmantel mit 23,3 Grad Öffnungswinkel herum. Gerade aber dieses Präzessionsgeschehen ist jedoch, wie man heute klar nachweisen kann, nicht über Zeiträume von Millionen Jahren stabil. Über solche Zeiträume ergibt sich vielmehr, kombiniert mit den schon besprochenen, säkularen Störungen der Erdbahn eine Variation von $\pm 1,3$ Winkelgrad um den Mittelwert von 23,3 Winkelgrad, wie die Astrophysiker Laskar und Robutel 1993 mit ihren aufwendigen Störungsrechnungen zeigen konnten. Diese aufgezeigten Achsenschwankungen über einige Millionen Jahre scheinen sich in unbedeutend kleinen Grenzen zu bewegen, was uns eigentlich beruhigen sollte. Jedoch zeigen heutige Modelle des Erdklimas, daß bereits eine solch geringe Schwankung der Erdachse enorme Folgen für das Erdklima auf Nord und Südhemisphäre haben wird.

Diese Schwankungen wären allerdings noch weit stärker ausgeprägt und solchermaßen unverkraftbar für das Leben auf dieser Erde, wenn nicht ein sehr günstiger Umstand dem irdischen Leben schützend zur Hilfe käme, nämlich die Existenz des Erdmondes, der die Erdachse sehr stark stabilisiert. In der Tat ergibt sich ein extrem achsenstabilisierender Umstand durch die Existenz dieses Mondes, der ja selbst auch aufgrund seiner Eigendrehung einen eigenen Spin-Drehimpuls und aufgrund seiner Bahnbewegung einen Bahn-Drehimpuls besitzt. Vermittelst dieser Gegebenheiten wirkt er in Verbindung mit seiner Schwereeinwirkung auf die Erde in extrem stabilisierender Weise auf die Erdachse ein. Der Mond macht die Erde sozusagen zu einem viel stabileren Kreisel mit viel größerem Trägheitsmoment, als die Erde es ohne Mond jemals sein könnte. Wenn man zum heutigen Zeitpunkt den Mond entfernen würde, so würde sich zeigen, wie schnell die Erdachse in ein chaotisches Mäandrieren geriete. Bei solchen Schwankungen der Erdachse wäre ein irdisches Leben über die kommenden Millionen Jahre hinweg gewiß nicht mehr denkbar. Man erkennt daraus, daß der Mond, der von vielen nur als eine schöne und romantische, nichtsdestoweniger aber unwichtige kosmische Bereicherung der Erde gehalten wird, in der Tat die notwendige Stabilisierung des Erdklimas zur langfristigen Unterstützung der biologischen Evolution auf der Erde garantiert. Dieser Mond muß zudem auch eine genügend große Masse haben, also nicht zu klein und nicht zu groß, damit sein Bahndrehimpuls einerseits sich wirksam spin-stabilisierend auf den Erdkörper auswirken kann, aber andererseits nicht zu große Gezeitenflutwellen über den Ozeanen provoziert und nicht zu lange Sonnenfinsternisse herbeiführt.

An den obigen, irdischen Beispielen mag man erkennen, wie man die Strukurbildungstendenzen und die Störungsanfälligkeiten an den Gegebenheiten kosmischer Mehrkörpersysteme, sogenannte dynamische Entropiefunktionen, studieren kann. Auch auf den großen und größten Skalen der kosmischen Materieverteilung kann das Strukturbildungsverhalten der in bestimmten Systemen gravitativ gebundenen Materie auf intrinsisch chaotische Tendenzen hin untersucht werden. Dem Ehrgeiz der Astronomen, möglichst weit in den Kosmos, und das heißt möglichst weit in die Vergangenheit desselben, hineinzuschauen, hat sich allerdings im Jahre 1965, als Arno Penzias und Robert Wilson die kosmische Hintergrundstrahlung entdeckten, ein absolutes Hindernis aufgezeigt. Und zwar kann man nur maximal bis zur Entstehungszeit dieser Hintergrundstrahlung zurückblicken; davor war der Kosmos vollkommen undurchsichtig! Aber die Astronomen fragen sich nun, wie denn der Kosmos eben zu dieser Zeit, einige hunderttausend Jahre nach dem Urknall, ausgesehen haben mag. Darüber gibt die kosmische Hintergrundstrahlung Auskunft, die derzeit von dem NASA-Satelliten COBE bis in die feinsten Details analysiert wird. Hieran zeigt sich nämlich, daß das Universum zur Entstehungszeit dieser Strahlung noch extrem homogen bis auf Dichteschwankungen im Bereich von Hunderttausendsteln gewesen sein muß. Wie kann aber, so fragt man sich heute, aus einem so eklatant homogenen Kosmos der damaligen Zeit der heutige hochstrukturierte Kosmos entstanden sein?

Nimmt man an, der heutige Kosmos sei aus einer gigantischen Urexplosion vor etwa 20 Milliarden Jahren hervorgegangen, so sollte er sich in der seither vergangenen Zeit zu seinem heutigen strukturierten Zustand fortentwickelt haben können, der ja ein kompliziert in Hierarchien angelegtes Netzwerk von Filamenten und Wänden aus Galaxien und Galaxienhaufen darstellt. Die zu vermutenden Geschehnisse bei der Umverteilung galaktischer Materie im Kosmos, bedingt durch die intermateriellen Gravitationsfelder, untersuchten jüngst nun Wissenschaftler des Max-Planck-Institutes für Astrophysik in Garching bei München mit machtvoller Hilfe eines "$CRAY-T3E$"-Supercomputers. Erst mit den Rechengeschwindigkeiten und Speicherkapazitäten heutiger Superrechner konnte ein solches Projekt zur kosmischen Strukturbildungssimulation überhaupt in Angriff genommen werden.

Hierbei läßt sich derzeit die Strukturbildunsgtendenz noch nicht für das gesamte Universum nachvollziehen, sondern nur für einen für die größten heute beobachteten Strukturen repräsentativen Teilbereich. Für diesen sollen dann jedoch vom Computer die miteinander verketteten Galaxienformationen unter Zugrundelegung der heute gängigen Gravitationstheorie aus frühen Anfangsstrukturen herangebildet werden. Bei den Simulationen geht man von 100 Milliarden zunächst fast gleich verteilter Galaxien aus und läßt diese in einem expandierenden Universum miteinander gravitativ wechselwirken. Das erfordert die volle Speicherkapazität von 512 Prozessoren des $CRAY-T3E$-Rechners in Garching, der zu den zehn leistungsfähigsten Rechnern der Welt zählt. Jede Simulation benötigt 50000 Prozessorstunden und erzeugt etwa eine Billiarde Einzeldaten, die verarbeitet werden müssen und in Bilder des Kosmos zu einer computerbestimmten Zeit umgesetzt werden können.

Wie wir schon erwähnten, stellt man heute über kosmischen Dimensionen von 10 bis 500 Millionen Lichtjahren mit größtem Erstaunen immer mehr stark ausgeprägte Materiestrukturen fest. Selbst über diesen Riesendimensionen des Raumes läßt sich also immer noch keine Zufälligkeit und Gleichmäßigkeit in der Verteilung der Objekte bestätigen. Erst jüngst erkannten die Astronomen John P.Huchra und Margaret J.Geller vom Harvard Smithonian Center for Astrophysics in Cambridge (USA), daß sich augenfällige Großstrukturen mit Ausmaßen von 300 Millionen Lichtjahren und mehr auffinden lassen. Solche Mammutstrukturen bestehen zumeist aus flächenhaft angeordneten Haufen und Superhaufen von Galaxien, die sich zu flächenartigen Strukturen zusammengelegt haben. Die Frage steht im Raum, wie sie zustandegekommen sein können, und ob sie stabil über die Äonen der kosmischen Evolution existiert haben können. Es scheint, als ob sich die unzähligen Materieobjekte im Weltall nach einem geheimnisvollen Diktat des Kosmos zu Häuten angeordnet hätten, welche riesige Leerräume umspannen, in denen weit weniger leuchtende Materie präsent ist, als in den Häuten. Dabei erweist sich die mittlere Materiedichte in diesen Häuten als um mindestens einen Faktor 10 bis 50 größer als in den umschlossenen Leerräumen. Das Weltall nimmt in gewisser Hinsicht dadurch die Beschaffenheit eines wulstigen Seifenschaumes an, wo ja auch in den Seifenhäuten die alleinige Flüssigmaterie steckt, während die eingeschlossenen Räume nur unsichtbare gasförmige Materie enthalten. Vielleicht besteht das Analogon dieser unsichtbaren Materie im Falle der kosmischen Leerräume ja in Regionen einer gewissen Antigravitation, die bestrebt ist, normale Materie aus ihrem Herrschaftsgebiet zu verdrängen. In dieser Richtung entwickeln sich heute neue theoretische Ansätze zur

Beschreibung dieser Phänomene, womit man wenigstens einsehen könnte, warum sich solche Materiedisproportionierungen überhaupt entwickeln.

Solche hautartig angeordneten Massenansammlungen werden von den Astronomen nicht nur durch räumliche Klumpungen bemerkt, sie machen auch durch ihre Gravitationseinwirkung auf die Umgebung auf sich aufmerksam. Gigantische Massenansammlungen von Billiarden Sonnenmassen scheinen so, nach ihrer Gravitationswirkung zu urteilen, irgendwo jenseits des Hydra-Centaurus-Superhaufens in Form eines großen kosmischen Attraktors zusammengeballt zu sein. So schließen jedenfalls Astrophysiker, die sich die Eigenbewegungen vieler Galaxien in unserer näheren und weiteren Nachbarschaft angesehen haben. Dabei zeigt sich, daß alle diese galaktischen Objekte eine Vorzugsbewegung auf diesen großen kosmischen Attraktor hin durchführen.

Der Schwerpunkt aller lokalen galaktischen Massen in unserer gemeinsamen, kosmischen Materienachbarschaft bewegt sich danach mit etwa 350 Kilometern pro Sekunde auf dieses Zentrum zu. Wenn dies mit Mitteln normaler Physik erklärt werden soll, so sollte man annehmen, daß ein auf dieses Zentrum hin wirkendes Gravitationsfeld diese Bewegungen wie Freifallbewegungen erzwingt. Das erforderliche Gravitationsfeld kann dann jedoch nur durch riesige Massenansammlungen realisiert sein, deren Existenz man jedoch nicht direkt wahrnehmen kann. Immerhin sollten ja dann solche mysteriösen, kosmischen Gravitationsschlünde von Massenballungen entsprechend Billiarden von Sonnenmassen dargestellt sein. Das spräche für eine gigantische

Großstruktur im Kosmos, die man nicht direkt sieht und die man noch vor kurzer Zeit in Astronomenkreisen für unmöglich gehalten hätte. Je mehr und je tiefer man aber ins Weltall blickt, umso spruchreifer wird, daß es bis zu größten Dimensionen Galaxienverteilungen gibt, die keinesfalls einer Zufallsstatistik entsprechen. Das bedeutet einfach, daß die Materiezentren im Kosmos nicht einfach wahllos wie die Moleküle in einem thermodynamischen Gleichgewichtssystem auf statistisch bestimmte Orte verteilt sind; vielmehr beinflußt die Existenz einer materiellen Struktur an bestimmter Stelle im Kosmos offensichtlich die Wahrscheinlichkeit dafür, weitere materielle Strukturen in deren Nachbarschaft zu finden.

Wie die Garchinger Simulationen nachweisen wollen, sollten sich nun aus den kleinen Anfangsschwankungen in der Dichte unter dem Einfluß der Schwerkraft allmählich all diese beobachtbaren Strukturen von Attraktoren, Galaxienhaufen, Milchstraßen und Sternen herausgebildet haben. Allerdings fällt auf, so haben die Garchinger Simulationen schon heute klar nachweisen können, daß dafür die leuchtende Materie im Weltall nicht alleine verantwortlich sein kann, vielmehr müssen große Prozentsätze von "dunkler Materie" mit an dem großen kosmischen Strukturierungsspiel beteiligt sein. Diese Form der *Geist*materie kann man allerdings bis heute nicht dingfest machen. Man vermutet, daß sie von Elementarteilchen noch unbekannter Art repräsentiert wird. Es scheint sogar, daß die dunkle Materie hauptverantwortlich ist für das Geschehen im Kosmos und für die Entstehung der Strukturen. Diese Materie gehorcht nur der Schwerkraft, während alle anderen bekannten

Naturkräfte nicht auf diese Form der Materie einwirken. Das sich ergebende Strukturwachstum hängt zudem sehr wesentlich von dem tatsächlichen Expansionsschicksal des Kosmos ab. Um auf das heutige Weltbild zu kommen, bedarf es einer verlangsamten Expansion in der Frühphase, gefolgt von einer beschleunigten Expansion in der Phase danach, wenn sich bereits die wesentlichen Strukturmerkmale der heutigen Zeit, jedoch auf noch kleiner Skala, ausgebildet haben. Diese Form der Weltexpansion kann jedoch nur durch einen Trick in den Einsteinschen Feldgleichungen erreicht werden, nämlich durch Einführung einer positiven "kosmologischen Konstanten", die Einstein seinerzeit zunächst eingeführt, dann aber als seine größte Eselei doch wieder verworfen hatte.

Wenn man jedoch in der heutigen Zeit ohne "kosmologische Konstante" nicht mehr auskommen zu können glaubt, so bietet sich vielleicht noch ein anderer Weg der Erklärung an, der zumindest die Annahme von Dunkelmaterie erübrigen könnte. Wie wir in dem Kapitel 6 dieses Buches über die Vakuumenergie und die kosmische Wirkung derselben festgestellt hatten, entspricht einer solchen Vakuumenergie ein gewisser Wert der kosmologischen Konstanten. In einem Gebiet des Kosmos, in dem ein positiver Wert dieser Konstanten vorherrscht, wirkt eine schwache, auf entsprechend großen Raumskalen jedoch wichtige "antigravitative" Abstoßungskraft. Nehmen wir nun einfach einmal an, daß dort, wo sich viel Materie im Kosmos befindet, eine negative kosmologische Konstante vorherrscht, dort, wo weniger vorliegt, eine positive Konstante, so wird von vornherein klar, daß der Kosmos eine intrinsische Strukturbildungstendenz in sich trägt, denn kleine Dichtestörungen mit leicht höheren Dichten, benachbart zu Gebieten mit leicht erniedrigten Dichten, unterlägen dann automatisch einem kosmischen Kraftfeld, das die Wirkung hätte, alle Dichtestörungen vehement zu verstärken. Und zwar nicht deswegen, weil die verdichteten Materiegebiete aufgrund gravitativer Anziehungen sich verdichteten, sondern weil sie sich aufgrund antigravitativer Kräfte aus den minderdichten Materiegebieten der Nachbarschaft zu größerer Verdichtung gedrängt sähen. Wenn dem so wäre, so würde erkennbar, daß die kosmische Materieverteilung in Verbindung mit selbstbestimmten Gravitationsfeldern und kosmologischen Antigravitationsfeldern von vornherein der Tendenz zur Strukturbildung unterliegt, weil der homogene Zustand vollkommen instabil ist. Nur das Strukturierte kann womöglich im Kosmos überhaupt existieren, das Homogene dagegen ist einer solchen Natur gemäß grundsätzlich instabil und tritt sofort aus der Erscheinung der kosmischen Materieverteilung zurück. Im Erscheinungsbild der kosmischen Materieverteilung tritt also nur das Strukturierte als markant und dauerhaft sichtbar auf.

10.
**Wem die kosmische Stunde schlägt:
Ist uns das Ende nahe?**

In diesem Buch haben wir von der Welt im großen und ganzen gesprochen: Wir haben ihre Geheimnisse, ihren Aufbau und die diesen erhaltenden physikalischen

Prinzipien und Mechanismen ergründet. Wir haben gefragt und geantwortet, was diese Welt im Innersten zusammenhält - und was sie in ihren genuin dynamischen Prozessen und Strukturen existieren und verweilen läßt. Von einem Ende der Strukturen und Geschehnisse haben wir dabei nicht gesprochen. Ist diese Welt so, wie wir sie in der Befragung zu sehen gelernt haben, auf ihrem Wege zu anderen Formen in kommenden Zeiten, nun bei dieser Wegbeschreitung einem Ende geweiht? Gibt es vielleicht sogar schon Zeichen eines nahenden Endes zu erkennen? Wie wird dieses Ende gegebenenfalls aussehen? Woher kommt solchenfalls das Eschatologische dieser Welt? Kann denn die Natur ein Interesse an ihrer Beendigung haben?

Wie kann ein Naturgeschehen auf ein Ende hin angelegt sein, wenn doch aus naturwissenschaftlicher Sicht in diesem Geschehen jede hervorgebrachte Wirkung immer sogleich auch der Grund für eine neuerlich eintretende Wirkung ist? Der Weltanfang ist in diesem Sinne eine Erstursache, die als einzige nicht als die Wirkung auf etwas Vorheriges auftritt, so, wie denn andererseits das Weltende eine letzte Wirkung darstellen müßte, die als einzige nichts mehr verursacht. Wenn in diesem kosmischen Geschehen ein Ende vorgesehen ist, so also nur, indem die letzendlich hervortretende Wirkung sich selbst wieder kausal hervorbringt. Das ist dann kein eigentliches Ende des Geschehens, sondern das Einmünden in ein Geschehen ohne geschehende Veränderung. Die Welt, angekommen in einem immer wieder auf sich selbst zurückführenden Attraktorzustand! Wir könnten also versuchsweise schließen, daß die

Welt bereits genau in einem solchen Zustand angekommen ist oder daß sie doch wenigstens diesen Zustand als ihren Endzustand anstrebt.

Kann es überhaupt sein, daß die Welt, wie sie nun einmal auftritt und vor unseren Augen Ereignisse eintreten läßt, schon fertig ist, ohne daß die sie Erkennenden jemals dazu befragt worden wären? Wenn diese Welt denn zu einem Ende hin bestimmt wäre, also dem Untergang geweiht wäre, wer hätte ihr diese Bestimmung gegeben? Hängt diese Welt nicht auch sehr wesentlich mit der Sinngebung durch den anschauenden Menschen und seinen Verstand zusammen? Das muß man doch wohl bejahen! Denn die Formen der Welt kommen nicht ohne die Weltauslegung zustande, die sich in der Sprache und im Denken des Menschen vollzieht. Jedes Buch, in dem Gesprochenes und Gedachtes geschrieben steht, will eine eigene Weltstiftung sein, indem es die Welt anliefert, wie sie eben unter anderem auch ist. Das Denken über die Welt, in der Sprache geführt, liefert der Welt ihre Sinngebung. Wenn Gott also der Sinngeber dieser Welt ist, so deshalb, weil er uns eine Sprache für die Welt gegeben hat! So zumindest drückt es Martin Walser in einem seiner Essays aus. Aber was ist dann mit der ungesprochenen, ungedachten Welt? Ist sie denn eigentlich überhaupt existent? Und kann sie untergehen? Und wenn schon, wohin denn dann?

Wenn die Menschheit seit ewigen Zeiten existieren würde, so wären Ende und Tod der Menschheit nicht vorstellbare Undinge. Nur der Umstand, daß der Mensch geboren wird, läßt sein Ende im Tod als ein artzugehöriges Schicksal erscheinen. Der Mensch ist

in diesem Sinne eine Ganzheit zwischen Geburt und
Tod; weder die Geburt macht ihn aus, noch der Tod,
er ist vielmehr der gespannte Bogen zwischen beidem.
Der Mensch ist eben nur vollwertig zu sehen in seinem
Lebenslauf vom Anfang zum Ende. - Ein Ende der
Welt kann es ebenso nur geben, wenn es einen Anfang
der Welt gegeben hat. Wenn dagegen kein Anfang existiert, so liegt ein dazugehöriges Ende für Punkte in der
zurückweichenden Vergangenheit in immer entrückterer,
beliebig weiter Zukunftsferne, so weit gar, daß es schon
sinnvoller ist, von gar keinem Ende mehr zu reden. Jedenfalls kann ein Ende nur mit einem Anfang zusammengehen, denn es ist sinnlos, von einem Ende ohne Anfang sprechen zu wollen. - Ob der Kosmos jedoch einen
Anfang hat und ob er echt evolutionär ist, das kann mit
Recht, wie wir im Vorangegangenen unter verschiedensten Aspekten erörtert haben, bezweifelt werden.

Aus der Attraktorkosmologie nichtlinear chaotischer
kosmischer Systeme mag man hingegen die Einsicht
gewinnen, daß die Welt zu irgendeiner früheren Zeit - sie
Anfangszeit zu nennen, wäre logisch unvernünftig - mit
beliebigen Bedingungen oder Vorausbedingungen, ausgestattet gewesen sein könnte, ohne daß sich im heutigen Zustand der Welt irgend etwas davon niederschlagen
würde. Nichts würde sich ändern, wie auch immer diese
Bedingungen der Vorzeit gewesen wären. Der heutige
Zustand, wenn er denn ein sogenannter *kosmischer Attraktorzustand* wäre, wäre im Gegenteil unabhängig von
solchen früheren Zuständen in früherer Zeit. In jedem
Falle wäre eine Welt, die wie unsere heutige aussieht, daraus hervorgegangen, eine Welt, die so funktioniert, wie

dies die heutigen Gesetze der Physik beschreiben. Aber diese Gesetze beschreiben auch nur diesen heute gegebenen Zustand, nicht irgendwelche früheren Zustände, aus denen sich der heutige erst durch Attraktorfindung ergeben mußte. Form und Gesetz dieser Attraktorwelt bilden sich stets auf die gleiche Weise am Geschehen unter dem Weltgut heraus. Das Geschehen läuft dabei nur so lange auf *evolutionren* Pfaden, bis es in einen Zustand der großskaligen Geschehnislosigkeit führt. Für diesen Zustand scheinen auf lokaler Ebene ganz bestimmte, uns vertraut gewordene Gesetze regulierend zu sein, nämlich gerade die von der Physik erkannten und formulierten. Sie sind jedoch nur die Gesetze des Attraktors, nicht die irgendeiner attraktorfernen Welt, die davor einmal geherrscht haben mögen, uns aber heute nicht mehr interessieren können.

Wenn das heutige Weltall seinen Zustand eigenhoheitlich aus sich selbst heraus, das heißt, stets herkommend aus seiner in der Zeit unmittelbar vorhergegangenen Konstellation und Dynamik, dem Gesamtbestand an Qualitäten nach unterhielte, so brauchte es gar keinen Anfang; es bildete sozusagen jeweils nur sich selbst auf sich selbst immer wieder aufs neue ab; eine Endlosschleife des Geschehens! Das Vorhergegangene projiziert sich auf das Jeweilige; im Reigen eines fortlaufenden Abbildungszyklus. Der heutige Zustand der Welt wäre somit Wirkung und Ursache zugleich. Das All wäre seine eigene Verursachung und bewirkte immer wieder seine Anfänge. Solche auf sich selbst zurückfließenden Bewirkungszustände nennt man *Attraktor*zustände: Es geschieht zwar immer etwas, wenn man auf das Mikrokosmische, das Geschehen auf kleinen kosmischen Skalen, sieht, aber durch diese mikrokosmischen Geschehnisse ändert sich dennoch nichts am makrokosmischen Gesamtbild.

Solche Zustände im Nah- oder Fernbereich eines Attraktors existieren zum Beispiel für viele thermodynamische Nichtgleichgewichtssysteme, in denen nichtlineare, also den Ursachen nicht proportionale Reaktionen auf Störungen der Anfangszustände eintreten. In solchen nichtlinearen Wirksystemen hängt nun aber jeder Prozeß sehr empfindlich von den Anfangsbedingungen ab. Diese lassen sich in der eigentlich verlangten Genauigkeit folglich dann aber niemals reproduzieren. Ist eine Vorhersage oder ein unterstelltes Gesetz dann überhaupt für solchermaßen angelegte Systeme im Sinne des Naturphilosophen K. Popper falsifizierbar? Das heißt: Läßt sich unter solchen Umständen überhaupt daran denken, daß sich Gesetze am Verhalten des Systems verifizieren lassen? Die Eineindeutigkeit der Abbildung von Ursache auf Wirkung ist demnach in pragmatisch-positivistischem Sinne wohl kaum nachzuvollziehen. Es gibt keine Basis dafür! Das heißt von vornherein: Naturgesetze, Reproduzierbarkeit von Vorhersagbarem, Falsifizierbarkeit - all das kann nur ein sinnvolles Naturkonzept sein, wenn keine ausgeprägten Nichtlinearitäten im Spiel sind, oder wenn man sich anstelle dessen wenigstens nur auf eine Darstellung des Geschehens über entsprechend kurze Zeitabschnitte beschränkt.

Könnte es nicht vielleicht so sein, daß die Welt nach einer gewissen Zeit ihres Bestehens in einem Suchstadium endlich grundsätzlich die Form eines Geschehens annehmen muß, bei der das Bewirkende mit dem Bewirkten identisch wird oder, anders gesagt, bei dem das Bewirkte wieder auf das Bewirkende zurückführt, so daß sich das Ende in Form einer Perpetuierung des immer gleichen Geschehens einstellt? In ganz gleicher Richtung laufen auch die naturphilosophischen Überlegungen des Autors T. V. Soucek in seinem 1988 veröffentlichten Buch "Ungleichheit vom Uratom zum Kosmos". Eine für diese Situation geschneiderte Kosmologie würde demnach besagen, daß wir die Welt in ihrem heutigen Zustand als unabhängig von irgendwelchen Anfangsbedingungen, ganz gleich, ob von solchen in Form des Urknalls oder in anderer Form, als in ihrem eigenen Attraktorzustand angekommen verstehen können. Bei den unendlich vielen sich in ihr auswirkenden nichtlinearen Wirkungsmechanismen müßte dies besagen, daß die Welt im Prinzip überhaupt von beliebigen Anfangsbedingungen herkommen kann und sich dennoch schließlich immer zu derjenigen Welt hin entwickelt hat, die heute vorliegt. Eine Welt, die wir vergeblich versuchen würden anhand von Gesetzen zu erklären, welche gerade eben Anfangsbedingungen zu ihrer Nutzung nötig haben, während die heutige Welt aber für ihren Istzustand keine Anfangsbedingungen nötig hat. Eine solche Welt wiese aus ihrem jetzigen Zustand überhaupt nicht mehr auf irgendeinen Anfangszustand hin. Einer solchen Welt ist eben keine Vergangenheit anzusehen!

Die Erscheinungsformen dieser Welt und deren gesetzmäßige Erklärung ergeben sich statt dessen immer in der gleichen asymptotischen Weise. Das Weltgeschehen läuft

Abb. 5: Die Welt in ihrem Attraktorzustand: Galaxien bei größten Rotverschiebungen zeigen die strukturelle Beschaffenheit des Kosmos in den größten Tiefen des Raumes und den größten Fernen der Vergangenheit; ein Bild, wie in unserer kosmischen Nachbarschaft! Entstehen und Vergehen ohne Veränderung.

dabei stets nur so lange auf evolutionären Pfaden, bis es das Weltsystem in seinen ihm zugedachten Attraktorzustand überführt hat und dieses somit dann in einem Zustand der Geschehnislosigkeit angekommen ist, weil in diesem Zustand nur jeweils Bewirktes das Bewirkende ersetzt. Für diesen Zustand scheinen jedoch gerade solche Gesetze keine probate Beschreibung zu liefern, die zu ihrer Anwendung Anfangszustände voraussetzen müssen. Gerade solche Gesetze verwendet aber die heutige Physik!

Im Rahmen einer konsequent gedachten Attraktorkosmologie ergibt sich aber gerade der Schluß, daß man dem heutigen Zustand der Welt keine Weltzeit und keine Anfänge ansehen kann. Anfangszustände für eine heutige Welt in ihrem Attraktorzustand sind vollkommen unsinnig, denn dieser heutige Weltattraktorzustand hat kein Alter! Er unterhält schlicht und ausschließlich den Mischungsgrad und die Synergie aller seiner Untersysteme. Selbst wenn das Universum irgendwann einmal unter irgendwelchen Anfangsbedingungen geschaffen worden wäre, so ist es mit dem heutigen Zustand völlig irrelevant geworden, wie diese Bedingungen einstmals ausgesehen haben. Diese sogenannten Anfangsbedingungen würde man der Welt in ihrem heutigen Attraktorzustand jedenfalls überhaupt nicht mehr ansehen können. Es läßt sich weder sagen, wie diese Bedingungen ausgesehen haben, noch, wann sie in dieser Welt jemals vorgeherrscht haben. Der heutige Attraktorzustand der Welt ist ein Selbsterhaltungszustand und trüge eben deswegen keine Alterszeichen und auch keine Anfangszeichen an sich!

Die Wirklichkeit ist ein nichtlokales Phänomen; das heißt, selbst die lokale Wirklichkeit ist ein Phänomen der Nichtlokalität, ein Hervorkommnis aus physikalischen Gegebenheiten an anderen Orten und zu anderen Zeiten. Kein Geschehen an diesem Ort und zu dieser Zeit ist abschließbar gegen Einflüsse von Geschehnissen an anderen Orten und zu anderen Zeiten. Alles in der Natur, das sich irgendwo in der Welt manisfestiert, spielt für alles andere, was anderswo vor sich geht, letztlich eine direkte oder wenigstens indirekte Rolle. Der Kosmos scheint im Ganzen wie ein großes chronometrisches Räderwerk mit fest angelegter Mechanik seiner Einzelbewegungen und unendlich vielen ineinandergreifenden Zahnrädern zu funktionieren. Dieses Räderwerk in seinen vielfältigen funktionalen Zusammenhängen zu verstehen, fällt uns gemeinhin reichlich schwer. In der Tat gibt es derzeit noch überhaupt kein angemessenes Rüstzeug der physikalischen Beschreibung für eine so geartete Natur der Rückkopplungen.

Am besten erweist sich die Richtigkeit dieser Behauptungen bei Ansicht einer Welle, etwa einer Woge, die sich über den Spiegel des Meeres ausbreitet. Ein Momentphoto dieser Woge zeigt einen strukturierten gebirgsartigen Kamm aus aufgeböschtem Wasser, der den Eindruck einer räumlich begrenzten, abgeschlossenen Strukturgegebenheit vermittelt. Eine nachfolgende Momentaufnahme zeigt sodann, daß diese Gegebenheit sich faktisch als ganze, formstabile Struktur zu anderen Orten hin verlagert hat. Es entsteht der hochsuggestive Eindruck der Wanderung eines Strukturgebildes über den Meeresspiegel. Und dennoch täuscht dieser Eindruck ja ganz falsche Realitäten vor! Hier bewegt sich das Wasser in der Tat ja nicht in der Wanderungsrichtung der Welle, sondern es bewegt sich nur am Orte auf und ab. Die Welle hingegen formt sich immer wieder neu aus lokal gegebenen Wassermengen. Der Wellenkamm ist also kein konsistentes Gebilde, sondern ein Fließgebilde. Nur jeweils lokales Wasser wird hier wie von einer sich ausbreitenden Wirkungswelle zur Ausformung des Wellenkamms provoziert. Auf den Ort, an dem die Welle im Zuge ihrer Ausbreitung sich zu formen beginnt, läuft eine Druckwelle zu, die die Veranlassung des anschließend geschehenden Wasserhubes darstellt. Die vorübergehend örtlich in Erscheinung tretende Wellenstruktur ist also nur richtig zu verstehen als eine lokal aus der Umgebungswelt induzierte Strukturbildung, die deswegen auch keinen Bestand in sich selber hat, sondern so, wie sie entstanden ist, am Orte sich nach kurzzeitiger Sichtbarkeit wieder auflöst, wobei gerade diese Auflösung so geschieht, daß in Ausbreitungsrichtung benachbart neuerdings ein konformer, örtlicher Wellenkamm ausgeformt wird. Solche Wellen sind also sichtlich *nichtlokale* Phänomene.

Die Frage aus diesen Betrachtungen verbleibt, ob nicht alle kosmischen Gebilde, wenn nur in einer ihnen entsprechenden Weise, also auf geeigneter Zeitskala und Raumskala gesehen, solche nichtlokalen Erscheinungen darstellen würden. Natürlich haben wir den Eindruck, daß doch wohl Sterne und Galaxien langlebige und lokal formbeständige Gebilde im Kosmos seien. Aber gerade dies könnte eine Illusion der Weltenbeschauer sein, die in ihrer Weltbeschauung einen ungeeigneten Raum- und

Zeitmaßstab anlegen. Ein Fisch, der vom Kamm der Meereswoge mitgetragen wird, würde die Wellenformation ja wohl auch eine gewisse Zeit lang als stabiles Strukturgebilde erleben können. Wenn es uns also als Weltbeschauern vergönnt wäre, analog auf der kosmischen Strukturwoge mitzuschwimmen, so könnten wir die Welt in stabilem Formenbestand erleben, obwohl alles im Wandel ist.

Ein hochinteressantes Phänomen, das ganz klar in die Richtung einer solchen Möglichkeit deutet, sind die leuchtenden Spiralarme von Spiralgalaxien. Die beste Erklärung, die man für dieses Strukturphänomen in der heutigen Astrophysik zu geben vermag, lautet: Hierin zeigt sich eine spiralige Dichtewelle im interstellaren Gas einer Scheibengalaxie, die durch Lichtquellen markiert ist. Diese spiralige Dichtewelle wird von einer im Galaxiezentrum ausgebildeten, festkörperartig rotierenden, balkenförmigen Massenansammlung angeregt und stellt eine durch die galaktische Scheibe hindurchpropagierende Druck- und Dichtewelle dar. Als Folge der im Wellenkamm der Spiralwelle auftretenden Dichte- und Druckerhöhungen kommt es hier zur Entstehung massereicher leuchtintensiver Sterne, sogenannter O-Sterne, die zwar sehr hell sind, jedoch gerade deshalb auch nur relativ kurze Zeit als so helle Sterne existieren können. Diese hellen Sterne markieren also leuchtstark nichts anderes als den Durchgang einer Welle durch das galaktische Scheibengas: Sterne, die wir gemeinhin für kosmische Ewigkeitsmonumente halten möchten, erweisen sich unter dieser Perspektive lediglich als den Wellenkamm markierende kosmische Eintagsfliegen. Selbstverständlich entsteht und vergeht jeder einzelne dieser *ephemeren* Sterne als kosmisches Einzelwesen ähnlich wie unsere Sonne auch. Aber diese Sterne sind keine isolierten Einzelobjekte mehr, sie sind vielmehr die konzertierte Saat aus dem Kamm einer kosmischen Wirkungswelle. Ihr Vergehen ist nunmehr also kein Zeichen des nahen Endes mehr, sondern nur ein Zeichen des Aufkommens neuer Sternsaaten an neuen Stellen, zu denen die kosmische Wirkungswelle weiterpropagiert.

Keiner kann heute ausschließen, daß die auf noch weit größeren kosmischen Raumskalen durch Leuchtphänomene erkannten Strukturen wie Haufen und Superhaufen von Galaxien und daraus gebildete kosmische Netzwerke größter Dimensionen nicht ebenso ein durch Sterne sichtbar gemachtes Phänomen von kosmischen Wirkungswellen darstellen, also allzumal Phänomene des Formenüberganges ohne eigentlichen Formenwechsel und ohne eigentliche Evolution des kosmischen Substrates!

Die bisherige Kosmologie sieht alles im Kosmos von seiner Geburt auf seinen Tod hin angelegt. Sie geht von folgenden Grundannahmen aus: Nach üblicher Meinung sollten doch die Gesetze, die derzeit bei uns gelten, überall und immerdar in gleicher Weise gelten oder gegolten haben. Auch sollten sich die Strukturen, die für uns in Erscheinung treten, überall in gleicher oder analoger Form überall sonst immer wiederholen, wobei sie vielleicht einer Entwicklung in der absoluten kosmischen Zeit unterworfen sein mögen. In diesem Bild heißt das dann, daß alles an eine einsträngige Zeitachse angebunden sein sollte. So etwas könnte man die kosmische Synchronisation nennen! Besteht eine derartige Synchronisation nun tatsächlich? Sind also die kosmischen Tatsachen diesem kosmologischen Prinzip entsprechend beschaffen? Lassen sie ein synchronisiertes, mittelpunktloses Weltmodell überhaupt als Erklärungsansatz zu? Befindet sich wirklich ein homologer, isotroper Kosmos vor unseren Augen?

Ein eklatanter Verstoß der kosmischen Realität gegen diese allgemein gehegte Homogenitätserwartung tritt ja schon in der Form des Olbersschen Paradoxons auf, wie wir an anderer Stelle bereits erwähnt haben. Wilhelm Olbers hatte sich darüber gewundert, daß der gestirnte Nachthimmel um uns herum im wesentlichen dunkel und nicht vielmehr taghell ist, wie er eigentlich nach berechtigten Überlegungen sein sollte. Wenn schon das Weltall unendlich ausgedehnt ist und wenn es überall gleichermaßen von Sternen so wie in unserer unmittelbaren kosmischen Nachbarschaft erfüllt ist, so sollte der in irgendeine Richtung des Nachthimmels gerichtete Blick früher oder später stets auf eine leuchtende Sternsphäre treffen. Der Sichthorizont sollte demnach dicht mit leuchtenden Sternscheiben belegt erscheinen. Aber diese Olberssche Erwartung erfüllt sich nicht! Die Gründe dafür sind inzwischen erkannt worden und wir wollen sie an dieser Stelle nicht noch einmal wiederholen. Wenn man so will, so beweist das Olbersche Paradoxon entweder die zeitliche Endlichkeit der Existenz unseres Universums - wir sehen einfach nicht weit genug, weil die Welt einen Anfang hatte - oder sie beweist den durchweg hierarchischen Aufbau des Universums. *De facto* ist die Materie im Weltall aber hierarchisch angeordnet, wie von Astronomen festgestellt, - Planetensystem, Galaxien, Haufengalaxien, Systeme von Haufengalaxien usw. bauen sich ja in immer größeren Hierarchieskalen aus. Die mittlere Materiedichte sowie auch die Sterndichte nehmen dabei stets auf jeder größeren Hierarchienstufe um mehrere Größenordnungen ab. Im Weltall herrscht demnach die organisierte Leere, die aus einem trivialen Grunde kein Olbersches Paradoxon aufkommen lassen kann: Die Sterndichte in jeder Hierarchiestufe gibt nämlich jeweils einen hierarchietypischen Olbersschen Horizont vor, der aber jeweils größer als die Hierarchiendimension selbst ist. Somit kann also der Blick kaum behindert durch die Materie in jeder kosmischen Materiehierarchie immer wieder in die nächst größere Hierarchie heraustreten.

Wie wir schon an früherer Stelle dieses Buches hervorgehoben haben, hätten sich die materiellen Strukturen unserer heutigen Welt praktisch nicht aus einem homolog und isotrop expandierenden Urknallkosmos hervorbringen lassen, zumal wenn dieser noch zur Zeit der Entstehung der kosmischen Hintergrundstrahlung so perfekt homogen beschaffen war, wie das die heute gesehene Hintergundstrahlung mit ihren Minifluktuationen im Mikrowellenbereich suggeriert. Aber gerade dieses übliche Erklärungsansinnen - einfach anzunehmen, die Anfänge des Kosmos seien ganz einfach gewesen, also formlos und homogen, mag dabei vielleicht der Ursprung des eigentlichen Problems sein. Meist sehen wir doch die Geschehnisse der Welt wie in einen formprägenden Geschehensfluß eingebettet. Nur deshalb muß verstanden werden, warum aus dem Uniformen das selbstorganisierte Komplexe mit hoher Ordnungsqualität und

Funktionalität hervorgehen konnte. Bei dieser Aspektierung des Werdens der Gegebenheiten könnten wir jedoch einem selbstgemachten Problem aufsitzen: Warum sollte denn das, was ist, nicht eigentlich schon immer komplex gewesen sein? Vielleicht besteht ja überhaupt nur das Komplexe in der Natur, kann nur das Komplexe überhaupt real sein, das sogenannte Einfache dagegen gibt es gar nicht, es kann zumindest nicht für längere Zeit existieren! Es ist vielleicht nur ein Konstrukt unseres Denkens, das wir angesichts des Komplexen vor unserem Verstand entwickeln, vielleicht, um unseren Blick für das Essentielle des Komplexen zu schärfen, das es in der Tat in der Außenwelt zu sehen gibt. Zu zwanghaft denken wir uns das Komplexe immer als etwas, das aus dem Einfachen hervorgegangen sein muß!

Wenn es nun tatsächlich das sogenannte Einfache, Uniforme, Homogene, Ungeordnete, Unfunktionale überhaupt nicht gäbe, wenn vielmehr nur das Geordnete und Organisierte existieren könnte, so lägen wir ja mit unserem obigen Fragenansatz von vornherein ganz falsch! Die Erscheinung des Homogenen könnte sich ja als instabil gegen jegliche Störungen erweisen und damit als langfristig gar nicht erscheinungsfähig! Stabil und langlebig und gerade deswegen erscheinungsfähig erweist sich eventuell nur das Organisierte, eingebettet in den Rahmen einer tragfähigen Hierarchiestruktur, in der sich alles gegenseitig bedingt und unterhält. Die Realität könnte vielleicht nur als strukturierte möglich sein! Um sich hier auf einer guten Argumentationsbasis zu bewegen, müßten wir uns die gegebenen Voraussetzungen für die kosmischen Realitätserscheinungen genau anschauen. Vielleicht würden wir hier aufzeigen können, daß in den Weiten des Kosmos - trotz der Erkenntnis der klassischen Gleichgewichtsthermodynamik, die Natur müsse in ihrem Geschehensfluß generell zur Unordnung hintendieren - dennoch allenthalben und immer wieder sich selbst organisierende Ordnungssysteme fernab vom thermodynamischen Gleichgewicht entstehen, die aber gerade erst den eigentlichen Seinsstatus des Universums ausmachen.

Die Objekte dieses Universums sind, wie wir schon hervorhoben, bei angemessener Aspektierung der Gegebenheiten keine isolierten, abgeschlossenen Systeme, wie sie die Gleichgewichtsthermodynamik beschreibt, sie sind vielmehr offene, wechselwirkende und im Energie- und Entropieaustausch befindliche Nichtgleichgewichtssysteme. Natürlich erweisen sich Sterne, Galaxien und Galaxienhaufen als von endlicher Lebensdauer. So rechnet man leicht aus, daß ein Stern wie unsere Sonne ihre derzeitige Strahlung nur über einen Zeitraum von etwa 10 Milliarden Jahren aufrechterhalten kann. Danach müssen Veränderungen mit der Sonne eintreten, die diese in ein völlig anderes Phänomen überführen. Auch isolierte Galaxien machen eine eigene Entwicklung durch. Diese Entwicklung betrifft den Strukturwandel innerhalb der Galaxie sowie die gesamte Ausstrahlung derselben. Im Inneren der Galaxien bildet sich nach heutiger Vorstellung ein sogenanntes *supermassives schwarzes Loch* aus, um das herum eine rotierende Scheibe aus stellarem Material angelegt ist. Am Außenrand besteht dieses Material aus entarteten Sternen, am Innenrand aus kontinuierlich verteilter Materie gravitativ zerrissener Sterne. Diese Materie dringt in radialer Richtung systematisch weiter auf das schwarze Loch zu und wird schließlich nach einer bestimmten Rate von diesem verschluckt. Auf diese Weise treten irreversible Strukturveränderungen in jeder Galaxie auf; der Innenbereich der Galaxien wird sternfrei gefegt, und die Masse des zentralen schwarzen Loches nimmt ständig zu. Damit sind höchstwahrscheinlich im letzten Stadium Instabilitäten verbunden, die zur Auflösung des überfütterten schwarzen Loches und zum Auswurf von Materie in den galaxienfernen Raum führen. Über diametral entgegengerichtete Materiejets stößt das instabil werdende schwarze Loch einen Teil der von ihm verschluckten Masse wieder in die kosmische Umgebung aus. Damit wird gleichzeitig auch die zentrale Schwere dieser Galaxie immens reduziert, und die Peripherie der Galaxie fliegt folglich im Nachgang dazu auseinander. - Eine ganze Galaxie löst sich somit auf und liefert gleichzeitig Materie in den umgebenden Raum, die zu Neubildungen von kosmischen Strukturen wiederverwendet werden kann.

Nicht also jedes einzelne kosmische Subsystem erhält sich als solches, es entsteht und vergeht vielmehr an verschiedenen Orten und zu verschiedenen Zeiten immer wieder im Kosmos, aber derart, daß die große artenreiche Koexistenzform vieler synergetisch wechselwirkender und kommunizierender Subsysteme sich dennoch bei allem Wechsel erhält. Diese Koexistenzform hierarchisch angelegter und dynamisch und energetisch kooperierender Materiestrukturen bezeichne ich als den *Kosmischen Attraktor*, als eine sich selbst über die Zeiten hinweg erhaltende Erscheinungsform strukturierter kosmischer Materie ohne die Notwendigkeit, daß die materiellen Mitglieder einer solchen Struktur sich selbst in den äonischen Zeiten des Kosmos darin erhalten müßten. Jede Sonne entsteht und vergeht, jede Galaxie ebenso. Aber diese vergehenden Strukturmitglieder können ausgewechselt werden, alte gegen neue, ohne daß das Bild des Ganzen sich dabei verändern müßte. Das heißt etwa: In einem Galaxiensystem wie einem Galaxienhaufen entstehen neue Galaxien, und andere lösen sich auf und vergehen; aber das große Bild des Galaxiensystems bleibt dennoch bestehen, trotz solcher Geschehnisse!

Die gezeigte Abbildung mag verdeutlichen, was hiermit gemeint ist. Sie zeigt eine mit dem Hubble-Teleskop gewonnene Tiefenansicht unseres Universums. Die großen Rotverschiebungen der sich hier abbildenden Objekte zeigen, welche Tiefen des Universums wir mit dem Hubble-Teleskop wahrnehmen. Und dennoch sehen wir hier in den Tiefen des Universums ein Strukturbild und eine Morphologienvielfalt der Objekte ganz verwandt mit einem Bild, wie es aus unserer kosmischen Nachbarschaft mit dem Hubble-Teleskop zu gewinnen ist, wenn wir etwa in Richtung auf den Galaxien-Haufen Virgo schauen. Das macht klar, daß sich eigentlich in den kosmischen Zeiten gar nichts verändert, sondern alles durch das Kooperieren des Gesamten in seinen Formen erhalten wird; überall sehen wir die gleiche Geformtheit und Strukturiertheit kosmischer Materie. Wenn dies einen Attraktorzustand des Kosmos darstellt, so sollte es einen solchen auszeichnen, daß er trotz seines immerwährenden inneren Geschehens seinen ganzheitlichen Zustand beibehält, und daß an einem solchen Zustand folglich auch keinerlei Zeitzeichen und kein Alter zu erkennen sind. Es wäre also völlig abwegig, bei einem Universum in diesem Zustand nach seinem Alter überhaupt zu fragen, denn dieses Universum gibt keinen Hinweis auf einen in die Vergangenheit rückextrapolierbaren Evolutionsgang. Es ist einfach, wie es ist! Und es wird sein, was es schon immer war.

An folgendem Beispiel mag man dies vielleicht besser verstehen können: Wenn man eine Parfümflasche in einem abgeschlossenen, von Luft erfüllten Raum öffnet, so beginnt das flüchtige Parfüm sich durch Diffusion auf die gesamte Umgebungsluft gleichmäßiger und gleichmäßiger zu verteilen. Mit der Zeit wächst unweigerlich die Gleichmäßigkeit dieser Verteilung. Niemals aber wird das Gemisch eine absolut perfekte Mischung darstellen, vielmehr ergeben sich lokal, also auf kleinstem Volumen betrachtet, immer wieder fluktuierende Mischungsschwankungen. Hier in diesen Kleinstvolumina geschieht also sichtlich lokal immer noch etwas im Lauf der Zeit, jedoch hat dieses Geschehen keine Alterskennung und keinen inhärenten Qualitätstrend. Nichts wird systematisch besser; es entsteht nichts Neues. Es sind qualitätslose, stochastische Schwankungen. Das schlägt sich insbesondere darin nieder, daß der über das Gesamtvolumen gemittelte, makroskopische Zustand, was den Mischungsgrad anbelangt, sich mit der Zeit nicht mehr ändert. In diesem Zustand ist auf keine physikalische Weise mehr feststellbar, wann die Parfümflasche geöffnet wurde.

In sehr verwandtem Sinne wird eine Wasserdampfwolke im Weltall unter bestimmten Druck- und Temperaturbedingungen Wassertropfen aus der Gasphase auskondensieren lassen. Lokal werden sich immer wieder neue Wassertropfen bilden, anderswo werden sich solche auflösen, der großräumige Zustand dieser Wolke bleibt jedoch ein zeitloses Gemisch aus Dampf und Tropfen, das auf keinen Anfang hinweisen kann. Es wäre völlig sinnlos, von der Detailanalyse eines solchen Zustands ausgehend nach dessen Anfang fragen oder suchen zu wollen. Wie ein etwaiger Anfangszustand des Systems ausgesehen haben mag, ist letztendlich völlig irrelevant, wenn jeder Anfangszustand des Systems doch schließlich den gleichen Attraktorzustand herbeiführt. Es lohnt sich also unter solchen Umständen gar nicht, sich um die Anfänge zu kümmern. Und wenn diese Welt in diesem Sinne einen *kosmischen Attraktorzustand* darstellt, so erübrigt sich jede Mühe, aus diesem Zustand her die Anfänge dieses Kosmos erschließen zu wollen. In der Natur dieses Attraktorzustandes liegt es logischerweise auch, daß dieser Zustand auf kein Ende hinführen kann, denn jeder kleine Entwicklungsschritt, den das System zufällig, von diesem Zustand ausgehend, unternehmen würde, würde ja automatisch rückgängig gemacht, weil der verlassene Zustand ja *attrahierend,* also anziehend ist.

Und doch scheinen alle uns vertrauten Formen aus dem mesoskopischen Erscheinungsbereich einen absoluten geschichtlichen Wandel durchzumachen. Menschen sind geformte Materie, Tiere und Pflanzen auch. Die ganze Erde ist überzogen mit Formen strukturierter und gestalthafter Materie. Und auch im weiteren Kosmos ist dies nirgendwo anders. Unser Sonnensystem ist in hohem Maße strukturiert, unsere Galaxie ist eine dynamisch synergetische Großstruktur aus vielen Subsystemen, und die Strukturierung hinauf zu immer größeren Hierarchien endet offensichtlich auf keiner Größenskala. Warum diese durchgängige Hierarchisierung? Warum herrscht nicht auf irgendeiner makrokosmischen Hierarchieebene schließlich Uniformität vor? Vielleicht, wie wir schon vermuten wollten, weil die Uniformität überhaupt nicht existenzfähig ist? Dann aber müßte sich zeigen lassen, daß diese Uniformität tatsächlich störungsanfällig ist. Das hieße etwa folgendes: Wenn ich im Rahmen eines Gedankenexperimentes eine streng uniform gedachte Welt auch nur durch einen winzigen Kausalanstoß stören würde, so würde sie sich womöglich wie von selbst zur hochstrukturierten Welt, wie sie uns ja nun einmal vorliegt, hin entwickeln, ohne daß auch nur noch irgendetwas weiteres als Veranlassung vonnöten wäre. Die Uniformität wäre nur eine Tarnkappe der wirklichen, eigentlich immer strukturierten Welt.

In allen Fällen, die wir genannt haben, geht der Motor der Strukturbildung auf das Wirken miteinander konkurrierender Kräfte unterschiedlicher Natur und unterschiedlicher Wirkungslänge zurück. Verbirgt sich hinter dieser Erkenntnis vielleicht auch schon das Geheimnis der Strukturbildung im Kosmos? Eine Antwort auf diese Frage wird man nicht leicht geben können, aber man kann sich fragen, woran sich denn überhaupt dieser hier befragte Umstand einer augenfälligen Strukuriertheit im Kosmos objektiv nachweisen läßt. Womit läßt sich denn der auf jeder kosmischen Größenskala gegebene Strukturierungsgrad eigentlich objektiv und quantitativ festlegen? Wenn man viele Objekte auf einen vorgegebenen Raum wahllos verteilt fände, also so viele, daß auf die gewählte Volumeneinheit immerhin noch statistisch signifikant viele dieser Objekte entfallen würden, so sollte sich immer zeigen, daß die Wahrscheinlichkeit, in der Nachbarschaft eines bestimmten herausgegriffenen Objektes ein zweites solches Objekt zu finden, nicht vom Abstand zu diesem Referenzobjekt abhängt. Hängt diese Zahl dagegen doch von diesem Abstand selbst in auffälliger Weise ab, so besagt dies, daß die Objekte eben nicht zufällig, sondern in skalierten Strukturen angeordnet im Raum verteilt sind und wohl auch sein müssen. Auf der Suche nach einer Erklärung verfällt man neuerdings auf die Idee der dunklen Materie und hegt die Hoffnung, das Problem der Strukturierung im Kosmos nicht durch die leuchtende, sondern durch die nichtleuchtende Materie lösen zu können. Darunter stellt man sich eine Form der Materie vor, die nur sehr schwach mit normaler Materie oder elektromagnetischer Strahlung wechselwirkt wie zum Beispiel massive Neutrinos oder sogenannte **WIMP**'s (**W**eakly **I**nter**A**cting **M**assive **P**articles). Von solcher Materie läßt sich erwarten, daß sie sich schon viel früher von den restlichen Energieformen im Universum dynamisch unabhängig macht und also schon in frühen Zeiten der kosmischen Evolution über selbsterzeugte Gravitationsinstabilitäten für sich alleine zu kosmischen Dunkelstrukturen verklumpen konnte und nichtleuchtende Gravitationsmulden wie Attraktoren im Universum ausbildete.

Bleibt zu fragen, ob überhaupt alles im kosmischen Geschehen, wenn vielleicht auch nicht direkt vorhersagbar, so doch aber wenigstens determiniert ist, also aufgrund gegebener Ursachenkonstellationen erfolgt. Hiernach sollte es dann ja eigentlich überhaupt nichts Ereignishaftes im Geschehen geben, denn alles scheint bereits zum Geschehen vorherbestimmt zu sein. Was läßt sich denn eigentlich als ein Ereignis im Naturablauf ansprechen? Das Naturgeschehen, das sich vor unseren Augen vollzieht, beschert uns, wie wir sagen, immer wieder sogenannte Naturereignisse wie Überraschungen, Unabsehbarkeiten oder Mutationen. Solche Naturereignisse sind Einmaligkeiten, Unvorhersehbarkeiten, Unwiederholbarkeiten, Qualitätsinnovationen, wie wir das vielleicht bezeichnen würden. Was ist dann aber dagegen einfach das mechanische Hervortreten von kausal auseinander folgenden Zwischenzuständen? Ist zum Beispiel der Urknall das einzig wirkliche Ereignis in der Geschichte des Kosmos? Und ist alles andere nur der überraschungslose Vollzug von Konsequenzen einer damit geschaffenen Anfangskonstellation?

Das Alter der kosmischen Objekte und des Kosmos selbst müssen irgendwie sinnvoll auf einander abgestimmt sein. Es kann nicht einleuchten, daß der Kosmos sein Ende findet, noch bevor die in ihm ausgebildeten kosmischen Strukturen ihren vorgesehenen Entwicklungsgang durchlaufen haben und zu ihrem Ende gelangen. Sonst würde das ja heißen, daß der Kosmos seinen Strukuren gar keine Chance der Entwicklung läßt, sie also gar nicht zu dem werden läßt, wozu sie eigentlich gedacht gewesen sein müssen. In diesem Zusammenhang will die Bestürzung über das zu geringe Alter unseres expandierenden Kosmos bis heute unter den Astronomen nicht aufhören. Schon bevor das erst neuerdings aufgetretene Problem der zu großen Hubble-Konstanten als gelöst gelten kann, taucht ein noch gravierenderes Problem auf, das viel zu hohe Alter der Galaxien in der Nähe des Weltanfangs. Die Hubble-Konstante H_0 sollte nach gängigen Theorien über ihren Kehrwert ein Maß für das Alter des Universums angeben. Hat sie den derzeit angenommenen Wert von 100, so ergibt sich daraus ein Weltalter von weniger als 10 Milliarden Jahren, eine Welt somit, in der unsere 15 bis 18 Milliarden Jahre alten Kugelsternhaufen keinen Platz hätten.

Man mag vielleicht bezweifeln, ob man Objekte wie Quasare schon gut genug versteht, um darüber grübeln zu müssen, wie sie aufgrund ihrer hohen Rotverschiebung schon vor dem Urknall ihre Entstehung begonnen haben. Wundern muß einen aber, daß dieses Altersproblem auch bei ganz konservativen Galaxientypen auftritt; auch sie stehen viel zu nahe am Urknall oder, anders gesagt, lassen sich nicht in der nach dem Urknall vergangenen Zeit ausbilden. So berichten Astronomen derzeit von einer 3.5 Milliarden Jahre alten ganz normalen Galaxie, die bei einer ungewöhnlich großen Rotverschiebung gesehen wird. Der erstaunlich ausgeprägte Rotanteil im Spektrum dieser Galaxie läßt den begründeten Schluß zu, daß in dieser Galaxie eine stark ausgeprägte Population alter Sterne wie in unserer Milchstraße vorhanden ist. Nach allen Theorien über die Entwicklung von galaktischen Sternpopulationen und die Entwicklung von Sternen bis hin zu diesem Zustand, sollte auf ein Mindestalter dieser Galaxie von 3,5 bis 4,5 Milliarden Jahren geschlossen werden können.

Damit ergibt sich aber ein massives Altersproblem solcher Objekte! Wie können diese Objekte überhaupt zu unserem Kosmos gehören, wenn sie dort, wo man sie in riesiger Entfernung von uns zurückliegend in der tiefsten Vergangenheit des Kosmos sieht, bereits viele Milliarden Jahre alt waren und dabei so aussahen wie Galaxien in unserer Nachbarschaft? Ein solches Objekt wird aufgrund seiner Rotverschiebung zu einem Zeitpunkt der kosmischen Evolution gesehen, als der Kosmos gerade einmal ein Drittel so groß war wie heute. Nach den gängigen Weltmodellen liegt dieser Zeitpunkt etwa 1,5 bis 2,5 Milliarden Jahre nach dem Urknall. Wie aber soll zu diesem Zeitpunkt eine 3,5 Milliarden Jahre alte Galaxie schon existiert haben können?

Inzwischen häufen sich diese Beobachtungen, und die Erklärungslage wird prekärer. Da die gesichteten Objekte alle ein Alter von weit über einer Milliarde Jahren haben, der Urknall aber zu der Zeit noch keine Milliarde Jahre zurücklag, gehören sie entweder nicht zu unserem Kosmos, oder sie ignorieren den Urknall. Das ließe dem Verdacht nachgehen, das Universum habe eigentlich gar kein Alter, sondern es zeige nur auf allen Raum- und Zeitskalen sich zyklisch wiederholende Prozeßabläufe. Vielleicht gilt das kosmologische Prinzip in seiner strengsten Form: Die Welt, da sie kein Alter hat, repetiert und unterhält sich nur immer wieder aufs Neue in ihren Erscheinungsformen. Sie sieht, was ihre Beschaffenheit in der raumzeitlichen Ferne anbelangt, demnach genauso aus wie in der raumzeitlichen Nähe: Sie ist in einen sich perpetuierenden Attraktorzustand eingetreten und wandelt sich überall nur immer wieder zu sich selbst hin!

Bei diesen eschatologischen Perspektiven kommen wir letztlich immer wieder auf das Problem aller Probleme, **das Welthorizontproblem,** zurück: Über die Geschehnisse und Beschaffenheiten an diesem Welthorizont wird der Welt stets vorbestimmt, wie es um ihre Ordnung bestellt ist oder sein wird, und es wird festgelegt, was sich folglich strukturmäßig in dieser Welt in der Zukunft abspielen kann. Da dieser Horizont offen ist, so kann uns über ihn her ein stets neues Signal für unsere kosmische Zukunft zugeschickt werden. Diese Welt ist demnach nicht mechanisch fest eingeschlossen in das Zahnräderwerk ihrer physikalischen Gesetzlichkeit, vielmehr ist sie in ihrem Schicksal immer offen gegenüber den äußeren Randbedingungen, die uns durch das Geschehen am Welthorizont vorgegeben werden.

So könnte man also gleichsam sagen, Gott greife über diese Randbedingungen zu jeder Zeit und immerdar in unsere Welt ein und determinierte und regulierte das makrokosmische und mikrokosmische Wachstum aus seiner Allmacht her. Denn diese Welt, an der wir teilhaben, ist ein thermodynamisches Subsystem mit offenen Grenzen, über die die Botschaft des Außerweltlichen zu uns in die Welt einströmt und unser Geschehen prägt.

Schauen wir noch einmal auf das Menschengemachte an der *kosmischen Sicht:* Naturwissenschaftler befinden sich der Natur gegenüber in der Situation des Theaterpublikums dem Schauspiel gegenüber. Das Naturschauspiel vor unseren wie weit auch immer geöffneten Augen mag tatsächlich dem Schauspiel auf einer Theaterbühne in gewissem Grade zu vergleichen sein. Den Wissenschaftler und Apolliniker finden wir dann im Theaterpublikum wieder. Er analysiert das Bühnengeschehen unter den Aspekten des Kunstgenügens und Kunstgenusses sowie des logisch zwingenden Spielvollzuges. Den Dionysiker treffen wir dagegen mitten im Bühnengeschehen unter den Schauspielern an. Er ist ein Rollenträger des Geschehens, das unwillentlich von tragischer oder komischer Natur sein mag. Er als Akteur ist Tragöde oder Komödiant, einfach weil er ein Element eines in sich beschlossenen Schicksalslaufes ist. Was aber läßt nun die Natur tragisch oder komisch sein? Ist es das Publikum? Oder das Bühnenspiel? Oder sind es die in das Spiel involvierten Akteure?

Nach Nietzsches Ansicht haben die Griechen gerade während ihrer stärksten, der frühen Epochen aus dem Überfluß an Lebenskraft und Gestaltungswillen heraus ein Verlangen nach dem Bedrohlichen über der Welt entwickelt. In ihnen regte sich ein Wille zum Pessimismus vor dem entworfenen Bilde des Furchtbaren, Bösen, Verhängnisvollen auf dem Grunde des Daseins, ein Wille zugleich aber aus überströmender und strotzender Gesundheit. In den späteren Zeiten der Auflösung und des Schwächebefalls wurden laut Nietzsches Analyse die Griechen dagegen immer optimistischer, oberflächlicher, apollinischer in ihrer Naturaufnahme, vom Verlangen nach Schönheit und Logisierung der Welt getragen. So ließe sich vergleichsweise ja vielleicht dann auch der Durchbruch der Wissenschaft als ein Bekenntnis derjenigen Menschen zur Heiterkeit und Vernünftigkeit erkennen, die des Leidens müde geworden sind und sich dem Weltleiden auf diese Weise entziehen wollen. Das hieße: Wissenschaft als eine Mentalität der Flucht aus der

Natur erkennen, als Befreiung aus der Sklaverei unter dem Diktat der Natur!

Warum aber gibt der menschliche Geist sich dann nicht mit der Bewunderung der Natur allein zufrieden? Warum will er vielmehr die Natur darüber hinaus auch verstehen? Es droht uns doch dabei das Schicksal, durch die Perfektion der gesuchten Welterklärung den Zauber des reinen Anblickes zu verlieren. Indem wir etwas benennen oder verstehen, ist das Benannte nicht mehr, was es vorher war. Was ersetzen die Gesetze der Lichtbrechung in atmosphärischen Dielektrika schon von dem bewegenden Erlebnis etwa eines Sonnenunterganges am Pazifik? Das Ereignis der Begegnung mit der Realität der Welt stellt immer wieder unser menschliches Grunderlebnis dar. Hierbei dienen Praktiken des Yoga, der Meditation, der mystischen Versenkung oder der kognitiv apollinischen Kontemplation, dieses Erlebnis zu gestalten. Müssen wir dabei fürchten, es gäbe keinen Zusammenhang zwischen dem eigentlichen Wesen der Dinge und dem, was wir davon erleben oder wissen? Wenn ein nicht willkürlicher Zusammenhang besteht, so sollte sich die Wahrheit zumindest übersetzen lassen, und es gäbe nur ein hermeneutisches Problem für uns. Wenn nicht, was aber dann? Die Realität ist für den Verstand doch unerträglich und unerquicklich, solange sie sich nicht denken, beschreiben, vorhersagen oder nachahmen läßt. Die gedachte Realität setzt sich jedoch aus unseren Vorhersagehorizonten ab ins Unabsehbare. Nichtlinearitäten und chaotische Geschehnisverläufe verlangen geradezu die Festlegung solcher Horizonte der Absehbarkeit. Diesseits solcher Horizonte herrscht Vorher-

sagbarkeit, jenseits ist dagegen alles möglich, was nicht grundsätzlich ausgeschlossen ist.
Es bleibt uns schließlich nichts anderes übrig, als die Offenheit der Natur gegenüber Neuerungen zu akzeptieren. Immer wieder tauchen neue Formen der Realität an den Weggabelungen natürlicher Prozeßabläufe auf, ohne daß solche Formen von vornherein aus der Vergangenheit des Geschehens her beschlossen gewesen wären. Die Natur betreibt Innovation unter dem Anschub durch morphogenetische Felder, die das Formungsgeschehen führen oder ziehen. Dabei bewährt sich als Heurismus heute am besten die Idee des Attraktors, der eher ein Ziehen aus der Zukunft her als ein Schieben aus der Vergangenheit impliziert. Das Naturgeschehen ertastet sich stabile Aufenhaltsbereiche in immer wieder neuen Erscheinungsformen. **Jedes Jetzt will in diesem Ertasteten seine Zukunft haben, ein Ende gibt es nicht, zumindest kein aus dem Wesen der Natur her begreifliches!**

Danksagung: An dieser Stelle möchte ich mich im Voraus bei all meinen Lesern bedanken und mir wünschen, daß diese von einigen meiner Gedanken nachdenklich gemacht werden konnten. Auch danke ich, ohne explizite Namensnennung, denen, die mit mir Themen dieses Buches diskutiert haben. Ein besonderer Dank gilt auch meinem Kollegen, Günter Lay, der sich um die Fertigstellung des Manuskripts verdient gemacht hat.

H.J.F.

LITERATURVERZEICHNIS ZU DIESEM BUCH:

Abbot, L. (1988): "The problem of the cosmological constant", Spektrum der Wissenschaften, Juli 1988, 92 - 99

Arp, H.C. (1987): "Quasars, Redshifts and Controversies", Interstellar Media, Berkeley, California

Arp, H.C. (1993): "Der kontinuierliche Kosmos", Mannheimer Forum 1992/1993, Boehringer Mannheim, ed. by E.P. Fischer, 113 - 175

Audretsch, J. und Mainzer,K. (Herausgeber) (1988): "Philosophie und Physik der Raumzeit", BI-Wissenschaftsverlag, Mannheim, 1988

Breuer, R. (Herausgeber) (1993): "Immer Ärger mit dem Urknall", Rowohlt Verlag, Hamburg, 1993

Bowyer, T.H. (1984): Derivation of the blackbody radiation spectrum from the equivalence principle in classical physics with electromagnetic zero-point radiation, Physical Review D, 29/6, 1096 - 1098

Crawford,H.J. and Greiner, C.H. (1994), The search for strange matter, Scientific American, Jan.1994, 58 - 63

Davies, P.C.W. (1977): "The physics of time asymmetry", University of California Press, Berkeley, Cal. (USA)

Deppert, W. (1994): "PEP Systeme in Physik und Biologie" in "Das Rätsel der Zeit", Herausgeber H.Baumgärtner, Verlag Karl Alber, Freiburg, 1994

Dressler, A. (1988): Astrophys. Journal, Vol.329, 519 - 523

Dressler, A., Oemler,J., Gunn,P. and Butcher, K. (1993): Astrophys. Journal Letters, Vol. 404, L45

Dürr, H.P. (1991): Wissenschaft und Wirklichkeit: Beziehung zwischen Weltbild der Physik und der eigentlichen Welt, in "Geist und Natur", (Herausgeber H.P.Dürr), Scherz Verlag , Berlin

Fahr,H.J. (1974): "Raumzeitdenken - Zwangsvorstellung Unendlichkeit", Verlag Interfrom Zürich, isbn -3-7729-5039

Fahr,H.J. (1988): The growth of rationalism in our concepts of the physical nature, Interdisciplinary Science Reviews, Vol.13(4), 357 - 373

Fahr, H.J. (1989): The modern concept of "vacuum" and its relevance for the cosmological models of the universe, Philosophy of Natural Sciences, Band 17, Proceedings of the Wittgenstein Symposium, Kirchberg/Wechsel, Hölder-Pichler-Tempsky, Wien, ed. by P. Weingartner and G. Schurz, pp. 48 - 60

Fahr, H.J. (1989a): Der Begriff des Vakuums und seine kosmologischen Konsequenzen, Naturwissenschaften, Band 76, 318 - 321 (Springer Verlag)

Fahr,H.J. (1990): The Maxwellian alternative to the dark matter problem in galaxies, Astronomy and Astrophysics, Vol.236, 86 - 94

Fahr,H.J. (1992): "Der Urknall kommt zu Fall: Kosmologie im Umbruch", Franckh-Kosmos Verlag, Stuttgart

Fahr,H.J. and Loch,R. (1991): Astronomy and Astrophysics, Vol.246, 1 - 9

Fahr,H.J. (1994): Die Erde im Kosmos, in "Lob der Erde",(Herausgeber P. Gordan), Salzburger Hochschulwochen 1993, Styria Verlag, Wien 1994

Fahr, H.J. (1994): Zeit in Natur und Universum, in "Zeitbegriffe und Zeiterfahrung", Herausgeber H.M. Baumgartner, Band 21 der Reihe Grenzfragen, Karl Alber Verlag, Freiburg 1994

Fahr, H.J. (1995): "Zeit und Kosmische Ordnung: Die unendliche Geschichte von Werden und Wiederkehr", Hanser Verlag, München

Fahr.H.J. (1996): "Universum ohne Urknall: Kosmologie in der Kontroverse", Spektrum Akademischer Verlag, Heidelberg

Fahr,H.J. und E.Willerding (1998): "Entstehung von Sonnensystemen", Spektrum Akademischer Verlag, Heidelberg

Geller, M.J. and Huchra,J.P. (1989): Mapping the universe, SCIENCE, Vol. 246, 897 - 903

Genz, H. (1994): "Etwas und Nichts", in Mannheimer Forum 1993/94, pp. 127 - 198, Boehringer Mannheim, ed. by E.P.Fischer

Genz, H. (1994): "Die Entdeckung des Nichts: Leere und Fülle im Universum", Hanser Verlag, München 1994

Hawking, S. (1988):"Eine kurze Geschichte der Zeit", Rowohlt Verlag, Hamburg, 1988

Himmelmann, N. (1976):"Utopische Vergangenheit", Gebrüder Mann "Studio Reihe", Berlin (1976)

Hodge, P. (1993):The extragalactic distance scale, Sky & Telescope, Oct. 1993, 16 - 20

Hogan, C.J. (1994): The cosmological conflict, NATURE, Vol. 371, 374 - 375

Hoyle, H. and Narlikar, J.V. (1974): "Action at a distance in Physics and Cosmology", Freeman Publ.Comp., San Francisco

Hoyle, F. (1990): The nature of mass, Astrophysics Space Science, 168, 59 - 88

Hoyle, F., Burbidge, G. and Narlikar, J. (2000): "A different approach to Cosmology", Cambridge University Press

Janich, P. (1993): "Philosophie der Zeitmessung", in "Philosophie und Physik der Raum-Zeit", ed. by J. Audretsch und K. Mainzer, BI-Wissenschaftsverlag, Mannheim 1993

Kanitscheider, B. (1993): "Von der mechanistischen Welt zum kreativen Universum", Wissenschaftliche Buchgesellschaft Darmstadt, 1993

Kirchhoff, J. (1999): "Räume, Dimensionen, Weltmodelle", Diederichs New Science Verlag, München 1999

Lerner, E.J. (1991): "The Big Bang never happened", Simon and Schuster Publ.Comp., London, 1991

Meesen, A. (1989): "Is it logically possible to generalize physics through space-time quantization", in "Philosophy of Natural Sciences", 13th Wittgenstein Symposium, Hölder-Pichler-Tempsky, Wien 1989, 19-48

Mittelstaedt, P. (1989): 'Der Zeitbegriff in der Physik", BI-Wissenschaftsverlag, Mannheim, 1989

Narlikar, J.V. (1989): Noncosmological redshifts, Space Science Reviews, Vol. 50, 523 - 614

Nietzsche, F. (1958): "Unschuld des Werdens", aus Gesamtwerk, Alfred Krämer Verlag, Stuttgart 1958

Prauss, G. 1993):"Die innere Struktur der Zeit als ein Problem für die formale Logik", Zeitschrift für Philosophische Forschung, Band 47, 543 - 558

Prigogine, I. (1991): Die Wiederentdeckung der Zeit in der Natur, in "Geist und Natur", Herausgeber H.P.Dürr, Scherz Verlag, Berlin

Prigogine, I. (1993): Zeit, Entropie, und Evolutionsbegriff in der Physik, in " Klassiker der Modernen Zeitphilosophie", Herausgeber W.C. Zimmerli und M. Sandbothe, Wissenschaftl. Buchgesellschaft Darmstadt, 1993

Rafelsky, J. und Müller, B. (1985): "Die Struktur des Vakuums", Verlag Harry Deutsch, Frankfurt

Rees, M.J. (1978): Origin of the pregalactic microwave background, NATURE, Vol.275, 35 - 37

Sandage, A. and Tammann, G.A. (1975): Astrophys. Journal, Vol. 197, 265 - 274

Saunders, W. et al. (1991): The density field of the local universe, NATURE, Vol. 349, Jan.1991, 32 - 38

Soucek, T.V. (1988):" Ungleichheit vom Uratom zum Kosmos: Das Schneeflockenprinzip", Universitas Verlag , München,

Stonier, T. (1991):"Information und die innere Struktur des Universums", Springer Verlag Berlin, 1991

Tammann, G.A. (1987): The cosmic distance scale, in: " Observational Cosmology", IAU Symposium 124

Treumann, R.A. (1992): "Redshifts and intrinsic time", Astrophys. Space Science, 198, 71 -77

Turner, M.S. (1993): Why is the temperature of the universe 2.726 Kelvin?, SCIENCE, Vol.262, 861 - 866

Tully, R.B., and Fisher, J.R. (1977): A new method of determining distances to Galaxies, Astron. Astrophys., Vol.54, 661 - 673

deVaucouleurs, G. (1975): "Stars and Stellar Systems - 9", University of Chicago Press

Weinberg, S. (1989): The cosmological constant problem, Reviews of Modern Physics, Vol.61/1, 1 - 20